JN298917

土の文明史

ローマ帝国、マヤ文明を滅ぼし、
米国、中国を衰退させる土の話

デイビッド・モントゴメリー
David R. Montgomery

片岡夏実 訳

築地書館

Dirt: The Erosion of Civilizations
by
David R. Montgomery
Copyright © 2007 by The Regents of the University of California
Japanese translation rights arranged with
University of California Press
through Japan UNI Agency.

Translated by Natsumi Kataoka
Published in Japan
by
Tsukiji-Shokan Publishing Co., Ltd.

【目次】

第一章 泥に書かれた歴史

土地に対して何かをすれば、それは自分自身にしていることになる。
――ウェンデル・ベリー

文明の未来を握る泥

一九九〇年代後半の八月のある晴れた日、私は調査隊を引き連れて、フィリピンのピナツボ火山の山腹を登っていた。一九九一年の大噴火による熱い土砂がまだ積もっている川を調査するためだ。照りつける熱帯の太陽の下、とぼとぼと上流を目指す我々の足元で、河床は鈍く揺れ動いていた。突然、私は足首まで沈みこんだ。ついで膝まで、そして熱い砂に腰の深さまではまり込んでしまった。私の胴長が湯気を立て始めたというのに、院生たちはカメラを取りに行った。私の窮地をしっかりと記録すると、少しばかり交渉したあとで、彼らは私を泥沼から引き上げてくれた。

足元の地面が崩れることほど絶望的な気分になるものはそう多くはない。もがけばもがくほど、深く沈んでいく。どんどん落ち込んでいき、できることは何もない。熱い流砂に少しばかり浸ったあとでは、緩い河床すら岩のようにしっかりと感じられた。

私たちは普通、自分たちの足を、家を、街を、農地を支えている地面のことをあまり考えない。しかし、普段は意識しなくても、よい土は単なる泥ではないことを私たちは知っている。豊かで新鮮な土を掘れば、その中に生命を感じることができる。肥沃な土壌は崩れ、シャベルから滑り落ちる。目を凝らせば、生物が捕食しあう世界の全体像が、死骸を新しい生命に再生する生物学的饗宴が見える。しっかりした土壌にはうっとりするような健康な芳香がある——生命そのものの匂いが。

しかし泥はどうだろう? 私たちはそれを見ないように、考えないように、家の中に入れないようにしている。唾を吐き、馬鹿にし、靴から蹴り落とす。しかし結局のところ、それ以上重要なものがあるだろうか? すべてはそこから来て、そこに還る。それでも泥に少しの敬意も持てないなら、土壌の肥沃さと土壌侵食が、どれほど大きく歴史の流れを変えたのか考えてみよう。

農耕文明の始まりの頃、九八パーセントの人間が土地を耕し、食糧と資源の分配を監督する少数の支配階級を支えていた。今日、アメリカでは人口の一パーセントに満たない人間が土地を耕して、残りを養っている。大部分の人は、私たちが少数の近代農家にどれほど依存しているかを知っているが、文明の未来を守るために泥の扱いが根本的に重要だということを認識している者はほとんどいない。

農業慣行が土壌の生成を大幅に上回るペースまで土壌侵食を加速させると、多くの古代文明は成長を促すために間接的に土壌を消費した。中には土地に再投資して土壌を維持する方法を思いついた者もいた。すべては肥沃な泥を十分に供給することにかかっていた。土壌肥沃度を高めることが重要であるとわかっていながら、土壌の喪失は初期の農耕文明から古代ギリシア、ローマに至る社会の終焉の一因となり、後にはヨーロッパにおいては植民地制度の勃興、北米大陸においてはアメリカの西進を助長した。

土——軽視される天然資源

このような問題は単なる過去の歴史ではない。土壌の酷使が今も現代社会への脅威であることは、一九三〇年代にアメリカ南西部の平原で起きたダスト・ボウルや、一九七〇年代のアフリカのサヘルや、今日ではアマゾン川流域一帯からの環境難民の窮状からも明らかだ。世界の人口が増え続ける一方で、生産力のある農地の面積は一九七〇年代に減少が始まり、化学肥料の製造に使われる安価な化石燃料の供給も、今世紀の後半には尽きてしまう。より差し迫った災害でやられてしまわないかぎり、土壌劣化と加速する侵食という双子の問題への取り組み方は、やがては現代文明の運命を決めるだろう。

人類史の中で土壌が果たした本質的な役割を探れば、鍵となる教訓は単純明快である。すなわち現代社会は、過去の文明の消滅を早めた過ちをくり返す危険を冒しているのだ。土壌が作られるよりも速く消費することで、私たちは子孫の未来を質に入れ、「もっともゆっくりとした変化こそ、時として止めるのがもっとも難しい」というジレンマに直面している。

有史以来ほとんど、土壌は人類の文化の中心を占めていた。最古の書物のいくつかは、土壌と農法の知識を伝える農業の手引書である。アリストテレスの四大元素、地、水、火、風の最初に出てくる土は、我々の存在の根源、地上の生命の本質である。しかし私たちはそれを安価な工業製品として扱っている。石油は大部分の人間が戦略物資として考えている。しかし土壌は、より長い時間枠では、まったく同様に重要なものなのである。にもかかわらず、誰が泥を戦略資源だと思うだろう？　急速に発展する現代の生活では、肥沃な土壌が今なお過密な地球の人口を支える基礎であることなど、簡単に忘れられてしまう。

地理は、土壌侵食の原因とそれが引き起こす問題の多くを左右する。ある地域では、土壌保全の配慮を欠いた農業が急速に壊滅的な土壌の喪失につながる。またある地域では、相当量の新しい泥が供給され、耕作を続けることができる。人間のタイムスケールの間ですら、工業的農業を維持できるだけの速さで土壌を生成できる土地はほとんどない。地質学的時間ともなれば言うまでもない。地球規模で考えれば、私たちは少しずつ泥を使い果たそうとしているのだ。

自分たちが地球の皮を剥いでいることに私たちはショックを受けるべきだろうか？　たぶんそうだろうが、その証拠は至るところにある。建設現場から流れ出す茶色の流れに、皆伐された森林の下流で堆積物に埋まった川にそれは見られる。農家のトラクターが溝《ガリー》を避けていくところに、マウンテン・バイクが未舗装路に刻まれた轍を飛び越えているところに、肥沃な谷を舗装した新しい郊外の住宅地やショッピングセンターにもそれが見られる。これは隠れた問題などではない。土は私たちのもっとも正当に評価されていない、もっとも軽んじられた、それでいて欠くことのできない天然資源なのだ。

文明の寿命を決めるもの

私個人としては、さまざまな災害がどのように社会を衰退させうるかの目録を作るより、文明を維持するには何が必要かを問うほうに関心がある。しかし地質学者として、土壌の中に刻まれている過去の社会の記録を読めば、持続可能な社会はそもそも可能なのかどうか判断するのに役立つことを私は知っている。

かつて繁栄した文化が終末を迎えた原因として、歴史学者は多彩な容疑者を挙げる。例えば病気、森林破壊、気候変動などだ。こうした要因はそれぞれ個々の事例に応じてさまざまな――ときには中心的な――役割を果たすものの、歴史学者や考古学者は当然ながら、文明の崩壊を単一の原因で説明することを退ける傾向にある。最近の説明は、特定の地域と歴史的時点に固有の経済的、環境的、文化的影響力の相互作用に原因を求めている。しかし社会と土地との関係――人々が足元の泥をどう扱うか――も、文字通り基礎的なものである。土地が支えられる以上に養うべき人間が増えたとき、社会的政治的紛争がくり返され、社会を衰退させた。この泥の歴史は、土壌の扱いが文明の寿命を定めうることを暗示している。

土壌の状態が、何をどのくらいの期間栽培できるかを決めるとすれば、未来の世代のために繁栄の基礎を保つには、世代を超えた土地管理が必要である。しかしこれまでのところ、土壌の維持を基礎とする文化を生み出した人間社会はほとんどない。大部分が土壌の生産力を拡大する方法を発見しているにもかかわらずだ。多くは、技術の高度化につれて土地を疲弊させた。私たちは今、それらをしのぐほどの能力を持っている。だが同時に、どうすれば過去の轍を踏まないかも知っている。

土壌保全が相当進歩しているにもかかわらず、ミシシッピ川流域にある農地から年間数百万トンの表土が侵食されているとアメリカ農務省は推定している。一秒ごとに、北アメリカ最大の川はダンプカー一杯の表土をカリブ海に運んでいるのだ。毎年、アメリカの農地は国内の一世帯あたりにして小型トラック一台分の土を流している。これは並の量ではない。それでもアメリカは、この危機に瀕した資源をもっとも浪費しているわけではない。全世界で年間に推定二四〇億トンの土が失われているのだ――地球上の人間一人あたり数トンである。このような地球規模の損失にもかかわらず、土壌侵食は非常に進行が遅く、人間の一生の間にはほとんど気づかれることはない。

それでも、土壌の疲弊による人的コストは、かつて生態学的自殺を遂げた地域の歴史からたやすく見て取れる。古代の土壌劣化の遺産によって地域全体は不毛の土地と化し、そのために今も圧倒的な貧困へと追いやられている。テレビに映った現代のイラクの砂塵吹き巻く光景と、その地域が文明のゆりかごだったという私たちの認識とが、まったく一致しないことを考えてみるといい。食糧やそれを育てる肥沃な土地を求めて、故郷を離れざるを得ない環境難民は、ここ数十年耳目を集めている。荒廃した土地が発する無言の証言を前にしても、たいがいの人々は泥の保全が緊急に必要であることを納得できずにいる。しかし食糧が不足したとき、文化を定義する上っ面の行儀作法が、そして文明そのものが危機にさらされるのだ。

我々先進国の人間は、ちょっと食料品店まで出かけてくれば、当座をしのぐことができるだろう。二つの技術革新——作物の遺伝子操作と化学肥料による土壌の生産力維持——で、コムギ、コメ、トウモロコシ、オオムギは地球上でもっとも優勢な植物となった。かつてはまれな植物であったこの四種は、現在五億ヘクタール以上——アラスカを含めたアメリカ全土の森林の二倍——を覆う大規模な単一種の植生として栽培されている。しかし、現代の工業的農業の基礎はどの程度安定しているのだろうか？

農家、政治家、環境史家は、土壌疲弊という用語を広範囲にわたる状況を描写するために用いてきた。専門的には、この概念は、耕地がもはや十分な収穫を維持できなくなったとき、収穫量の減少の進行に続く最終段階を示すものだ。十分な収穫を規定するものは、土地がもう自給農業を支えられなくなった極端なものから、単に新しい畑を開墾するほうが古い畑で耕作を続けるよりも利益が大きい場合まで、多岐にわたりうる。したがって、土壌疲弊は社会的要因、経済、新しい土地が利用できるかどうかなどの文脈で解釈する必要がある。

さまざまな社会的、文化的、経済的な力が、社会の成員による土地の扱い方に影響を与え、また人間のその土地での暮らし方が、逆に社会に影響を与えている。効果的な土壌保全を行なわずに畑を毎年耕作するのは、維持管理や修理に投資せずに工場をフル回転で操業するようなものだ。適切な管理は確実に農耕土を改善し、同様に不適切な管理は確実に土壌を破壊する。土壌は世代にまたがる資源であり、自然資本であり、大切に使うこともできれば浪費することもできる。繁栄と衰退の間にあるのはわずか数十センチの土であり、土を耕作しつくした文明は消滅する。

文明の歴史が取るパターン

地形学者として、私は地形がどのように生成し、地質年代の間に景観がどう変化するかを研究している。訓練と経験を通じて、気候、植生、地質、地形の相互作用がいかに土壌の組成と厚さに影響し、それによって土地の生産性を決定するかということを理解するようになった。人間の活動が土壌に及ぼす影響を理解することは、私たちが環境と地球上の生命すべての生物生産性にどう影響しているかを理解することと同じく、持続的な農業システムの基礎となる。私は世界中を回って景観《ランドスケープ》（訳註：地形、地質、植生などの要素を統合した、一般に用いられるよりも広い概念を表す）とその発達の仕方を研究してきた。そして泥に十分な関心を払うことが、人類の未来を決定するうえで果たす役割を認識するようになった。

ざっと見れば、文明は束の間である――発生し、しばらくは栄え、衰える。中にはそこから再興するものもある。もちろん、戦争、政治、森林破壊、気候変動などは人類史を区切る社会の崩壊に関わっている。しかしなぜギリシア、ローマ、マヤのような互いに無関係な多くの文明が、どれも約一〇〇〇年持続したのだろうか？

確かに、個々の文明の発展と衰退の理由はいずれも複雑だ。環境悪化だけが完全な崩壊のきっかけとなったわけではないが、経済、極端な気候、戦争などが運命を左右するうえで、泥の歴史が下地を作っていた。ローマは一気に滅び去ったというよりは、侵食で本国の土地の生産力が低下するにしたがって消耗し、ぼろぼろとほころびていったのだ。

おおまかに言って、多くの文明の歴史は共通の筋をたどっている。最初、肥沃な谷床での農業によって人口が増え、それがある点に達すると傾斜地での耕作に頼るようになる。植物が切り払われ、継続的に耕起することでむき出しの土壌が雨と流水にさらされるようになると、続いて地質学的な意味では急速な斜面の土壌侵食が起きる。その後の数世紀で農業はますます集約化し、そのために養分不足や土壌の喪失が発生すると、収量が低下したり新しい土地が手に入らなくなって、地域の住民を圧迫する。やがて土壌劣化によって、農業生産力が急増する人口を支えるには不十分となり、文明全体が破綻へと向かう。同様の筋書きが孤立した小島の社会にも、広大で超地域的な帝国にも当てはまるらしいということは、本質的に重要な現象を示唆する。土壌侵食が土壌形成を上回る速度で進むと、その繁栄の基礎——すなわち土壌——を保全できなかった文明は寿命を縮めるのだ。

ますます重要になる土壌管理

現代社会は、技術がほとんどあらゆる問題を解決するという観念をはぐくんだ。しかし、技術が生活を改善する力をいくら熱心に信じようと、資源が生成されるより速く消費されてしまうという問題を、技術では決して解決できない。いつの日か、私たちは資源を使い果たしてしまうのだ。ますます結合を深める世界経済と、増加する人口のために、今日、土壌管理は歴史上もっとも重要性を増している。泥をより慎重に管理しないかぎり、経済的、政治的、軍事的、いかなる性質のものであれ、もっとも基本的な資源をめぐる争いが私たちの子孫の前に立ちはだかるだろう。

人間社会を支えるうえでどれほどの量の土が必要かは、人口の規模、元々の土壌の生産性、食糧生産に用いられる方法や技術による。現代の農地はきわめて多くの人間に食糧を供給する能力を持つが、それでもなお一定量の肥沃な泥が一人ひとりの人間を養うために必要である。このあからさまな事実によって、土壌保全はあらゆる文明を永続させるうえで中心的な課題となっている。

景観が人間を支える能力には環境の物理的性質——土壌、気候、植生——と、農業技術および手法の両方が関係する。ヒトと環境が結合した特定のシステムの限界に近づいた社会は、侵略や気候変動のような動揺に対して無防備になる。運の悪いことに、生態的限界に近づいた社会はまた、住民を食べさせるために目先の収穫を最大限に上げようとする圧力にさらされることが多く、その結果土壌保全を忘れる。

土壌は、地質学的なバックミラーとなって、古き良き泥の大切さを古代文明から今日のデジタル社会に至るまで浮き上がらせる。この歴史は、工業文明の維持は技術革新だけでなく、土壌の保全と管理にもかかっていることを明らかにする。地球を少しずつ無計画に作り替えることによって、人間は現在、他のいかなる生物学的あるいは地質学的プロセスよりも多量の泥を地表で動かしているのだ。

常識と過去に対する洞察は、過去の経験に有益な視点を与えることができる。文明は一夜にして消滅しはしない。それは自分から進んで倒れるわけではない。多くの場合、数世代にわたって土壌が失われるにつれ勢いを失い、それから衰退するのだ。歴史学者は文明の終わりを独立した事象、例えば気候変動、戦争、自然災害などのせいにしがちだが、古代社会に対する土壌侵食の影響は大きい。自分の目で確かめてみるといい。物語は泥の中にある。

第二章　地球の皮膚

我々は天体の動きを足元の土よりもよく知っている。
——レオナルド・ダ・ビンチ

ダーウィンのミミズ

チャールズ・ダーウィンの最後にしてもっとも知られざる著書は、特に物議をかもすようなものではなかった。一八八二年に死去する一年前に刊行されたこの本は、ミミズがいかにして泥と朽ち葉を土壌に変化させるかを主題とするものだった。この最後の著作にダーウィンが記録したことは、一生かけてつまらない観察をしたと思われかねないものだ。それともダーウィンは、この世界の根幹に関わる何かを発見したのだろうか——晩年を費やしても後世に伝えねばならないと思う何かを。耄碌して書いた珍妙な著作として片づける批判的な者もあったが、ダーウィンのミミズに関する本は、私たちの足元の大地がミミズの体を通じていかに循環しているか、ミミズがイギリスの田園をいかに形成しているかを探るものだった。

最初にダーウィンがミミズの地質学的重要性を直感したのは、自分の農場でのことだ。世界一周の航海からイングランドに戻ったばかりの、この著名なジェントルマン・ファーマー（訳註：趣味で農業をする人）は、ミミズが定期的に地表に運び上げるものと、何年も前に牧草地にばらまいた灰の層を覆う細かい土が似ていることに気づいた。しかし、灰をまいて以来農場には何も起きていなかった。そこにダーウィンは家畜も飼っていなければ作物も育てていなかったからだ。なぜ地面にばらまかれていた灰が見る間に埋まっていくのだろう?

考えられるほとんど唯一の説明は、実に荒唐無稽なものだった。毎年毎年、ミミズがわずかな土を地表に運び上げたからだ。本当にミミズが畑を耕すなどということがあるのだろうか? 好奇心を抱いたダーウィンは、ミミズが新たな土の層を少しずつ積み上げることができるかどうか調べ始めた。同時代人の中には、彼は気が狂ったと思う者もいた――ミミズの働きが何かしらの役に立つという考えに取りつかれた愚か者だと。

思いとどまることなく、ダーウィンは土を集めては重さを量り、イギリスの田園でミミズがどれだけの泥を動かしているか推定しようとした。息子たちは父を手伝って、古代の遺跡が打ち捨てられてからどれほどの速さで土に沈むかを調べた。また、友人たちにはもっとも奇妙に映ったことだが、ダーウィンはミミズを飼育する瓶を居間に置き、食物に関する実験を行なったり、落ち葉と泥を土壌に変える速度を計ったりして、その習性を観察した。ダーウィンが最終的にたどりついた結論は「国中のすべての腐植土は何度もミミズの腸管を通ってきており、またこれからも何度も通るだろう」というものだった。ミミズが土地をどのように耕しているかという疑問と、ミミズが絶えずイングランドの土壌をすべて消化しているという考えの間には、相当に大きな飛躍がある。ダーウィンはなぜこのような型破りの推論に至ったのだろうか?

ダーウィンの観察の中でも特に目を引く例が一つある。一八四一年に彼の農地の一つが耕作されたとき、表面は石の層に覆われていて、幼い息子たちが斜面を駆け降りるとガラガラと大きな音を立てた。しかし一八七一年、三〇年間の休耕のあとでは、馬が端から端まで駆けても一度も石に当たることはなかった。あのゴロゴロしていた石はどうしてしまったのだろう？

好奇心を覚えたダーウィンは畑に溝を掘った。以前地面を覆っていたのとちょうど同じような石の層が、厚さ六センチの細かい土の下に埋もれていた。これはまさしく何十年か前に灰に起きたことと同じだ。長年かけて、新しい表土が——一世紀に数センチ——堆積され、それは無数のミミズの働きによるものではないかと、ダーウィンは考えた。

自分の畑が特別なのかどうか知りたいと思ったダーウィンは、成人した息子たちに協力を求め、数世紀前に放棄された建物の床や基礎が、どの程度の速さで新しい土に埋もれたかを調査させた。ダーウィンの調査隊は、ローマ時代の別荘に特徴的な小さい赤いタイルを、サリーに住む職人が、地表から七五センチの深さで見つけたことを報告した。二世紀から四世紀の貨幣によって、別荘は一〇〇〇年以上前に放棄されたことが裏付けられた。この廃虚の床を覆う土の厚さは一五センチから二八センチだった。つまり一世紀に一センチから二・五センチの割合で形成されたということだ。ダーウィンの畑は特別ではなかったのだ。

土壌を作るミミズの消化能力

別の古代遺跡の観察によって、ミミズがイングランド農村部を耕しているというダーウィンの確信はますます強まった。一八七二年、ダーウィンの息子ウィリアムは、ビューリー修道院（ヘンリー八世とカトリック教会との戦争の際に破壊された）の身廊の舗装が地下一五〜三〇センチにあることを発見した。グロスターシャーに何世紀も見つからずにあった別の大きなローマ時代の別荘の廃虚は、ウサギを掘りだそうとした猟場管理人に再発見されるまで、林床の下六〇〜九〇センチに埋もれていた。ウリコニウムの街のコンクリート舗道もほぼ六〇センチの土の下にあった。これら埋もれた廃虚は、三〇センチの表土が形成されるのに数世紀かかることを証明した。しかしミミズが本当にその仕事を果たせるのだろうか？

さまざまな場所でミミズの糞を集め、重さを量るうちに、一年に一エーカー（訳註：約〇・四ヘクタール）あたり一〇～二〇トンの土をミミズが持ち上げていることにダーウィンは気づいた。土地の上に平らにならして広げれば、この泥は一年に三ミリから六ミリ堆積する。これはローマ時代の廃虚が埋もれたことを説明するには十分すぎるし、子どもたちが石だらけの原っぱと呼んだ土地で推定した土壌形成の速度に近い。自分の畑の観察と掘削、古代建築の床の発掘、ミミズの排泄物自体の計量に基づいて、ダーウィンは表土の形成にミミズが役目を果たしていることを発見したのだ。

だがそれはどのように行なわれているのか？　狭い居間に詰め込まれたテラリウムの中で、ミミズが有機物を土壌に排出する様子を、ダーウィンはじっと観察した。ダーウィンは、新しいペットが食糧兼断熱材として巣穴に引き込んだ大量の枯れ葉の数を数えた。葉を細かく切り裂き、一部を消化して、ミミズは有機物を、すでに摂取していた細かい土と混ぜ合わせていた。

ミミズは枯れ葉を細かくするだけでなく、小さな岩を砕いて鉱質土壌に変えていることにもダーウィンは気づいた。ミミズの砂嚢を解剖すると、必ずと言っていいほど小さな岩と砂粒が見つかった。ダーウィンは、ミミズの胃の中の酸が土壌中に見られるフミン酸と一致することを発見し、ミミズの消化能力を、長い間にきわめて堅い岩をも溶かす植物の根の能力になぞらえた。どうやらミミズは、少しずつ新しい岩を掘り起こし、粉々にし、再処理してできた細かい泥をリサイクルした有機物と混ぜ合わせて、土壌を作るのを助けているようなのだ。

ダーウィンは、ミミズが土壌を作るだけでなく、移動を助けていることも発見した。雨に濡れた地所を耕すと、ごく緩やかな傾斜地であっても濡れた糞が下へと拡がっているのが見られた。ミミズの穴から排出された糞塊を慎重に集め、重さを量り、比較したところ、勾配の下側では物質の量が二倍に達していることがわかった。ミミズが運び上げた物質は平均して五センチ下に移動していた。巣穴を掘るだけでミミズは物質を少しずつ下へ押しやっていたのだ。

自分の測定をもとにダーウィンは、典型的なイングランドの丘の斜面一〇メートルにつき、一年に〇・五キログラムの土壌が斜面の下へ動いていると算出した。そしてイングランド全土で、目に見えぬミミズの大群が土壌を再処理するにつれて、一面の泥がゆっくりと芝に覆われた丘の斜面を這い降りているのだと結論した。イングランドとスコットランドのミミズは、ひっくるめてほぼ五億トンの土を年間に移動させている。ミミズは数百万年かけて土地を作り変えることができる大きな地質学的な力だとダーウィンは考えた。

ミミズの研究は明らかに斬新なものであったが、ダーウィンは侵食について知りつくしていたわけではない。ダーウィンは、ミシシッピ川が運ぶ堆積物の測定値を利用して、アパラチア山脈がなだらかな平原になるまでに四五〇〇万年かかるだろう――隆起が起きないかぎりは――と算定している。現在では、アパラチア山脈は一億年以上ずっとそこにあったことがわかっている。地質学的には死んでおり、もはや隆起することのないこの山脈は、恐竜の時代から侵食され続けている。つまりダーウィンは山脈を削り去るのに必要な時間を大幅に少なく見積もっていたことになる。なぜそんなに大きくはずれてしまったのだろうか?

ダーウィンとその同時代の人々はアイソスタシー（地殻均衡）というものを知らなかった。侵食が地中深く埋まっている岩の上昇を誘発するプロセスのことだ。この考えが地質学の概念の主流に加わったのは、ダーウィンの死後数十年経ってからである。現在では広く受け入れられているアイソスタシーは、侵食が物質を取り去るだけでなく、岩を地表に引き揚げて、減った高さの大部分を補っているということを意味している。

世界がすり減っていくという侵食の常識的な理解には反するが、より深いレベルでアイソスタシーはつじつまが合っている。大陸は比較的軽い岩でできており、密度の高い地球のマントルに「浮いて」いる。ちょうど海に浮かぶ氷山のように、あるいはコップの水に浮かぶ氷のように、大陸の大部分は水面より下にある。浮かんでいる氷の上面が溶けると、残りが浮かび上がって元の状態が保たれる。同様に、大陸の基礎はより密度の高いマントルの岩に届くまで、地中に八〇キロ以上伸びていることもある。地表で表土が侵食されると、新たな岩が持ち上がって失われた質量を補う。三〇センチの岩が失われるごとに、実際に地表が下がるのは五センチだけだ。二五センチの新しい岩が持ち上がって、地面から削り去られた岩をすっかり補うからだ。アイソスタシーは新たな岩を供給し、そこからさらに土壌が作られるのだ。

土壌侵食と土壌生成のバランス

ダーウィンは表土を、土壌侵食と下層の岩の風化とのバランスによって維持される恒久的な様相、土は絶え間なく入れ替わっているが、常に同じ状態であるものとして考えた。ミミズの観察から、ダーウィンは泥という地球の薄い覆いのダイナミックな性質を見ることを知った。人生の最晩年でダーウィンは、土壌を地球の皮膚と考える現代の視点の入口を開くために力を貸したのだ。

土を作るミミズの役割を認識したダーウィンは、ミミズを自然の庭師と考えた。

広い芝の生えた平地を見るとき、その美しさは平坦さからきているのだが、その平坦さは主として、すべてのでこぼこがミミズによって、ゆっくりと水平にさせられたのだということを想い起こさなければならない。このような広い面積の表面にある表土の全部が、ミミズのからだを数年ごとに通過し、またこれからもいずれ通過するというのは、考えてみれば驚くべきことである。鋤は人類が発明したもののなかで、もっとも古く、もっとも価値のあるものの一つである。しかし実をいえば、人類が出現するはるか以前から、土地はミミズによってきちんと耕され、現在でも耕されつづけているのだ。このような下等な体制をもつ動物で、世界の歴史の中でそんな重要な役割を果たしたものが他にいるかどうか疑うむきもあるだろう。(チャールズ・ダーウィン『ミミズと土』平凡社、渡辺弘之訳、pp. 284–285)

スコットランド南東部およびシェトランド島の土壌の顕微鏡学的構造に関する近年の研究で、ダーウィンが漠然と感じたことが立証された。数世紀の間放棄されていた農地の表土は、ほぼすべてミミズの排泄物と岩の破片の混合物からできていた。ダーウィンが推測したとおり、ミミズはわずか二〜三世紀で土を完全に耕したのだ。

土壌を岩と生物の動的な接点としてとらえるダーウィンの着想は、土壌の厚みが地域の環境状況をいかに反映するかの検討にまで広がった。厚い土壌は、下層の岩を、数十センチの深さしか潜れないミミズから保護するとダーウィンは記述している。同様にダーウィンは、ミミズが土壌中に放出したフミン酸が、地中深くまでしみ込む前に弱まることにも言及している。厚い土壌は、岩を極端な温度変化と、霜や凍結による風化作用から遮断するとダーウィンは結論した。土壌侵食と、土壌形成プロセスが新しい岩を新しい泥に変える速度とが均衡に達するまで、土壌の厚みは増え続ける。

今回はダーウィンは正しく理解していた。土壌は環境の変化に反応する動的なシステムである。侵食されるよ

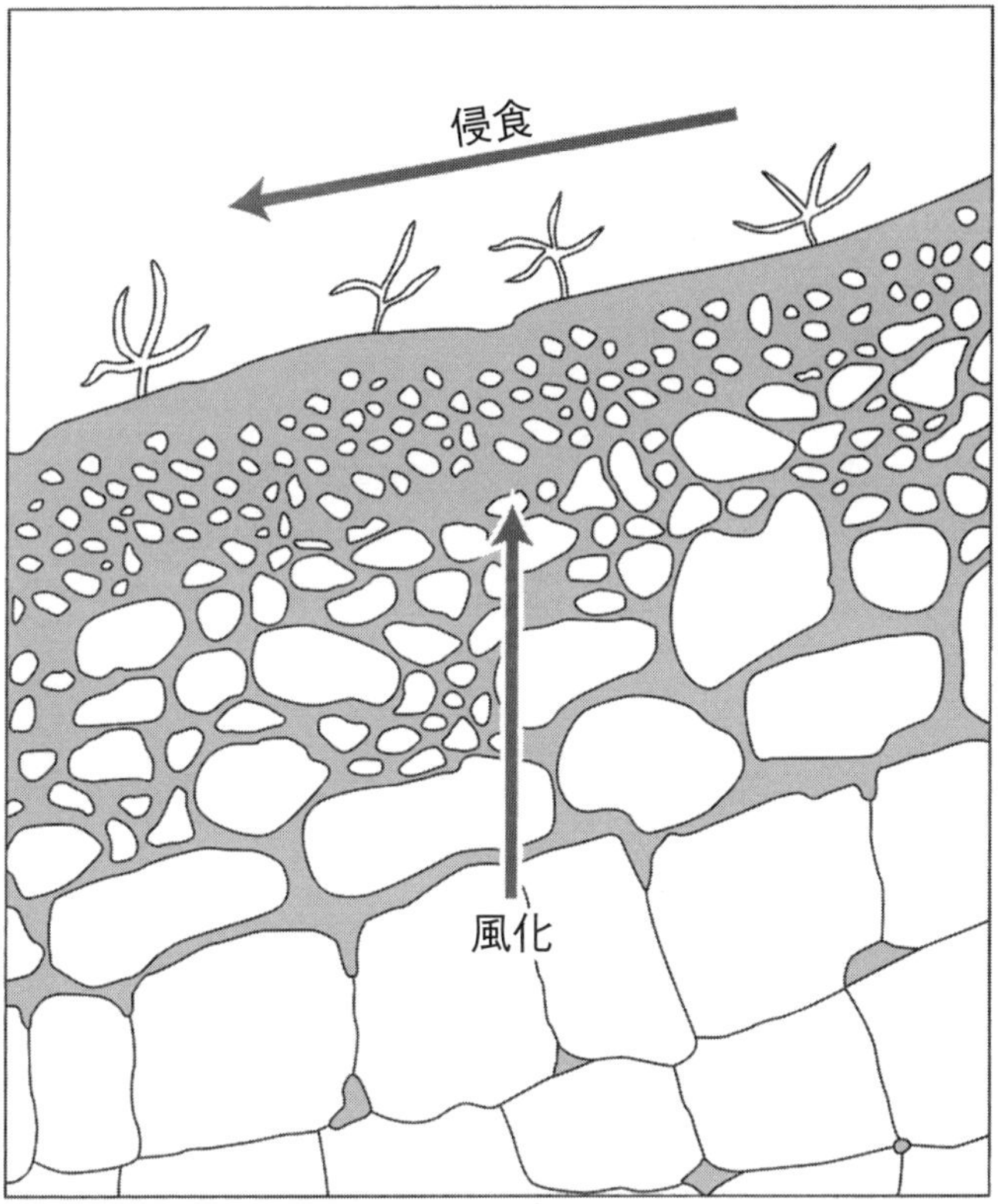

図1　斜面の土壌の厚みは、侵食と土壌を生成する岩石の風化のバランスを反映している。

りも多くの土壌が生産されれば、土壌は厚くなる。ダーウィンが想像したように、土が積もれば新しい岩は土壌生成プロセスが及ばない深さに埋もれ、やがて新たな土壌が作られる速度が鈍る。逆に、景観から土壌をはぎ取れば風化は裸の岩に直接作用し、その地域の岩にどの程度植物が群生できるかにもよるが、土壌生成が速まるかほとんど生成されなくなるかどちらかだ。

時間が十分にあれば、土壌は、侵食と風化によって新しい土壌が生成される速度との平衡に向けて発達する。これはある景観における固有の環境状況に応じて、土壌が独特の厚さに発達することを促す。多量の土が侵食され、新たな岩の風化で補われようとも、土壌、地形、植物群集全体は共に発達する。それらは土壌侵食と土壌生成のバランスの上に相互依存しているからだ。

こうした相互作用は、地形そのものにもはっきりと現れる。むき出しのごつごつした斜面は、乾燥地帯に特有のものだ。そのような場所では、夏の雷雨が土壌を絶え間なくはぎ取る力が土壌生成を上回るからだ。土壌生成の速度が侵食に見合った降水量の多い地方では、下層の岩ではなく土壌の特質を反映して、丘は丸い形になる。だから土壌の形成が遅い乾燥した景観では、丘の斜面がごつごつしていることが多く、一方、多湿の熱帯の土地ではなだらかに起伏する特有の丘が見られる。

生態系において土が果たす役割

土壌は土地の形成を助けるだけでなく、植物が育ち、酸素と水を供給・保持する不可欠な養分の源ともなる。よい泥は触媒のように作用して、植物が日光をとらえて太陽エネルギーと二酸化炭素を炭水化物に変換するのを助ける。それは食物連鎖のすぐ上位にある陸生生物のエネルギーとなる。

植物は窒素、カリウム、リン、その他多くの元素を必要とする。中には、カルシウムやナトリウムのように、不足が植物の成長の妨げにならないほどありふれたものもある。またコバルトのようにきわめて希少ではあるが必須のものもある。土壌を作り出すプロセスは、養分を生態系に循環させ、それによって間接的に土地を植物だけでなく動物にとっても適した状態にする。最終的に、土壌の養分が利用できるかどうかは陸上生態系の生産性を拘束する。海洋生物以外の生物学的活動はすべて土壌が生成・保持する養分に依存しているのだ。この生態系を介した循環は、土から植物を通じて動物へと移動し、また土に還る。

生命の歴史は土の歴史と抜きがたく関わっている。地球の歴史のはじめ、むき出しの岩が地面を覆っていた。不毛の土地にしみ込んだ雨水は、地表近くの物質から元素を少しずつ溶脱させ、造岩鉱物を粘土に変えた。水はゆっくりと土壌に浸透しながら新しい粘土を再分配し、原始的な無機質土壌を形作った。世界でもっとも古い化石土壌は三〇億年以上前のもので、最古の堆積岩や、おそらく陸地自体と同じくらいの古さだ。粘土の形成は初期の土壌の形成において特徴的であったようだ。粘土から養分を吸い上げる植物がなかったために、最初期の化石土壌は並外れてカリウムを多く含んでいる。

粘土の鉱物は、有機分子が生命体として組み立てられるための基質として作用する反応性表面をもたらし、生物の進化に中心的な役割を果たしさえしたとする科学者もいる。海成堆積物の中に見られる生物の化石記録は、最古の土壌とほぼ同時代にまで遡る。グアニンとシトシン（DNAを構成する四つの主要な塩基のうちの二つ）が粘土を多く含む溶液中で形成されることは、偶然などではなかろう。岩石が崩壊して粘土が生じたことが生命の始まりを促したにせよしないにせよ、最古の土壌の発達は、地球がより複雑な生物にとって居住可能となるうえで重要な役割を果たした。

四〇億年前、地球の表面温度は沸点に近かった。最古のバクテリアは、今もイエローストーンの壮大な熱泉を一面覆っているものと近い親戚であった。幸い、このような高温を好むバクテリアによって風化の速度が速まり、岩の上にバクテリア層の下で保護された原始的な土壌が形成された。バクテリアが大気中の二酸化炭素を消費することで、地球の温度は三〇~四五℃低下した——温室効果の逆だ。このような土壌を作るバクテリアがいなかったら、地球上にほとんど生物は住めなかっただろう。

土壌が発達したことで、植物は陸地に定着できるようになった。三億五〇〇〇万年ほど前、原始的な植物がデルタから沿岸部の谷へ向けて生育地を拡大していった。そこはむき出しの高地で侵食された新しいシルトを川が堆積させたところだ。植物が丘の斜面に達し、根が岩片と泥を固めると、原始的な土壌はさらに土壌を生成するための岩の破壊を促進した。植物の根と土壌生物相の呼吸により、二酸化炭素濃度が大気中の濃度の一〇~一〇〇倍も高くなり、土壌水分を弱い炭酸に変えた。その結果、植生に覆われた土壌の下にある岩石は、地表にむき出しの露岩よりはるかに速く崩壊した。植物の進化は土壌生成の速度を速め、その結果、多くの植物を支えるのにより適した土壌の生成が進んだ。

有機物が土壌を肥沃にし、より多くの植物の成長を支えるようになると、自己増殖プロセスによっていっそう多くの植物が育つのに適した、より肥沃な土壌ができた。以来、有機物の豊富な表土が植物群落を支え、植物群落が土壌に有機物を戻すという形で、表土はそれ自体を維持してきた。植物が大きくなり、数も増えると、腐植の有機物が土壌を肥沃にするだけでなく、より多くの動物を支えられるようになり、それらが死ぬと、やはり養分が土に戻った。時に大量絶滅も発生したが、生物と土壌は共生しながら気候変動と大陸移動を切り抜けて繁栄し、多様性を増した。

土壌は、有機物を分解・循環させて植物を支える力を再生することにより、生命のサイクルを完結すると同時に、死骸を浄化し、新たな生命をはぐくむ養分に変えるフィルターの役割を果たす。土壌は、地球を構成する岩石と、日光と岩からしみ出してくる養分で生きる動植物との橋渡しをする。植物は空気中から直接炭素を、土壌からは水を吸収するが、工場と同じように、必須成分の不足は土壌の生産性を制約する。通常三つの元素──窒素、カリウム、リン──が植物の成長を制約し、生態系全体の生産性を左右する。しかし全体的に見て、土壌は、元素が地球内部から周囲の大気に移動するのを調節する。生命は常に新しい土を供給する侵食を必要とする──ただし土を完全に押し流してしまわない程度の速さの。

もっとも基本的なレベルで、地球上の生命は土を必要とする──そして生命と泥は共に土壌を作る。ダーウィンは、良好なイングランドの土地一エーカーには約二〇〇キログラムのミミズが棲むと試算した。また肥沃な表土には微生物がいて、植物が有機物や無機質土壌から養分を得るのを助けている。一つかみの表土には数十億の顕微鏡サイズの虫が棲息できる。五〇〇グラムの肥沃な泥の中にいるそれらの虫の数は、世界の人口をしのぐ。東京の地下鉄ですし詰めにされたり、カルカッタ（コルカタ）やニューヨークの通りを進むのに苦労している人間には想像しがたい。しかし私たちの現実は、養分の放出や有機物の腐敗を促進して、土地が植物に、ひいては人間に適するようにしている微生物たちの見えない世界の上に成り立ち、さまざまな形で依存しているのだ。

目に見えないところに潜んでいるが、地中に棲む生物は陸上生態系の生物多様性の多くを占めている。植物は、落ち葉や腐敗した動植物の死骸という形で有機物を供給し、土壌生物相にエネルギーを与える。一方で土壌微生物は岩の風化を促進し、また有機物を分解することで、植物に栄養を与える。独特な土壌微生物の共生生物群集が、特定の植物群集の根元に形成される。これはつまり、植物群集が変われば土壌生物相も変わり、土壌の生産力に、また植物の成長にも影響するということだ。

土壌が作られるいくつかのプロセス

ダーウィンのミミズに加えて、興味深いさまざまな物理的、化学的プロセスが土壌作りを助けている。穿孔動物――ジリス、シロアリ、アリなど――は砕けた岩を土に混ぜる。植物の根は岩をこじって割る。木は倒れながら岩の破片を揺り動かし、土と混ぜる。地中深くの高圧下で形成された岩石は、地表に近づくにつれて膨張し、砕ける。大きな岩は崩れて小さな岩になり、やがて湿度と乾燥、凍結と融解、山火事による熱のストレスを受けて構成要素の鉱物にまでばらばらになる。ある種の造岩鉱物、例えば石英は化学的に腐食されにくい。そのような物質は変質せず、ただ細かくなっていく。また別の鉱物、特に長石や雲母は、容易に風化して粘土になる。

小さすぎて一つひとつ見ることはできないが、粘土の粒子は文末のピリオドの中に何十個も入るほどの細かさだ。この顕微鏡サイズの粘土がぎっしりと集まって地表に水を通さない層を作り、雨水が流れやすくなる。新しい粘土鉱物は植物の養分に富んでいるが、粘土が水を吸うと、養分をつかんで放さなくなる。粘土を多く含む土壌は水はけが悪く、乾くと分厚いクラストを形成する。もっと大きな砂の粒は、一番細かいものであっても肉眼で見える。砂土はすぐに水がはけ、植物が育つのは難しい。砂と粘土の中間の大きさのシルトは作物を栽培するのに理想的である。植物を育てるのに十分な水を保持し、なおかつ水浸しにならない程度に水が速くはけるからだ。特に粘土、シルト、砂の混合物はロームと呼ばれ、空気が自由に循環し、水はけがよく、植物が養分を得やすいので、理想的な耕土となる。

粘土鉱物には並外れて表面積が大きいという特徴がある。二〇〇グラムの粘土に含まれる鉱物表面は八〇ヘクタールにも達することがある。トランプの一セットが薄い紙から構成されるように、粘土はケイ酸塩の薄いシートに挟まれた、陽イオン――カリウム、カルシウム、マグネシウムなど――を帯びた層状の鉱物でできている。粘土の構造にゆっくりとしみ込んだ水は陽イオンを溶かし、植物に必須の栄養分に富んだ土壌溶液のもととなる。

新しい粘土は、したがって、鉱物表面に緩く保持している多量の陽イオンによって土壌を肥沃にする。しかし風化が続くと、より多くの養分が土壌から溶脱し、ケイ酸塩の間の元素は減少する。やがて植物が利用できる養分はほとんどなくなってしまう。粘土は土壌有機物をつなぎ止めることもできるが、リンや硫黄のような必須栄養素の蓄えの補充は、風化によって新たに岩から養分が放出されることにかかっている。

一方、窒素の大部分は、空中窒素が生物学的に固定されることで土壌中に入る。窒素固定植物などというものはないが、例えばクローバーのような植物を宿主として共生するバクテリアが、長さ二～三ミリの根粒の中で、不活性の空中窒素を生物学的に活性なアンモニアに変える。いったん土壌有機物と混ざると、窒素は腐敗物から循環して植物に戻ることができるようになる。土壌微生物が分泌する酵素で、大きな重合体がアミノ酸のような水溶性の形に分解され、植物が吸い上げて再び利用できるからだ。

土壌生成の要素

どのくらいの速度で土壌が生産されるかは、環境条件による。一九四一年にカリフォルニア大学バークレー校教授ハンス・ジェニーは、土壌を構成する材料の供給源である地域の地質の上層をなす地形、気候、動植物相を土壌の性質は反映すると提唱した。ジェニーは土壌生成をつかさどる五大要素を特定した。すなわち母材（岩）、気候、有機体、地形、時間である。

地域の地質は、岩が崩れたときに生産される土壌の種類を左右する。そして地表に露出すれば、岩は遅かれ早かれ必ず崩れる。花崗岩は崩壊すると砂質の土壌になる。玄武岩は粘土質の多い土になる。石灰岩は岩だらけの景観に薄い土壌といくつもの洞穴を残すだけで、溶けてなくなってしまう。ある種の岩は速く風化して厚い土壌を作る。また侵食に耐えてゆっくりと薄い土壌しか作らないものもある。植物が利用できる養分は土壌の母材の化学的組成によって決まるので、土壌生成の理解は、土壌が発生する岩から始まる。

地形も土壌に影響を与える。新しい鉱物を含んだ薄い土壌は、地質学的活動が山を隆起させ、斜面が新しく作られ続けている地域の急斜面を覆っている。地質学的に安定した地形にある緩やかな斜面には、厚く、より深く風化した土壌が見られる傾向にある。

気候は土壌生成に大きく影響する。多雨と高温は、化学的風化作用と、造岩鉱物が粘土に変化するための好条件となる。寒冷な気候は、凍結と融解のくり返しにともなう膨張と収縮によって、岩が物理学的に細かく破砕されるのを促進する。同時に、低温は化学的風化作用を遅らせる。だから高山と極地の土壌は新たに養分を産出することができる新しい鉱物表面を多量に含み、一方熱帯の土壌は、養分が溶脱し極度に風化した粘土でできているので、よい耕土にはならないことが多い。

気温と降雨は、生態系の違いを特徴づける植物群落をまず左右する。高地では、永久凍土が支えることができるのは極地のツンドラに生える低木だけだ。温帯地域の穏やかな気温と降水量は森を育て、落ちた木の葉が地面で朽ちて有機物に富む土を作る。比較的乾いた草地の土壌は多くの微生物の活動を支え、枯れた根や葉の循環と草食動物の糞尿から有機物を受け取る。乾燥した環境には植生がまばらで、薄く岩の多い土壌が多く見られる。

赤道付近の高温多雨は、栄養分が溶脱した土壌の上に、風化に由来する栄養分と腐植から回収した栄養分を循環して成長する熱帯雨林を生い茂らせる。このように、地球上の気候帯は土壌と植生の発達型を定めている。

地質と気候の違いは、個々の地域の土壌で農業が持続的に可能であるかどうかを左右する。とりわけ、多くの熱帯の地形では、豊富な雨が降り、緩やかな斜面が急速に風化するので、長い間には地面にしみ込んだ雨水が、土壌とその下の風化した岩からほとんどすべての養分を溶脱させてしまう。いったんこのようなことが起きると、繁茂した植生は、はるか以前に風化した岩石由来の養分を保持・循環し、本質的には自身を栄養とするようになる。このような地域の養分のほとんどは土壌ではなく植物そのものにあるので、自然の植生がなくなると土壌の生産力も失われる。多くの場合、作物なり家畜なりが育つだけの養分は、森林伐採から数十年も残らない。養分に乏しい熱帯の土壌は、生命が過去の生命の循環に依存しているという大原則を物語っている。

いかなる自然の土壌の中に存在する種も、人間は未だすべて記述してはいない。しかし土壌とその中に棲む生物相は、きれいな飲み水を供給し、死んだ物質を新たな生命に再生し、養分の植物への移動を促進し、炭素を蓄え、廃棄物や汚染物質の除去までしてくれる——そして言うまでもなく私たちの食物のほとんどすべてを生産する。

目にも見えず気にも留めないが、土壌中に棲む生物は農業の慣行に大きく影響を受ける場合がある。土を耕せば大型の土壌生物を殺し、またミミズの数を減らすことがある。農薬は微生物や微小動物相を根絶やしにする。従来のような輪作の間隔が短い単作農業は、有益な土壌生物相の多様性、発生量、活性を低下させ、間接的に土壌伝播性のウィルス、病原体、害虫の増殖を助長しうる。一般に、いわゆる代替農法は土壌の肥沃度を増進させる土壌生物をよりよく保つ傾向が高い。

土壌侵食に影響を与えるもの

土壌生成と同じように、土壌侵食の速度も、母材（岩石）、気候、有機体、地形に由来する土壌の特性によって決まる。シルト、砂、あるいは粘土の固有の混合比、土壌有機物による団粒化からくる結合性といった組織の特性が、土壌の侵食への抵抗力を決定する。有機物の含有量が多いほど、侵食は抑制される。土壌有機物は土壌粒子を結合させ、侵食に耐える団粒を形成するからだ。地域の気候は、降水の量と、降水が川か氷河かいずれの形で地表を流れるかによって、侵食の速度に影響する。地形も重要だ。他の条件がすべて同じなら、急な斜面は緩やかな斜面より早く侵食される。降水量が多ければ表面流去が多く発生し、したがって侵食は激しくなるが、しかしそれだけではない。一方で土壌を侵食から守る植物の被覆を発達させもする。この基礎的なトレードオフは、単純に降水量が土壌侵食の速度を左右するのではないことを示している。風も、乾燥した環境や、農地のように攪拌された剝き出しの土壌では、主要な侵食作用となりうる。生物の作用も、ダーウィンのミミズにせよ耕作のような人間の活動にせよ、土壌を徐々に斜面の下へと移動させる。

侵食作用にはさまざまなタイプがあり、それぞれ場所によって影響力に大小があるが、特に影響の大きなものがいくつかある。地表に雨が降ると、土壌にしみ込むか地面を流れ去る。表面流去が多いほど侵食は激しくなる。表面流去が十分に集まるところでは、一面に流れる水が土壌を持ち上げ、運搬して、リルと呼ばれる小さな水路を作ることがある。リルは集まって、より大きくより侵食の進んだガリー――耕作できないほど大きく切れ込んだ水路を指す――となる。急斜面では、豪雨や長雨で土壌に水が飽和し、地滑りを引き起こす。風は植生の乏しい乾燥した土壌を巻き上げ、侵食する。こうした多くの作用が景観には働くが、特に影響の大きな作用は地形と気候によって異なる。

一九五〇年代に土壌侵食の研究者は、土壌の喪失を説明する一般公式を求め始めた。侵食調査基地からのデータをまとめると、土壌侵食は、土壌生成と同様に、土壌の性質、土地の気候、地形、植生の性質と状態に左右されることが明らかになった。特に、土壌侵食の速度は、土地の傾斜と農業慣行にも強く影響されていた。一般に傾斜が急なほど、降水量が多いほど、植生がまばらなほど侵食は激しくなる。

植物とそれが作りだす落葉枝《リター》は、地面を流水の侵食作用だけでなく雨滴の直接の衝突からも守っている。むき出しの土壌が雨にさらされると、落ちてくる雨の一滴ごとの衝撃で、泥が斜面の下へと押しやられる。豪雨が急激な表土の侵食を引き起こせば、深いところにある密度の高い土壌が露出する。そのような土壌は水の吸収が遅く、したがって表面流去を作りやすい。このことが今度は、地表を流れる水の侵食力を高める。ある種の土壌はこの正のフィードバックにきわめて敏感で、むき出しの地面からまたたく間に表土がはぎ取られてしまうこともある。

地表の下には、長大な根が張りめぐらされ、植物を連絡し地形を安定させている。閉鎖林冠の森林では、個々の樹木の根がからみあって生きた織物を形成し、土壌を斜面に固定するのに役立つ。反対に、急斜面は森林被覆をはがれると急速に侵食されやすい。

土層の区別ABC

土壌学者は土層の違いを表記するのに簡潔なシステムを使う——文字通り泥のＡＢＣだ。地表に見られる一部分解された有機物をＯ層位と呼ぶ。この有機物の層は、厚さが植生や気候によってさまざまで、主に落ち葉、小

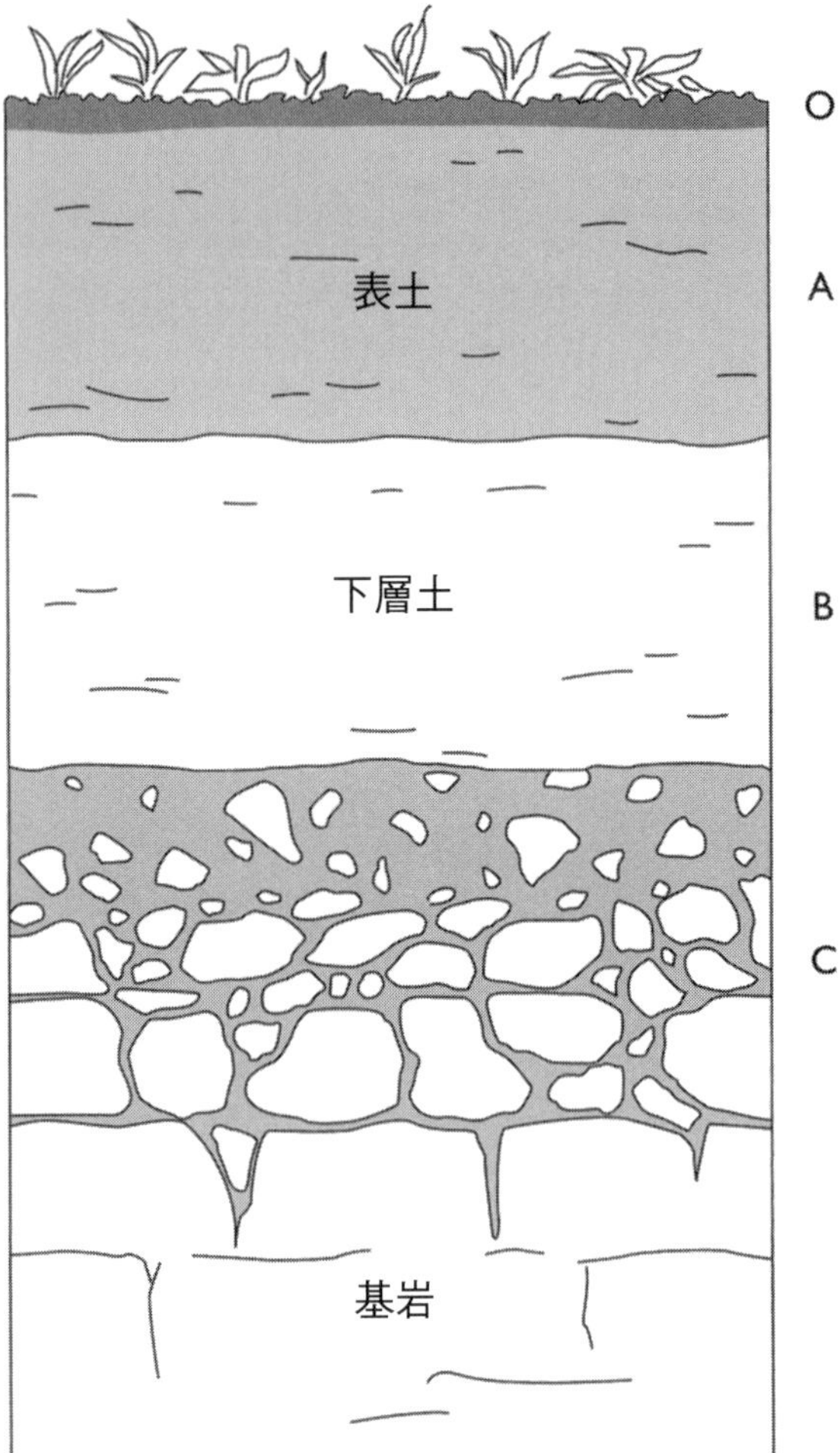

図2　長い時間をかけて、土壌は風化した岩石の上に、表土と下層土に明確に区別できる層位を発達させる。

枝、その他無機質土壌の上に落ちた植物性の素材でできている。有機層位は植生のまばらな乾燥地帯ではまったくないこともある。一方で熱帯の密林ではO層位が土壌の養分のほとんどを保持している。

有機層位の下にはA層位がある。分解された有機質が無機質土壌と混ざった養分に富む層である。地表かその近くにあって黒く、有機質を豊富に含んだA層位は、普通私たちが泥と考えているものだ。もろいO層位とA層位でできた表土は、雨、表面流去、強風にさらされると容易に侵食される。

そのすぐ下の層位、B層位は一般に表土より厚いが、含まれる有機質が少ないのであまり肥沃ではない。よく下層土と呼ばれるB層位は、粘土と土壌にしみ込んだ陽イオンを徐々に蓄積する。B層位の下の風化した岩石をC層位と呼ぶ。

高濃度の有機質と養分は、発達したA層位を持つ土壌をもっとも肥沃にする。表土では水分、熱、土壌ガスの良好なバランスが植物の急速な成長を促す。反対に、一般的な下層土では植物の根が貫通できないほど堅い粘土が過度に集積しているか、低いpH値が作物の成長を阻害するか、鉄、アルミニウム、カルシウムを多く含んだセメントのような硬盤層ができている。表土を失った土壌は一般に生産力が低い。ほとんどのB層位は表土に比べはるかに痩せているからだ。

土壌は異なる条件のもと、異なる期間で発達するので、土壌層位、その厚さ、組成の組み合わせは非常に多様である。アメリカで確認されているもので約二万の固有の土壌型がある。これほど変化に富むにもかかわらず、ほとんどの土壌断面は厚さが約三〇センチから一メートルである。

主要な穀物生産地域となる土の条件

土壌とはまさに地球の皮膚——地質学と生物学が出会う場所だ。数十センチ以内ということは、土壌が占めるのは地球の半径六三八〇キロメートルのうち、一〇〇〇万分の一をわずかに超えるにすぎない。一方、人間の皮膚は厚さ二ミリメートルほど、平均的な身長の人間の一〇〇〇分の一弱である。割合から言えば、地球の皮膚は人間の皮膚よりもはるかに薄く、壊れやすい層なのだ。身体を保護する役割を持つ人間の皮膚とは違い、土壌は岩石を砕く破壊力を持った覆いとして機能する。地球の誕生以来、土壌生成と侵食のバランスのおかげで、生命は風化した岩石の薄い殻を頼りに生きてこられたのだ。

世界の土壌地理は二〜三の主要地域を、集約的農業の持続に特に適した地域としている。地球の大部分では土壌が痩せていて農業が難しいか、開墾して耕すと急速に侵食されやすい。世界的に見て、温帯の草原の土壌は農業にもっとも重要である。きわめて肥沃で、厚く有機質に富むA層位を持つからだ。深く容易に耕すことができるので、世界の主要な穀物生産地域にはこのような土壌がある。

文明は、住民に食糧を与える生産力を持った土壌が、十分に保たれる間しか存続できない。ある景観の土壌の収支は家計と同じように、収入、支出、貯蓄で成り立っている。貯蓄に頼って生活できるのは、貯金を使い果たしてしまうまでの間だけだ。自然の預金口座から利子だけを引きだしていれば——つまり土壌が生成されるだけの速さで失われていれば——社会は支払い能力を持ち続ける。しかし侵食が土壌生成を上回ると、土壌の喪失はやがて元金を使い果たす。侵食の速度にもよるが、厚い土壌は枯渇するまでに何世紀かの間利用できるかもしれない。薄い土壌ははるかに速く消えうせるだろう。

ほとんどの自然の植生群落に見られる年間を通した植物被とは違い、作物が農地を覆うのは一年の限られた期間だけなので、むき出しの土壌は風雨にさらされ、自然の植生で発生する以上の侵食が引き起こされる。むき出しの斜面もより多くの表面流去を作り出し、植生で覆われた同等の土壌の一〇〇倍から一〇〇〇倍もの速さで侵食が進むこともある。さまざまなタイプの従来の作付体系は、草地や森の数倍の速度の侵食につながる。

それに加えて、耕作を続けると土壌有機物が空気にさらされて酸化し、減少する。高濃度の有機物は侵食への耐性を倍増させるので、土壌は長く耕作するほど一般に侵食されやすくなる。

慣行農業は一般に侵食を自然の速度よりも大幅に速め、重大な問題を引き起こす。アメリカ農務省は、二・五センチの表土を生成するのに五〇〇年かかると試算している。イングランドのミミズはもう少し仕事ぶりがよく、二・五センチの表土を一世紀から二世紀で作るとダーウィンは考えた。土壌生成の速度は地域によって異なるが、土壌侵食が加速すると、何世紀もかかって集積した土壌が一〇年足らずで消え去ることもある。地球を覆う薄い土壌は、地球上の生命が健康であるためになくてはならないものだが、私たちはそれを少しずつはぎ取っている——文字通り地球の皮をはいでいるのだ。

予測困難な土壌生成と土壌侵食の速度

しかし農業慣行は侵食を遅らせることもできる。急傾斜の畑を階段状にすれば、土壌侵食を八〇から九〇パーセント減少させられる。不耕起農法は土壌の直接的な撹乱を最小限にする。作物残渣を土にすき込まず、地面に残すことで根覆い《マルチ》の働きをさせれば、水分を保持し侵食を遅らせるのに役立つ。間作は、より完全な地表植被となり、侵食を遅くする。これらの代替農法はいずれも目新しい発想ではないが、それらが盛んに導入される動きは新しいものだ。

数十年にわたる研究で農学者は、標準化された区画に関して、環境条件と農業慣行の違いに応じて土壌喪失を推定する方法を開発してきた。半世紀に及ぶ一級の研究にもかかわらず、土壌侵食の速度は未だ予測が困難である。年ごとに、また地形ごとに大幅に違うのだ。稀に見る大嵐の影響を示し、普通のにわか雨の影響を包括するような典型的な推定値を得るには、集めるのが難しい数十年分の測定データが必要となる。結果的に現代の土壌侵食速度が相対的に大きいのかどうか、はっきりしない。そのことが、土壌喪失は重大問題であるか否かという、ここ二、三〇年続く論争の一因となっている。それは土壌侵食と土壌生成の割合によるが、土壌生成の速度については土壌侵食の速度以上によくわかっていない。

狭い土地や実験場での測定をもとに、モデルを用いてすべての景観に当てはめた侵食速度の推定値に対する懸念を、懐疑主義者たちは軽視している。彼らは、土壌侵食速度についての本当のデータは手に入りがたく、地域ごとに異なり、得るためには数十年にわたる継続的な努力が必要だという正しい主張をしている。彼らの目から見れば、私たちはあてずっぽうで答えているも同然なのだろう。さらに、土壌生成速度のまとまったデータが手に入るようになったのは、この二、三〇年のことだ。

それでも手元のデータは、従来の農法が土壌生成を大幅に超えて侵食を加速していることを明らかに示している——問題はどの程度超えているかだ。この問題の置かれている状況は地球温暖化に似ていなくもない。学者が細かい議論をする一方で、既得権益の関係者は、不確実であることを理由に煙に巻いて、守りたい現状を維持している。

それでも、今日の技術力をもってしても、私たちが糧とする（そして子孫もそうするであろう）作物を育て、植物を支えるには肥沃な土地が必要だ。現代農業の多くを支える傾斜面において、土壌保全は苦しい戦いである。しかし水循環と地質が長期的な農業に好都合に作用するところもある。文明がはじめて現れた肥沃な河谷がそれだ。

第三章　生命の川

エジプトはナイルの賜物である。
——ヘロドトス

くり返し起きた大規模な氷河作用

西洋の宗教の基礎となる文書は、人類と土壌の根本的な関係を認めている。最初の人間のヘブライ語名アダムは、adamaという語に由来し、大地または土を意味する。アダムの妻イブの名は、ヘブライ語の「生きること」を意味するhava の翻訳なので、土と生命の結合が、聖書に書かれた天地創造の枠組みを作っていることになる。神は大地（アダム）を創造し、生命（イブ）が土（アダムの肋骨）から芽生えたのだ。コーランも人類と土との関係に触れている。「一体彼ら方々旅して歩いて、昔の人々の哀れな末路を眺めたこともないのか。……地を掘りおこして（耕作し）、今の人々よりもはるかに栄えていたものであったが……結局彼らがわれとわが身に害《あだ》をなしただけのこと」（『コーラン』(中)、井筒俊彦訳、岩波文庫（三〇章：九））。ヨーロッパの言語の語源も人類が土に依存していることを反映している。ラテン語で人間を意味するhomo は、同じくラテン語で生きた土壌を表すhumus から派生したものだ。

青々と生い茂ったエデンの園は、今日の中東のイメージとはほど遠い。しかしこの地方に氷河時代に暮らしていた住人の生活は、北方の大氷床周辺ほどには厳しくなかった。最後の氷河作用のピークが過ぎ氷が後退すると、獲物は豊富になり、野生のコムギやオオムギを収穫して狩猟で足りない食糧を補うことができた。以前の気候と環境についての漠然とした文化的記憶が、人類が文明の勃興以前に追われたエデンの園の物語に記録されているのだろうか?

こうしたことをどう考えるかは別にして、過去二〇〇万年の気候の変化は世界の生態系を何度も構成し直している。氷河時代はただ一度きりの事象ではない。二〇回以上の大規模な氷河作用で、くり返し北アメリカとヨーロッパは氷に埋めつくされた。これが、地質学者が第四紀——地質年代の四番目の時代——と呼ぶものの定義である。

もっとも最近に起きた約二万年前の氷河作用のピークには、氷河が地球上の陸地のほぼ三分の一を覆っていた。熱帯を除けば、氷河のないところでも極端な環境変化に見舞われた。狩猟採集の場が世界的に変わっていくにつれ、人間は環境に順応するか、死に絶えるか、移動した。

ヨーロッパが凍りつくたびに、北アフリカは乾燥し、人の住めない砂の海になった。当然、人間は去っていった。ある者はアフリカ南部に移住した。また別の者たちは、危険を冒して東のアジアに、あるいは南ヨーロッパに向かった。気候の大きな変動がこのような人類の大移動を引き起こし、やがては世界を一周した。

人種を作り出した気候変動

化石証拠から判断すると、ホモ・エレクトスがアフリカを出て東へとのりだし、アジア全域に拡がって熱帯から温帯域に定着したのは、氷河時代が始まった直後の約二〇〇万年前とされる。化石とDNAの証拠からは、ネアンデルタール人から遺伝学的現生人類の祖先が最初に分かれたのは、少なくとも三〇万年前――ネアンデルタール人がヨーロッパと西アジアに到着したころ――だということが明らかになっている。北西ユーラシアの氷期気候にうまく順応したネアンデルタール人だったが、新たに遺伝学的現生人類が四万五〇〇〇年ほど前にアフリカから中東を経由し、少なくとも三万五〇〇〇年前にはヨーロッパ全土に拡がると姿を消した。北半球の大氷床が再び南下し、ヨーロッパ、北アフリカ、中東の生態系を再構成するころ、人類は世界中に拡大を続けていた。

もっとも最近の氷河作用の間、トナカイ、マンモス、ケブカサイ、巨大なヘラジカの大群れがヨーロッパの凍った平原を歩き回っていた。氷はスカンジナビア半島、バルト海沿岸、イギリス北部、アイルランドの大部分を覆った。樹木の生えないツンドラがフランスからドイツ、ポーランド、ロシアにわたって拡がっていた。ヨーロッパの森林は縮小し、地中海沿いを細く取り巻いていた。原始のヨーロッパ人は、大型獣の群れのあとを追い、弱った動物を狩ってこの凍った時代を生き抜いた。このような種の一部、特にケブカサイや大型のヘラジカは、後氷期の気候変化を生き延びられなかった。

極度の気候変動はまた、ヒトの集団を孤立させ、今日人種として知られる異なる外見に分化させる役割を果たした。皮膚は私たちの身体と重要な臓器を紫外線から守っている。しかしまた皮膚は、健康な骨を作るために必要なビタミンDの生成を助けるため、十分な日光を通さなければならない。私たちの祖先が地球全体に拡がるにつれて、この相反する圧力が、異なる地域の人間の皮膚に色を付けた。紫外線防護が主に要求される熱帯では黒い肌が有利だった。高緯度地帯ではビタミンDが必要とされるので、白い肌のほうが有利であった。

氷河が溶けて、新しい生活様式が始まった

人類が新しい環境に拡大し順応するうえで、技術革新は大きな役割を果たした。およそ三万年前、最終氷期の直前、薄く鋭い石器の発達が大きな技術革命の先駆けとなった。その後、約二万三〇〇〇年前、最終氷期最盛期の直後、弓矢が槍に取って代わり始めると狩猟の技法は根本的に変わった。穴のあいた針が発明され、動物の毛皮から帽子や手袋が作れるようになった。ついに新たな氷河時代の長い冬に耐える装備を身につけた中央アジアのハンターたちは、大型の獲物を追って草に覆われたステップを横断し、西はヨーロッパ、東はシベリアから北アメリカにまで移動し始めた。

氷河に覆われていない地域も、氷期と間氷期の間に地球が寒冷化と温暖化をくり返したために、劇的な植生の変化に見舞われた。最後の氷河の拡大が起きるはるか以前、世界中の人間が、鳥獣の餌場を維持したり食用の植物がよく育つように、森林の一部を焼いていた。狩猟採集民だった私たちの祖先は、必要に応じて世界を形作っており、景観の中で受動的に暮らしているわけではなかった。その能動的な働きかけがあっても、人口は少なく、移動生活を営んでいたために、自然の生態系にはっきりとした影響はほとんど残さなかったのだ。

氷期から間氷期への移行は過去二〇〇万年の間に何度も起きている。最終のものを除くすべての氷期で、人類は動かずに生態系に順応するのではなく、環境とともに移動している。その後、一〇〇万年以上移動生活を続けた末、人類は定住を始め農耕民となった。最後に氷河が溶けたこのとき、人類が新しい生活様式を選んだのは、それまでと何が違ったからなのだろうか？

この根本的変化についていくつかの説明がなされている。ある者は、寒冷で多湿の氷河気候から、あまり快適

でない状況に変化したことが、環境圧力を中東の古代人に加えたと主張する。この見方では、気候が温暖化して野生動物が減ったので、狩猟民は生きるために植物の栽培を始めたとされる。またある者は、これといった環境的な力がなくても、文明の進歩の必然的プロセスに応じて農耕は発達するのだと主張する。理由はどうであれ、農耕はメソポタミア、中国北部、メソアメリカで独自に発展した。

オアシス仮説vs文化進化論

二〇世紀の大半を通じて、農耕の起源に関する理論は、相対立するオアシス仮説と文化進化論を重視していた。オアシス仮説は、後氷期に中東が乾燥して食用植物、人間、その他の動物は水が豊富な氾濫原から動けなくなったとするものだ。近さは否応なく親しさを生み、やがてこれが家畜化・栽培品種化へとつながった。一方、文化進化説では、必然的な社会の進歩によって農耕は徐々に採用され、地域の環境変化は重要ではないとする。残念ながらいずれの仮説も、なぜ農耕がその時その場所に発生したかに対して、満足のいく答えを出していない。

オアシス仮説の根本的な問題は、現在栽培されている穀物の野生の祖先が、最後の氷河作用の終わりに北アフリカから中東へやって来たことだ。これは、中東の人々の手に入る食物資源の種類が、農耕が発生したときには――オアシス仮説に反して――増加している最中だったことを意味する。だから地域が乾燥するにつれて小さくなっていくオアシスに、人間と植物と動物が押しかけたなどという単純な話ではありえない。そして、農耕を採用したのは中東の特定の人々だけだったのだから、文化進化説は不十分である。農耕は狩猟採集から、より進歩した社会への必然的な一段階というだけのものではなかったのだ。

農耕社会への移行は驚くべき、そして不可思議な行動適応であった。最後の氷期のピークのあと、人間はシリアからイスラエルにかけてガゼルを放牧した。このように放牧で生活することは、種をまき、雑草を取って作物の世話をするよりも手間がかからなかった。同様に中央アメリカでは、数時間かけて原生トウモロコシを集めれば一週間分の食糧になった。農耕が狩猟採集より難しく時間のかかるものなら、なぜ人間はそもそものようなものを始めたのか?

最初の半農耕民

人口密度の増大が農耕の起源と拡散に魅力的な説明を与える。狩猟採集集団が大きくなり、土地が支えることのできる範囲を超えると、集団の一部は分かれて新天地に移動する。移住可能な豊かな土地がなくなると、増大する人口は環境から生活手段を得るために、より集約的な(そして時間のかかる)手段を発展させた。このような圧力が、自分たちで食糧を生産し、土地からより多くを手に入れることのできる集団に有利に働いた。この観点から見ると、農耕は人口の増大に対する自然な行動反応と解釈することができる。

近年の研究で、コムギとオオムギの野生株は単純な方法で容易に栽培できることがわかっている。栽培が簡単であれば、農耕がいくつもの場所でくり返し発生してもよさそうなものだが、遺伝子分析によって、コムギ、エンドウマメ、レンズマメの現在の株は、すべて野生種のごく一部に由来することがわかっている。現代の食物の基本となる植物の栽培品種化は、人間がそれまで補助的な資源に過ぎなかったものをより集中的に利用し始めたとき、ごく少数の場所で限られた回数だけ起きたのだ。

わかっている最初の半農耕民は、イラクとイランにまたがるザグロス山脈の山腹に紀元前一万一〇〇〇~九〇〇〇年（つまり今から一万三〇〇〇～一万一〇〇〇年前）に住んでいた。ガゼル、ヒツジ、ヤギを狩り、野生の穀類とマメ類を採集して生きていたこの人々は、小さな村に住んでいたが、季節的な狩猟キャンプと洞窟を広く利用していた。紀元前七五〇〇年には、常食を支えるものが狩猟採集から牧畜と農耕に取って代わり、最大二五世帯が定住する村ではヒツジやヤギを飼い、コムギ、オオムギ、エンドウマメを栽培した。その頃には狩猟は食糧のわずか五パーセントを占めるのみになっていた。なぜこのような大きな変化が、それもなぜその時、そこで起きたのか？

計画的に穀類の耕作が行なわれた最初期の証拠は、現在のシリアにあるユーフラテス川源流のアブ・フレイラから見つかっている。この遺跡で出土した考古学的遺物から、農耕の始まりは、氷河時代の乾いた状態が数千年の気候回復を経て、急に元に戻ったのと時期を同じくすることがわかっている。氷河時代末期の狩猟採集生活から、穀類を中心とする農耕への移行を示す、独特の遺物がアブ・フレイラからは発掘されている。さらに、この遺跡の遺物は、なぜ人間は労働集約的な農業を採用したのかを説明してくれる。そうせざるを得なかったのだ。

氷河期が終わると、レバント地方は徐々に暖かくなり、降水量が増えた。紀元前一万三〇〇〇～一万一〇〇〇年ごろにかけて、氷河ステップの草原はオークの疎林へと徐々に変わっていった。イスラエル北東部のフレー湖の湖底からボーリングしたコアは、この期間に樹木の花粉が花粉全体の五分の一から四分の三にまで増加したことを示している。豊富な獲物と野生の穀物（特にライムギとコムギ）は、少ない人口に豊かな資源というエデンのような風景を生みだした。狩猟採集民の定住社会は、資源が特に豊富な場所に定着し始めた。

行き場のない人々が農耕を発展させた

それから一〇〇〇年の間、世界の気候はほとんど完全に氷河時代の状態に戻った。これが約一万年から九〇〇〇年前、新ドリヤス期として知られる期間である。樹木の花粉は全花粉量の四分の一以下まで減少した。これは降水量が激減し、氷河性気候のステップのような状況に戻ったことを意味する。森林は北方に後退し、世界で初めての定住社会から遠ざかった。

アブ・フレイラはダマスカスの北東約二九〇キロ、ユーフラテス川流域を見下ろす低い崖の上に位置する。遺跡から発掘された植物性の堆積物は、新ドリヤス期の終わりに多種にわたる野生植物の採集から数種の作物の栽培への移行があったことを記録している。遺跡への定住と時期が一致する最初期の植物性の遺物には、ユーフラテス河谷の沼地や森林で採れた一〇〇種類を超える種や果実が含まれている。大量の動物の骨から、狩猟、特にガゼルに相当依存していたことがわかる。さらに、遺跡には年間を通じて人が居住していた。アブ・フレイラの住人は非定住の狩猟採集民ではなかった。彼らは村を取りまく区画された土地に永続的に住んでいた。新ドリヤス期が招いた一〇〇〇年に及ぶ寒く乾いた気候で、動植物資源が大きく変わり始めるころには、二〇〇〜三〇〇人がアブ・フレイラに住んでいた。乾燥に弱い植物の果実と種子が食物から消えた。近所の森で収穫されていた野生のレンズマメやマメ科植物も消えた。エデンは乾ききり、食糧は乏しくなった。

なぜ住民は移動しなかったのだろう？　おそらく、それでもアブ・フレイラがその地方で最高級の土地だったからだ。周辺地域も同じような変化に見舞われ、さらにわずかな食糧しか得られなかった。さらに、次善の場所は他の人々がすでに占有していた。食糧の供給が激減しているときに、人間は普通新参者を歓迎しない。アブ・

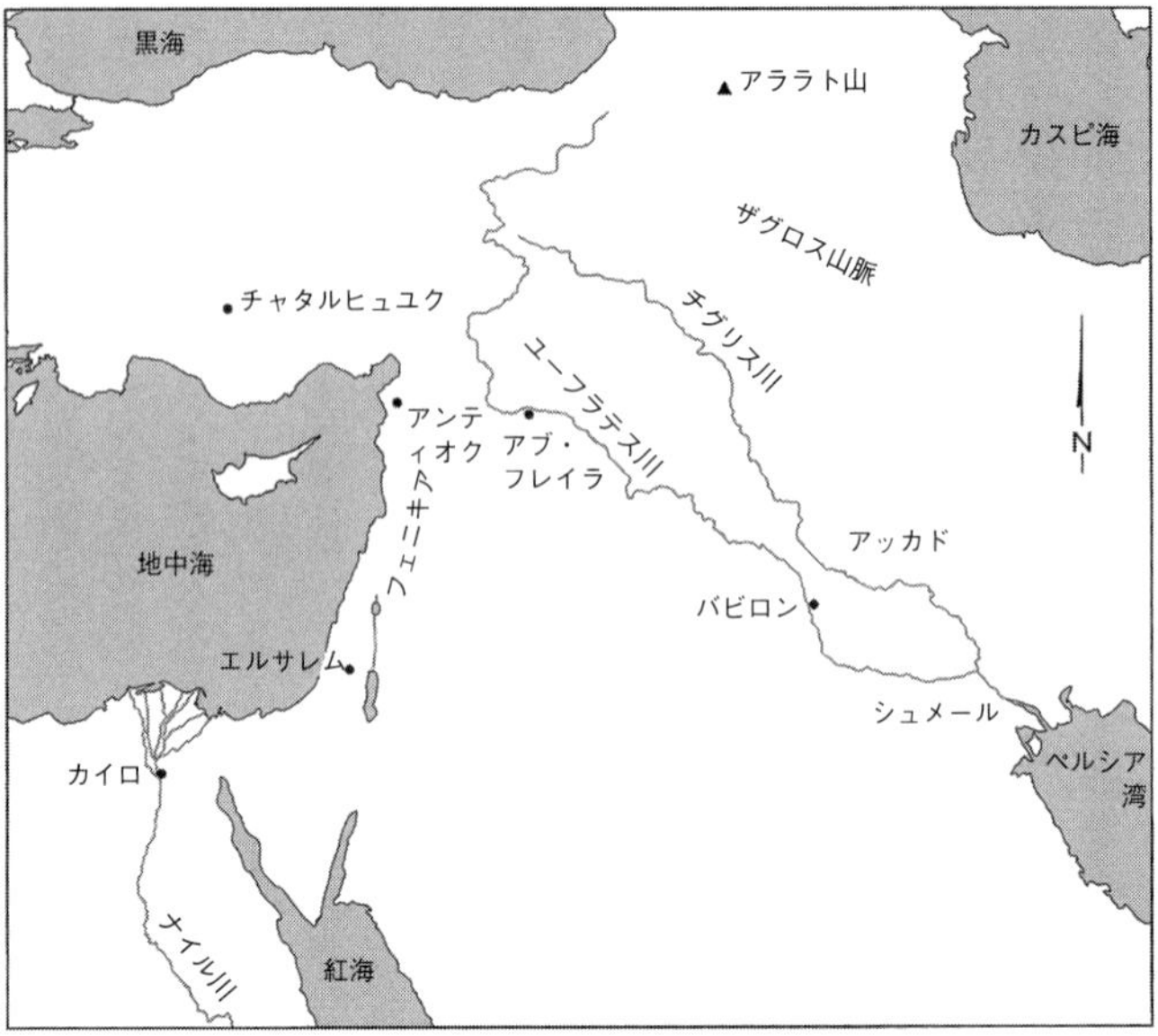

図3　中東の地図

フレイラの住民には行き場がなかったのだ。

やむをえず、彼らは寒く乾燥した気候に耐えた野生のライムギとコムギの変種を栽培し始めた。生き残った植物の中で、貯蔵して一年を通じ利用できる食物を生産できるのは穀類だけだった。乾燥は悪化していたにもかかわらず、農地に多く見られる乾燥に弱い雑草の種が、新ドリヤス期に大幅に増えている。当初、野生の穀類が天水農業によって丘の斜面で栽培された。数世紀のうちに栽培種のライムギが、そしてレンズマメのようなマメ類も畑に現れた。

農耕へと転換すれば、食物一カロリーを生産するのに必要な時間と労力は増加する。それはおいそれと手をつけられることではない。定住式の狩猟採集生活を行なっていたことで、アブ・フレイラの初期の住民は、気候が変化するにつれ、減少する食糧供給の影響を受けやすくなっていた。野生の食糧源を利用しつくしてしまうと、住民は早

魃の進行がもたらす季節的な食糧不足に対して弱かった。イチかバチかで始めた農耕は発展し、新ドリヤス期が終わって気候がよくなると、オオムギやエンドウマメなど他の作物も栽培されるようになった。暖かくなった気候のもと、アブ・フレイラ周辺への定住は急速に増えた。収穫量の増加に刺激されて、二〇〇〇～三〇〇〇年の間に村の人口は四〇〇〇～六〇〇〇人に膨れ上がった。

新ドリヤス期の気候変動だけが農業の採用に影響を与える要素だったわけではない。それに先立つ数千年間の人口増加は、狩猟採集民の定住社会を生みだし、この気候変動が人口に影響を与える一因となった。それでもアブ・フレイラの飢えた人々は、乾燥する世界に適応しようとする自分たちの努力が地球を変えることになろうとは、想像だにしなかっただろう。

定住化と町

このような適応はこの地方のあちこちで起きたのだろう。新ドリヤス期の終わりは、中東の大半で文化と居住パターンの変化があったのと時を同じくしている。新ドリヤス期以降に現れた新石器時代の居住地は、肥沃な土壌と十分な水の供給がある農業に完璧に適した土地に位置していた。栽培品種化された一万年前のコムギが炭化した遺物が、ヨルダン北西部、ユーフラテス川中流のダマスカス近郊にある遺跡で見つかっている。栽培品種化された作物はそれから南にあるヨルダン川流域のジェリコ、および北西のトルコ南部へと広まった。

旧来の説では、中東の農業はアジアやアメリカの類似の行為よりはるかに古いものと位置づけられているが、南米、メキシコ、中国に、これらの地域にある村の最古の痕跡よりも以前に栽培植物があったかもしれないことが近年の研究で提唱されている。長江沿岸にある吊桶環《ちょうとうかん》という洞窟の堆積物は、アブ・フレイラと同じように野

生のイネが新ドリヤス期の頃に栽培品種化されたことを物語る。おそらく新ドリヤス期の急激な気候変動のせいで、資源ベースを失いつつあった半定住民は農業を試さざるを得なくなったのだろう。

気候が改善されると、穀物栽培に適応した集団は有利になった。栽培品種化された作物への依存は強まり、地域全体に広まった。紀元前九〇〇〇年から七五〇〇年にかけて、現代のイスラエル、レバノン、シリアの地中海沿岸に栄えたナトゥフ文化は、野生の穀物の栽培と山羊とガゼルの放牧を基盤としていた。ナトゥフ文化が発生したときには植物も動物も完全には栽培品種化・家畜化されていなかったが、この時代の終わりには、狩猟は食糧供給のごく一部を占めるのみだった。

コムギとマメ類の栽培品種化で食糧生産が拡大するにつれ、地域の人口は急激に増え始めた。紀元前七〇〇〇年ごろには、小さな農村が地域一帯に散在していた。狭い範囲を集中的に利用するようになると、広大な土地に点在する狩猟キャンプを一年サイクルで移動することを続けていられなくなり、社会の定住化はますます進んだ。紀元前六五〇〇年には数千人規模の大きな町が普通に見られるようになった。生活の糧を追って一年周期で旅をする季節的リズムは、中東では終わった。

環境からより多く食糧を得ることができる集団は、ストレスの期間——例えば旱魃や極端な低温——を、よりうまく切り抜けることができた。苦しい時期が来ると（それは避けられないことだった）畑仕事の経験がある集団のほうが有利だった。そうした集団はより苦境に耐え、順調なときには繁栄した。そして農業の成功はさらに多くを要求した。いっそう集約的で効果的に生計を立てる方法が発達したことで、人口は狩猟採集生活で支えられる限度を超えて増加した。やがて社会は成長はもちろん、現状を維持するためだけでも自然生態系の生産力の拡大が頼りになった。動き回っていては作物の世話も収穫もできないので、初期の耕作者は土地に縛られるよう

になった。一度農業の道を歩み始めた人類に戻り道はなかった。

いったん定住してしまえば、少ない土地で多くの人間を養えることを知ると、農耕民は採集民との領地争いの際に、常に相手を打ち負かせるだけの人数を揃えられるようになった。人口が増えるにつれ、農耕民は自分たちのホームグラウンドでは無敵になった。一つ、また一つ農地は拡大し、当時のテクノロジーで耕作できるかぎりの土地を包み込んでいった。

農業と畜産の進行

ほとんどの家畜は紀元前一万~六〇〇〇年の間に家畜化された。例外は私の大好きなイヌで、二万年以上早く人間に飼われている。若いオオカミや親を失った仔が人間の支配下に置かれ、人間の猟師の群れに加わるというシナリオを、私は容易に思い描くことができる。シアトルのドッグランで観察していると、猟師がどのようにイヌを(特に獲物を群れに向けて追い込む習性のあるものを)狩りのパートナーとして使ったかがわかる。いずれにしてもイヌは直接食用にするために家畜化されたわけではなかった。最初の動物の友を古代人が食べたという証拠はない。その代わり、イヌは人間の狩猟の効率を高め、おそらくは古代の狩猟キャンプにおいて番犬となったのだろう(ネコはどちらかといえば新顔で、約四〇〇〇年前、町が彼らの分布域と初めて重なった直後に農耕民の定住地にやってきた。人間がその棲息地に住み着くと、ネコは単純な選択を迫られた。餓死するか、どこか他所へ行くか、町の中で餌を見つけるか。古代の農民がネコに好感を持ったのは、当然、人なつっこいからではなく、貯蔵した穀物を食べる小動物を捕まえる能力のためであった)。

ヒツジは直接食糧にするためと経済的に利用するために紀元前八〇〇〇年前後に家畜化された。コムギとオオ

ムギが栽培品種化される数百年前のことだ。ヤギはほぼ同じ頃にイラン西部のザグロス山脈で家畜化された。最初期の作物の種は家畜の飼料を栽培するために集められた可能性がある。

ウシはギリシアまたはバルカン諸国で紀元前六〇〇〇年ごろに初めて家畜化され、中東とヨーロッパに急速に広まった。農業と畜産の革命的な融合は、成長中だったメソポタミアの農耕文明にウシが届いたときに始まった。鋤が発達すると、ウシは農地で働き、肥料を与えた。動物の労働力を動員すると農業生産性は高まり、人口は飛躍的に増大した。家畜の労働力のおかげで、農業人口の一部は野良仕事から解放された。

作物生産と畜産の同時発達は、互いに補強しあい、共に食糧生産の増加を可能にした。ヒツジとウシは植物の人間が食べられない部分を乳や肉に変える。家畜は労働力によって収穫を増やすだけではない。その糞尿は肥料として、作物が吸い上げた土壌の養分を補充するのに役立つ。増収分の作物はさらに多くの動物を養い、より多くの肥料が生みだされ、また収量が増加してより多くの人々を養う。ウシの力を利用すれば、一人の農民が家族を養うのに必要な以上の食糧を生産できる。鋤の発明は文明に革命をもたらし、地球の表面を変貌させた。

農業社会がもたらした人口の爆発的な増加

ヨーロッパの氷河が解けたとき、地球には約四〇〇万人がいた。その後の五〇〇〇年間で、世界の人口はもう一〇〇万人増えた。農業社会が発達すると、人類は一〇〇〇年ごとに倍増し、キリストの時代にはおそらく二億人にも達していた。二〇〇〇年後、数百万平方マイルの耕地が約六五億人——これまでに存在したすべての人間の五〜一〇パーセント、最後の氷河作用の頃にいた人口の一〇〇〇倍以上——を支えている。

コムギとオオムギを栽培し、ヒツジを飼う新しい生活様式は、中央アジアとナイル川流域に拡がった。同じシ

図4　円筒印章に刻まれたメソポタミア初期の鋤の図（Dominique Collon, *First Impressions: Cylinder Seals in the Ancient Near East*, Chicago: University of Chicago Press, 1987, 146, fig. 616 掲載の拓本の写真より）

ステムはヨーロッパにも普及した。紀元前六三〇〇年から四八〇〇年の間に、農耕の採用はトルコを経由してギリシアへ至り、さらにバルカン諸国へと平均一年に一キロの速度で着実に西へ拡大したことが、考古学的遺物からわかっている。ウシを除けば、ヨーロッパの農業の基礎を構成する動植物は中東に由来する。

初期の農民は高台の農地で天水に頼って作物に水を与えていた。それは非常にうまくいき、紀元前五〇〇〇年ごろには中東にある乾燥地農業に適した土地はほぼすべて利用されていた。人口増加は食糧生産の増加と足並みを揃えていたので、食糧増産の圧力は高まっていた。これが今度は、土地からより多く食糧を搾り取ろうという圧力を高めた。最初の社会が農耕生活に落ち着いてからまもなく、表土の侵食と土壌の生産性の低下――集約的農業とヤギの放牧が引き起こした――が収穫高を損ない始めた。それが直接の原因となって、紀元前六〇〇〇年ごろにはヨルダン中部のすべての村が放棄された。

革命的な農システム

ザグロス山脈での台地の侵食と人口の増加は、農村を低地へと追いやったが、そこは栽培のために十分な雨が降らない土地だった。だんだんとこのような周辺地域を耕作する必要に迫られて、農法に大きな革命が起きた。灌漑農業である。農民がチグリス川とユーフラテス川に挟まれた氾濫原の北部に移住し、作物の灌漑を始めると、収穫高は増えた。耕地に水を送る水路を建設・維持しながら、集落は氾濫原に沿って南に拡がった。そこはアラビア砂漠と半乾燥気候の山地に挟まれた、農業に適さない土地だった。人口が増えるにつれ、小さな町が一帯を埋めつくし、広大な氾濫原は次々と農地になっていった。

このきわめて肥沃な細長い土地は大量の作物を生みだした。しかし余剰作物は畑を潤す水路網の建設・維持・運営にかかっていた。このシステムを保つには技術的な専門知識と、相当に組織だった支配が必要であり、官僚制と政府という分かちがたい双子が生まれた。紀元前五〇〇〇年には、宗教エリートが食糧の生産と分配を監督するという比較的共通の文化を持った人々が、メソポタミア——二つの川に挟まれた土地——のほぼ全域に住んでいた。

メソポタミアの良好で肥沃な土地は、紀元前四五〇〇年にはすべて耕作されていた。農耕が海岸に達すると、それ以上どこにも拡張しようがなかった。新しい土地を使い果たしてしまうと、食糧を増産して人口増加に対応するための苦闘は激化の一途をたどった。氾濫原がすべて耕作されたころ、ペルシア湾近くのシュメールの平野に鋤が出現した。それはすでに耕作された土地から、より多くの食糧生産を可能にした。

都市の誕生、階級の発生

町は合併し、都市ができ始めた。ウルクの町は周囲の村々を吸収し、紀元前三〇〇〇年には人口五万人にまで成長した。大寺院の建設は、宗教指導者が労働力を結集する能力を持っていたことを物語る。この急激な初期の

都市化の中で、八つの大都市がシュメールの南メソポタミア地方を支配した。灌漑された氾濫原に押し込まれた人口は、今や人類の相当な割合を占めていた。狩猟採集民は一般に、資源は万人が所有し利用できるものと考えていたが、新たに到来した農耕の時代は、土地と食糧を持つ者と持たざる者を作りだした。初めて非農民階級が出現したのだ。

食べるために全員が畑仕事をせずともよくなれば、階級区分ができ始める。食糧と資源の分配をつかさどる宗教的政治的階級の出現は、農民から食糧を集めて社会の他の階層に再分配する行政機関の発達につながった。社会階級の出現に続いて専門化が進み、やがて国家と政府が発達していった。余剰食糧があったので、社会は司祭、軍人、役人、そしてさらには芸術家、音楽家、学者らを養うことができた。今日でも非農民層の手に入る余剰食糧の量が、他の社会部門が発達できる水準を決定する。

知られている最古の文書（楔形文字を刻みつけて焼いた粘土板）はウルクで出土している。紀元前三〇〇〇年ごろに作製された何千ものこのような粘土板は、農業に関することと食糧の割当について記しており、多くは食糧の配給を扱ったものだ。農業の時代の始まり以来、人口が食糧生産と並行して増える中で、多様化する社会が食糧の生産と分配を管理するために文書は有効だった。

都市間の対立は人口に比例して高まっていった。市民軍の編成は、メソポタミア社会の軍事化をもたらした富の集中を反映している。望楼を備えた巨大な城壁が都市の周囲に出現した。ウルクを取り巻く全長一〇キロの壁の厚さは四・五メートルに及んだ。シュメールの都市国家間の戦争は、統治者を僭称する世俗的な軍事支配者の登場を促した。新たな支配者が寺院の土地を収用し、大きな地所が有力な一族や世襲の支配者の手に集中するようになると、私有財産という概念が生まれた。

灌漑の罠

チグリス、ユーフラテス川に挟まれた数百万エーカーの土地は、いくつもの文明を続けて養った。豊かな流域が、続々とやってくる征服者の集団を農民に変えたからだ。帝国の所有者は何度となく変わったが、農耕が始まった山の斜面とは違い、肥沃な氾濫原の土壌は切り開いて作物を植えても流されなかった。紀元前一八〇〇年ごろに起きたシュメール諸都市のバビロニアへの吸収は、メソポタミアの組織的発展と権力の絶頂を意味する。この併合により、貴族、司祭、農民、奴隷の身分を法的に認めた差別制度を持つ階層制文明は強固なものとなった。

だが、メソポタミアの農地を潤す灌漑には、隠れた危険があった。半乾燥地帯の地下水は通常多量の溶解塩を含んでいる。河谷やデルタのように地下水面が地表に近いところでは、毛管現象で地下水が土壌に上がってきて蒸発し、土中に塩分が残る。蒸発速度が速ければ、灌漑を続けるとやがて作物を害する量の塩類が生成されうる。灌漑によって農業生産が劇的に向上する一方、強烈な陽光が照りつける氾濫原を豊かな農地に変えることは、目先の収穫のために長い目で見た生産量を犠牲にすることになりかねない。

半乾燥地で土壌への塩類の集積を防ぐには、節度ある灌漑をするか、定期的に農地を休耕する必要がある。メソポタミアでは、灌漑農地が数世紀にわたってもたらした高い生産力のために人口密度が高まり、よりいっそう集中的な灌漑が強く求められていた。やがて多量の塩類が土壌中に結晶し、増加する人口を養えるほど農業生産は増えなくなった。

シュメールの農業の主な問題は、川の増水のタイミングと作物の栽培期が一致しないことだ。チグリス川とユーフラテス川の流量は、北の山からの雪解け水が川に満ちる春にピークを迎える。新たに植え付けた作物がもっとも水を必要とする夏の終わりから秋口にかけては、流量がもっとも少ない。集約農業を行なうためには夏の暑さの中、水を溜めておかなければならない。農地に与えられた多量の水はたちまち蒸発し、さらに多くの塩類を土壌中にしみ込ませた。

古代の農業社会が直面した困難は塩類化だけではなかった。アルメニアの丘陵で行なわれていた畑作がひどい侵食を起こし、土砂がチグリス、ユーフラテスに流れ込んでいた。そのため、灌漑用水路をシルトの堆積から守ることが至上命題となった。イスラエル人のような被征服民がこの重要な水路から泥をさらう仕事につかされた。略奪と再建をくり返し経験してきたバビロンも、農地に水を供給するのがきわめて難しくなると、ついに放棄された。数千年経った今も、一〇メートル以上の高さに積もったシルトが太古の用水路の中を覆っている。平均して、川からペルシア湾に流れ込むシルトは、シュメール時代以来、一年に三〇メートル以上の新しい陸地を作っている。かつては栄えた港町だったアブラハムの生まれ故郷のウルは、今では二四〇キロ内陸に位置している。

シュメールが栄えるにつれて、増大する食糧需要のために農地が休耕される期間は短くなっていった。ある推定によれば、人口が二〇〇〇万人ほどでピークに達したとき、メソポタミアにある九万平方キロの耕地の約三分の二が灌漑されていた。灌漑用水中に含まれる高濃度の溶解塩と灌漑期の高温、いっそう集約的になる栽培が相まって、それまで以上に多くの塩類が土壌にしみ込んだ。

シュメールの都市国家から出土した寺院の記録は、塩類が徐々に土地を汚染するにつれ、農業が衰退していく様を期せずして遺している。シュメールの主要作物の一つであったコムギは、土壌の塩分濃度にきわめて敏感だ。もっとも初期の収穫の記録は紀元前三〇〇〇年ごろのもので、この地方のコムギとオオムギの量が同じであったことを報告している。時とともに収穫の記録にあるコムギの割合が減り、オオムギの割合が増えている。紀元前二五〇〇年ごろにはコムギが収量に占める割合は五分の一以下になっていた。さらに五〇〇年が経つとコムギはもうメソポタミア南部では育たなかった。

この地方の耕作可能な土地すべてで農業生産が行なわれるようになってまもなく、コムギの生産は終わった。それ以前は、シュメール人は新しい土地を灌漑して、塩類化した土地での減収分を補っていた。新たに耕作する土地がなくなると、シュメールの農業生産量は急落した。塩類化が進行すれば生産できる土地の面積は縮小し、作物の収量も年々低下するからだ。紀元前二〇〇〇年には収穫高は半減した。上昇してきた塩類の層が地表に達し、地面がところどころ白くなっていることを粘土板は伝えている。

シュメール文明は、農業の着実な崩壊の跡を追って衰退している。収穫量の低下によって軍隊を養ったり、余剰の食糧を配分するための官僚制を維持したりすることが難しくなった。軍が弱体化すると、独立都市国家は、最初に深刻な収穫減に見舞われた紀元前二三〇〇年ごろ、メソポタミア北部の新興国アッカド帝国に吸収された。その後の五〇〇年間で、この地域は次々とやって来る征服者の手に落ちた。紀元前一八〇〇年には収穫量は当初の三分の一にまで低下し、メソポタミア南部はバビロニア帝国の貧しい片田舎に落ちぶれた。シュメールの都市国家を破滅させた塩類化は北方へと拡がり、紀元前一三〇〇〜九〇〇年にかけてメソポタミア中部で農業の衰退を引き起こした。

シュメールのように衰退しなかったエジプトの農業

メソポタミアの農業慣行は西へ広まり、地中海に沿って北アフリカとエジプトにも伝わった。ナイル川流域

図5　古代エジプトの鋤（Whitney 1925）。

は、文明は数十世代しか栄えないという一般法則の大きな例外となっている。ナイル・デルタに最初の農村ができたのは紀元前五〇〇〇年ごろである。後氷期の海面上昇が緩やかになり、土砂が一カ所に積もるようになると、定期的に冠水する広くてきわめて肥沃なデルタを、川が運ぶシルトが形作り始めた。それにつれて、農耕と牧畜が狩猟採集に徐々に取って代わった。当初エジプトの農民は、年に一度の洪水が引くと、ただ泥の中に種を投げるだけで、種としてまいた穀物の二倍の量を収穫していた。水はけが早すぎて作物が不作になると、何千という人々が死んだ。そこで農民は土手を築いて水を溜め、肥沃な土にしみ込ませるということを始めた。人口が増えるにつれ、水路や水車のような新技術で川から離れた高台まで灌漑されるようになり、より多くの人間を養えるようになった。

ナイル川の氾濫原は持続的な農業に理想的であった。シュメールの農業が塩類化に弱かったのとは対照的に、エジプトの農業は、古代のファラオからローマ帝国を経てアラブ時代に至る七〇〇〇年にわたって、絶えず文明を養ってきた。両者の違いは、ナイルの生命の源である洪水が、確実に毎年川沿いの農地に新しいシルトを運び、そこには塩類がほとんど含まれていなかったからだ。

ナイルの主要な二本の支流は、その地理的条件によって、作物を育てるうえで理想的な養分を調合していた。青ナイルはアビシニア高原から削られたシルトを一年に一ミリ運んできた。白ナイルは中央アフリカのジャングルの湿地から腐植質をもたらした。新しいシルトは以前の作物に使われた無機栄養素を補い、腐植の流入は砂漠の陽光のもとで急速に分解される土壌有機物を補給する。さらに六月に南の内陸に降る大量の雨は、洪水となって九月には確実にナイル川下流部に届き、一一月のちょうど植え付けの時期には引く。この組み合わせが毎年豊かな実りをもたらした。

エジプトの灌漑は、河道があふれて谷間に洪水が拡がるという自然のプロセスを利用したものだった。農地の灌漑に複雑な水路は必要なかった。代わりに川の自然堤防に穴を開けて、水を氾濫原の特定の場所に導いた。年に一度の洪水のあと、地下水面は谷床から三メートル以上低くなり、塩類化の心配はなくなる。メソポタミアの農民に起きたこととは対照的に、エジプトのコムギの収穫は時とともに増加した。エジプト農業が長寿なのは、自然の洪水の法則を最低限の改変だけで巧みに利用したシステムの結果なのだ。

毎年必ず洪水が発生し、新しい泥を運んでくるということは、土壌肥沃度を低下させずに継続して生産を続けられるということだ。しかし人は天候の気まぐれに依然として左右される。二〜三年作柄が悪い年があれば、あるいはたった一年凶作があれば、大惨事になりかねない。渇水が長引けば収穫高はひどく落ち込む。紀元前二二五〇〜一九五〇年ごろ、そのような旱魃のさなかに起きた農民の暴動で、古王国は滅びている。それでも、ナイル川は基本的には頼れるもので、古代エジプト農業の大成功を支えていた。

メソポタミアの場合とは違い、ナイルの洪水の配分を調整する責任は地方にあった。中央集権を発達させる原動力がほとんどなかったのだ。エジプトで階級区分と分業が発達したのは、換金作物の生産のために通年灌漑方式が採用され、伝統的な村落共同体の力が衰えてからだ。メソポタミアのような専制的な政治的上部構造は、灌漑文明の必然的な帰結ではないのだ。

しかしやがて、余剰農産物は官僚と政治的エリートの肥大を促した。エジプトは紀元前三〇〇〇年ごろに統一国家となり、メソポタミアに匹敵する古代超大国に成長した。商業的農業の発展は人口増加を可能にしただけではない。それは人々を職に就かせておかなければならないということだ。大ピラミッドの建設は失業対策のための公共事業だったとまで示唆する者も中にはいる。

エジプトの農業は数千年にわたって驚くほど生産力が高かった。川の自然のリズムから外れた新しい方法が採用されるまでは。ヨーロッパに輸出するための綿花を栽培することをもくろんで、徹底的な周年灌漑が一九世紀初頭にナイル川にもたらされた。数千年前にメソポタミアで展開したシナリオ通りに、過度に灌漑された畑の下で地下水面が上昇し、塩類が土壌に集積されだした。一八八〇年代にはイギリスの農業専門家マッケンジー・ウォレスが白い塩類に覆われた灌漑農地を「踏まれていない雪のように土を覆い、日の光にきらきら輝いている」と描写している。だがこの光景の見た目がいくら派手であろうと、灌漑の悪影響など、ナイル川で行なわれたダム建設の影響に比べれば大したものではない。

ダム建設がナイル川にもたらした悲劇

過去半世紀、文明はついに不滅とも言える土地を台なしにする工学技術を手に入れた。四年間の作業の後、一九六四年にエジプトのガマル・アブダル・ナセル大統領とソビエト連邦のニキータ・フルシチョフ首相は、ソ連の技術者がアスワン・ハイ・ダム建設のためにナイル川の流れを変えるのを見守った。幅三・八キロ、大ピラミッドの一七倍以上の体積を持つアスワン・ハイ・ダムは、長さ五〇〇キロ、幅三五キロの湖にナイル川の年間流量の二倍を貯水することができる。

ナセルを権力の座に据えた一九五二年のクーデターまで、エジプトの川を管理していたイギリスの水文《すいもん》学者たちは、ダム建設に反対した。蒸発によってきわめて大量の水が、新しくできる巨大な湖から空へと失われてしまうというのが理由だった。彼らの懸念には十分な根拠があった。砂漠の太陽のもとでは、湖面から年に一八〇〇ミリの水が蒸発する——かつては川を流れていた一四立方キロメートル以上の水がだ。しかしさらに大きな問題は、ナイル川がエチオピアから運んできた一億三〇〇〇万トンの泥がナセル湖の底に沈殿することだ。

海水面が安定して以来数千年間成長してきたナイル川デルタは、土砂の供給を断たれ、現在では侵食されている。ダムのおかげで農民は人工的な灌漑を利用して年に二~三回作物を栽培できるようになったが、その水は今ではシルトの代わりに塩類を運んでくる。一〇年前にはすでに塩類化によって、ナイル川デルタの農地の一〇分の一で収穫高が減少していた。ナイル川を制御したことで、地球上でもっとも安定した農業環境が破壊されてしまったのだ。

肥沃なことで名高いナイル河谷が痩せ始めると、農業生産は化学肥料で維持されるようになったが、小規模農家にはそれを買う余裕がなかった。ナイル川沿岸の近代的農家は世界有数の化学肥料の消費者だ。都合のいいことにそれを製造する新しい工場は、ナセルのダムで発電される電力の大口需要者である。現在、七〇〇〇年間で初めて、人類史上もっとも長く続いた庭園の発祥の地エジプトは、食糧の大部分を輸入している。それでもなお、エジプト文明の驚くほど長い寿命は、一般的な古代文明の興亡の例外として筆頭に挙げられる。

中国の農業

中国の農業の歴史も、メソポタミアのように、高地の乾燥地農民が人口爆発のために氾濫原に降りてきたという例を示している。すべての土壌を同じように扱っていたらしいシュメール人とは違い、堯王朝（紀元前二三五七～二二六一）は土壌調査に基づいて課税しており、土を九種類にはっきりと分類していた。もっと後年、紀元前五〇〇年ごろになると、土壌の分類は色、構造、湿度、肥沃度に基づいた過去の知識を体系化していた。

今日、中国人は、チベット高原から流れる大河が大量のシルトを落としていく沖積平野に大幅に依存して生きている。黄河には数千年来の洪水問題がある。その名前ははげ山になった源流から川が削り取った土砂の色からつけられた。紀元前三四〇年に最初の堤防が築かれる以前、この川は幅広い氾濫原いっぱいに蛇行していた。紀元前二世紀、農民が非常に侵食されやすいシルト質の土壌（レス）を川の源流部に向かって耕し始め、土砂の流送量が一〇倍に増加すると、ただ「河」と呼ばれていたこの川は黄河という名になった。

黄河沿岸の最初の集落は、支流沿いの段丘の上にあった。その後、人口密度が高まると、初めて人々は氾濫原へと押し寄せた。長い堤防が川沿いの農地と町を守るために築かれ、洪水（と運ばれてきた土砂）は堤防の間に閉じ込められた。川が平野に達すると、流れが弱まり土砂が沈殿し始めるが、それは氾濫原一帯ではなく堤防の間だった。洪水を抑えるために堤防をさらに高く造り直した結果、河床は沖積平野よりも一世紀に約三〇センチ確実に高くなっていった。

一九二〇年代になると、豊水期の間、川は氾濫原より一〇メートルも高くなった。洪水で堤防が決壊すれば大惨事になるのは必至だ。堤防のくびきから放たれた洪水は氾濫原にどっと流れ込み、農地、町、ときには都市全体さえもが、一時的にできた湖の底に沈んだ。一八五二年には、川は土手を乗り越えて北へ流れ、都市や村を冠水させ、数百キロ北方に流れ去るまでに数百万人の命を奪った。一八八七～八九年の洪水では、南側の堤防が破れて河南省が水没し、二〇〇万を超える人々が溺死したり、洪水の結果起きた飢饉で死亡した。川が氾濫原よりはるかに高いところを流れているので、堤防の決壊は常に壊滅的な結果となるのだ。

一九二〇年から二一年にかけての厳しい旱魃で、五〇万人の死者が出ると、中国北部の土壌侵食に全世界の注目が集まった。約二〇〇〇万人が、文字通り地面に生えているものなら何でも食べるほどに困窮した。ところによっては飢えた人々が、土がむき出しになるまで景観を根こそぎにしてしまった。その結果起きた侵食で農地の表土は吹き飛ばされ、それがきっかけとなって集団移動が始まった。しかしこれは珍しいことではなかった。一九二〇年代に行なわれたある飢餓救済研究は、過去二〇〇〇年、毎年中国のどこかで飢饉が起きていたことを示す文書を挙げている。

壊滅的な侵食はどのように引き起こされるか

一九二二年に林学者でローズ奨学生のウォルター・ラウダーミルクは、南京大学で中国における飢餓予防に携わる職に就いた。ラウダーミルクは国内を視察し、土壌の酷使が中国社会に与えてきた影響の大きさを推定した。この経験から彼は、土壌侵食が文明を損ないうるという事実を痛感した。後年、世界中をめぐってアジア、中東、ヨーロッパの土壌侵食を研究したラウダーミルクは、自身の職業を「農民、国家、文明が土地に書き残した記録」を読むことだと述べている。

一八五二年に黄河が堤防を破った現場に近づいたラウダーミルクは、頂上が平らで巨大な丘が沖積平野から一五メートルの高さに隆起し、地平線からそびえ立っている様を記述している。川の外堤の内側にあるこの台地に登ったラウダーミルク一行は、丘陵地を一〇キロ横断してやっと内堤に、そして川本体にたどり着いた。数千年かけて、籠一杯の泥を携えた何百万という農民が壁を築き、川を六〇〇キロにわたって徐々に氾濫原とデルタよりも高くしたのだ。黄色っぽく濁った水を見たラウダーミルクは、高地で侵食された大量のシルトが、川の勾配が一マイルにつき一フィートより小さくなると沈殿し始めることを理解した。シルトが河床に堆積すればするほど、農民は急いで堤防を高くする。まさにいたちごっこだ。

川を埋めている泥の源を探る決心をしたラウダーミルクは、中国文明のゆりかご山西省まで黄河を遡った。ここ中国北西部で、彼は深いガリーに切り刻まれた光景を見た。そこでは、急勾配で非常に侵食を起こしやすい斜面の森を切り開いて行なわれた集約的な耕作により、土壌が下流へと流されていた。森林伐採だけでは壊滅的な侵食は起こらないことをラウダーミルクは確信した——まず灌木が、そして樹木がまたすぐに生えてくるだけだ。ところが農民が急斜面を耕作すると、夏の豪雨の間、土壌が侵食されやすい状態に置かれる。「侵食と広大な森林の破壊との関係は間接的なものにすぎないが、食糧生産のための斜面の耕作とは直接に関わっている」。

斧よりも鋤がその地方の運命を定めるのだと、ラウダーミルクは述べる。「人間は地形を操作することはまったくできないし、地面に注ぐ雨の降り方にもほとんど手を出せない。人間は、しかし、土層を操作することができ、そして山地では土層がどうなるかをきわめて明確に決定づけることができる」。ラウダーミルクは、この省のかつての住人たちが、耕作の楽な谷底の森をどのようにして切り払ったかを推定した。人口が増えるに従い、農地は斜面の上へと拡がっていった。ラウダーミルクは高い山の頂上に放棄された畑の形跡まで見つけた。この地方の急斜面で農業を行なった影響を考察したラウダーミルクは、剥き出しにされ、鋤の入った斜面から、肥沃な土壌は夏の雨によってわずか一〇〜二〇年ではぎ取られてしまっただろうと結論した。また、地域一帯で斜面の農地が放棄された形跡が多数見つかったことから、過去のある時期、この地方全体で耕作が行なわれていたと結論づけた。まばらな人口と、放棄された大規模な灌漑システムの対照的な姿は、よき時代が過ぎ去ったことを物語る。

ラウダーミルクは、汾河《ふんが》上流のほとんど見捨てられた城砦都市で、人間が中国北部の土地に与えた影響を初めて認識した。周囲の土地を調査したラウダーミルクは、最初の住人が肥沃な土壌に一面覆われた森林景観に住み着いた状況を理解した。人口が増え、町が都市へと成長するにつれて、森は切り開かれ、畑は肥沃な谷床から急な谷の斜面へと拡がった。山腹を上っていく新たに拓かれた農地から表土が流出した。やがて、放棄された畑でヤギやヒツジが放牧され、残された土壌を斜面から引きはがした。土壌侵食で農業生産性は大幅に低下し、人々は餓死するか、町を捨てて移住した。

中国北部の数億エーカーの土地から三〇センチの表土が失われたと、ラウダーミルクは見積もっている。例外が見られたのは、仏教寺院が森を伐採と耕作から守った場所だ。そこには黒く腐植質に富む、きわめて肥沃な森林土壌が深く積もっていた。この養分豊かな土を耕すために、農民が、それ以外の保護されていない森林をどのように切り開いたり、木の根を切り刻み、鋤が入るように根掘り鍬で傾斜地を掘り崩したかを、ラウダーミルクは説明している。最初、新しくできたリルやガリーは耕すことで平らにならされたが、侵食は数年ごとに農民を、新たな土を求めるために森の奥へ奥へと押しやった。畑が放棄されるとたちまち雑草や灌木が群落を作り、地面を覆ってしまうのを見たラウダーミルクは、土壌の喪失は集約的な耕作とそれに続く過放牧のせいであるとした。この地方の住民の貧困は、住民自身が原因を作った——ただそれは気づかないほどゆっくりと進行した——とラウダーミルクは結論づけた。

それからの三年間、ラウダーミルクは保護された森、畑地、侵食のために放棄された畑で侵食の速度を計測し、耕作地の表面流去と土壌侵食は、天然の森より数倍大きいことを発見した。黄河源流部の農民は、もともと高かった川の土砂量をさらに増やし、下流住民の洪水問題を悪化させていたのだ。

農耕文明の発展、そして衰退のルート

今日、中国文明のゆりかごは、メソポタミアやザグロス山脈のように、肥沃な表土を失い停滞した不毛の地となっている。いずれの古代文明も斜面の耕作から始まり、斜面の土壌が失われると、農耕は下流の氾濫原に拡大した。氾濫原の耕作で食糧が豊富に生産できるようになり、文明は発展した。

農耕社会のもう一つの共通点は、人口の大多数が不作に対する防御策をほとんど、あるいはまったく取らずに収穫から収穫までを暮らしていたことだ。歴史上、人口は農業生産と並行して増加してきた。一般に豊作が人口規模を決めるので、不作のときには窮乏が避けられない。農耕時代の比較的最近まで、この組み合わせが社会全体を飢餓の瀬戸際に置いていた。

過去二〇〇万年の九九パーセントにわたり、私たちの祖先は小さな移動性の集団で自給生活を送っていた。ある種の食べ物は時に不足しがちであったが、何かしらの食糧はおおむねいつでも手に入ったようだ。通常、狩猟採集社会では食糧はすべての人のものと考えられ、持っているものは快く分配し、貯蔵することはなかった——不足がめったにないことを示す平等主義的行動だ。もっと食糧が必要なら、また見つかった。探す時間は十分にあった。多くの文化人類学者の主張によれば、ほとんどの狩猟採集社会には、どちらかといえばあり余る暇があったらしい（幸い、現代に生きる私たちには解決済みの問題だ）。

農業が氾濫原に限定されていたことで、初期の農耕文明には一年間のリズムが確立した。不作になれば多くの人間が死に、大多数が飢えることになる。私たち先進国の住人のほとんどは、もはや天候に直接左右されること

もないが、それでもなお少しずつ蓄積していく土壌劣化の影響には無防備だ。しかしそれこそが、かつての大文明が衰退するきっかけだった。人口が氾濫原の生産力を超えて増加し、農耕が周辺の斜面に拡がったとき、土壌枯渇のサイクルが始まり、そのために文明は次々と衰えていったのだ。

第四章　帝国の墓場

治山治水
――禹帝（中国）

反復されてきたティカルの物語

一八四〇年代初め、ニューヨークの法律家、冒険家、アマチュア考古学者だったジョン・ロイド・スティーブンズは、中央アメリカの密林で四〇を超える古代都市の遺跡を発見した。グアテマラのコパンを発掘してから、北にあるメキシコの廃虚の都市パレンケに赴き、再びユカタン半島に戻るうち、ジャングルには失われた文明が隠れていることをスティーブンズは悟った。彼の発見はアメリカ国民に衝撃を与えた。アメリカ先住民の文明が中東のそれに匹敵するなどとは、未開の大陸を文明化しようというアメリカ人のものの見方にはなじまなかったのだ。

スティーブンズの発見から一世紀半、私はティカルの大ピラミッドの頂上に立ち、まわりの丘が太古の建物であることに気づいたスティーブンズの追体験をしていた。地形そのものは失われた都市の輪郭をなし、大木に再び覆われ、象形文字がびっしりと刻まれた岩の破片に木の根が絡みついている。林冠から島のように突き出た寺院の最上部だけが、古代熱帯帝国の痕跡だった。

登場人物と背景は違えど、ティカルの物語は世界中で何度となくくり返されてきた——中東で、ヨーロッパで、アジアで。滅亡した多くの文明の首都は観光で生計を立てている。土壌の劣化がこれらの古代文明を破壊したのだろうか？　直接的にはそうではない。しかしそれはしばしば、敵対的な近隣諸国、国内の社会政治的混乱、冷害や旱魃に対して社会を脆弱にしていった。

古代メソポタミアの昔から人間社会は環境を破壊していたのだが、失われた土地管理の倫理に回帰しようという夢想は、現代の環境に関わる言説を依然として支えている。実際、古代人は環境と調和して生きていたという思想は、聖書のエデンの園のイメージや古代ギリシアの黄金時代という観念に秘められているように、西洋文明の神話体系に深く根ざしている。しかし、農地が景観を埋めつくし、農村が合併して町や都市になっていく中で、土壌を保全することに成功した（計画的にであれ、土地の扱い方を定めた慣習のおかげであれ）社会はほとんどない。地理的、歴史的状況の違いを割り引けば、ゆっくりと着実に人口が増え、続いて比較的急激に社会が衰退するというパターンを多くの文明はたどっている。

古代ギリシアは、失われた理想郷の物語が過剰に信じられていることの典型的な例である。ホメロスの同時代人であるヘシオドスは、紀元前八世紀頃、ギリシアの農業に関する現存する最古の記述を残した。ギリシア最大の農園でさえ、主人と奴隷、そしてそれぞれの家族を養うのに必要な程度しか生産できなかった。オデュッセウスの父ラエルテスのように、古代ギリシアの初期の指導者たちは、自分の畑で働いたのだ。

その後、紀元前四世紀に、クセノフォンがギリシアの農業についてより詳しく説明している。その頃には裕福な地主は監督を雇い、労働者を管理させるようになっていた。それでもクセノフォンは、畑が産出するものに注意するように土地所有者に助言した。「土をたがやし始める前に、そこではどのような作物がもっともよく成長するか注意すべきである。そこに生えている雑草からでも、何が一番よく育つかがわかるだろう」。クセノフォンは農民に、厩肥と焼いた刈株を畑にすき込むことの両方で土を肥やすことを勧めた。

古代ギリシア人は厩肥や堆肥に土地を肥沃にする性質があることを知っていたが、そのような慣行がどの程度広く行なわれていたかははっきりしない。それでも、ヨーロッパ・ルネッサンス期に古代ギリシア・ローマの思想が復興してからの数世紀間、古代ギリシアにおける細心の土地管理が歴史家によって礼賛されている。しかし現代ギリシアの泥が物語るのは別の話、土壌侵食というすさまじい出来事の物語だ。

プラトンとアリストテレスの警告

高地の大部分が薄く岩混じりの土壌に覆われたギリシアでは、農業を支えられる土地は国土の五分の一ほどしかなかった。土壌侵食が社会に与える悪影響は古典時代から知られていた。ギリシア人は侵食を遅らせようとして土壌の養分を補充し、丘の斜面の農地を階段状にした。それでも、アテネ周辺の丘は紀元前五九〇年にははげ山になり、市の食糧供給が懸念されることになった。土壌の喪失はきわめて深刻で、有名な政体改革者ソロンは急斜面の耕作を禁止することを提案している。ペロポンネソス戦争（紀元前四三一～四〇四年）の頃には、エジプトとシチリア島がギリシア諸都市の食糧の三分の一から四分の三を生産していた。

プラトン（紀元前四二七～三四七年）は、故郷アッティカの斜面が岩だらけなのは、ヘレニズム時代以前の森林伐採が引き起こした土壌侵食が原因だとしている。プラトンはまた、土壌がアテネ社会の形成に重要な役割を果たしたと述べ、以前は土壌がはるかに肥沃だったと主張している。プラトンは、むき出しの斜面がかつて森に覆われていた証拠を挙げながら、アテネの周囲の土壌には昔の面影もないと断言する。「肥沃で柔らかな土壌はことごとく流失し、痩《や》せおとろえた土地だけが残されたのである。／だが当時の国土は、まだ災害にあっていなかったから、山々は土におおわれた小高い丘をなし、今日〈石の荒野〉と呼ばれているところには、肥沃な土壌に満ちた平野がひろがっていたし、山々には木々の豊かに茂る森があった。この点については、いまでも確かな証拠が残っている。」（「クリスティアス」『プラトンⅡ』、田中美知太郎編、中央公論社）。アテネが周囲の土地が持つ自然の生産力を取り入れて、地域の大国として栄えるようになった過程を認識したプラトンは、アテネの富の根源はその土にあると言い切った。

アリストテレス（紀元前三八四～三二二年）は、青銅器時代の土地利用が土壌の生産力を低下させたという確信をプラトンと共有していた。その弟子テオフラストス（紀元前三七一～二八六年）は、下層土の上にあって植物に養分を供給する腐植に富んだ層を含め、異なる層位から成る土壌の六種類の区分を認識していた。テオフラストスは肥沃な表土とその下の土との区別を強調した。

プラトンもアリストテレスも、青銅器時代の土地利用がその地域の土壌を劣化させた形跡に気づいていた。数千年といくつもの文明を経て、考古学者、地質学者、古生態学者らはアリストテレスによる時代の推定が正しかったことを立証した。農耕民は紀元前五〇〇〇年ごろに到着し、紀元前三〇〇〇年には地域一帯に数十の農村集落が散在していた。土壌侵食の深刻な影響が初めて現れたとアリストテレスが断定する時期には、耕作が盛んになっていた。このような知識は、しかし、古代ギリシアが同じ轍を踏むのを防ぐには役立たなかった。

図6　古代ギリシアの地図

鋤が侵食のスピードを加速させた

ここ数十年、ギリシア全土――ペロポネソス半島のアルゴス平野およびアルゴリス南部からテッサリア、マケドニア東部に至るまで――の土壌の研究から、最後の氷期の終わりに起きた劇的な気候変動でも侵食は増加していないことがわかった。それどころか、ギリシアの辺境地一帯で草原がオークの森へと変わるにつれて、温暖な気候のもとで分厚い森林土壌が発達している。数千年をかけて、土壌は地域の条件にもよるが十数センチから数十センチの厚さに達した。土壌侵食が土壌生成を上回ったのは鋤が導入されてからのことだ。

ギリシアで最初の集落は、確実な水

図7　パルテノン神殿。1869年、ウィリアム・ジェイムズ・スティルマンが鶏卵紙にプリントしたもの（写真提供：ゲティ研究所研究図書館、カリフォルニア州ロサンゼルス）

源の近くに良質の土壌がある谷に位置していた。人口が増えるに従い、農民は傾斜が急で生産力の低い斜面へと進出し始めた。広範囲に及ぶ耕作と放牧により山腹の土壌がはぎ取られ、再食された泥の堆積が谷に分厚く積もっている。十分な土壌がなく植物があまり生えない地域の岩の斜面で、今でも古代の農業遺物を見つけることができる。

谷底に溜まった堆積物、そして斜面上にところどころ残った土壌それ自体が、ギリシア全体の侵食と土壌形成のサイクルを記録している。谷に積もった堆積物のもっとも深い層は、過去二五万年間の氷河時代から間氷期の気候変化にまで遡る。その上に重なる層は、山腹が侵食されたり、その合間に土壌が発達したりした、より最近の出来事を物語る。後氷期に再食された斜面の土壌が初めて谷に堆積したのは、一般に農業に青銅器時代が到来した頃である。大筋では似ているが詳細に見ると異なる侵食が、農業が谷から山腹に拡がった古代ギリシアの至るところで起きた。

例えばアルゴリス南部の土壌は、氷河時代以降の集約的な土地利用の時代に四度の侵食の時期を記録している。最初は紀元前四五〇〇〜三五〇〇年ごろ、厚い森林土壌の上に初期の農民が広く住み着いた時期だ。鋤の導入と急傾斜地への農業の拡大が紀元前二三〇〇〜一六〇〇年ごろ、広範囲にわたって侵食をもたらした。山腹の土壌は、古代ギリシア文明が興る前の暗黒時代に少しずつ回復した。この地域はローマ時代後期に再び人口密度が高まり、紀元七世紀には再び人口激減の時期を迎える。青銅器時代の始まり以降、約四〇センチの土壌がアルゴリスの高地から失われたと推定される。一部の低地の斜面では一メートルもの土壌が剥がされたと見られる。

ペロポンネソス北東部に位置するアルゴス平野の谷床の堆積物も、過去五〇〇〇年の間に激しい侵食の時期が四度あったことを証明している。今日、厚い赤と茶色の土壌は、流れから守られた窪地と斜面の裾にしか見られない。丘の斜面に残った土壌と考古学的遺物は、数世紀にわたる高い人口密度、集約的農業、加速する土壌侵食の時期が青銅器時代以来数度あり、一〇〇〇年間の低人口密度と土壌形成の時期で区切られていることを示す。

ギリシア東部にあるアレクサンダー大王の故郷マケドニアは、同様の侵食が起きて川が埋まり、その後、景観が安定している。土壌侵食の速度は青銅器時代後半に二倍となり、その後紀元前三世紀から紀元七世紀にかけて再び二倍になった。次の侵食の期間は一五世紀以降に始まった——ギリシアの他の地域と同じように、ほぼ一〇〇〇年周期で循環しているのは明らかだ。

地域的な気候変動では古代ギリシアにおける人口増減のパターンを説明できない。土地への定住と土壌侵食のタイミングが地域内でもまちまちだからだ。むしろ近年の地考古学的調査で、土壌侵食は一時的に地方の文化を混乱させ、集落が移転を余儀なくされたり、農業慣行の変更を引き起こしたり、地域全体が周期的に放棄されたりしたことが示されている。

古代のある奇妙な地政学的要因が、人間がギリシアの土壌を破壊したことのさらなる証拠となる。パルネス山の北斜面はボイオティアとアッティカの境界をなしている。奇妙なことに、その地域はアッティカに属しながらボイオティア側からしか入れない。だからこの地方は森に覆われたままになっていた。アテネ人は入ることができず、ボイオティア人は利用できないからだ。両都市国家の農業の中心地がひどい土壌侵食に悩まされていたときにも、国境の中間地帯は厚い森林土壌を保っていた。

大規模な青銅器時代の土壌侵食は、人口の大幅な増加を可能にした農業慣行の変化と同時に起きている。湧き水を水源とし、掘り棒を使ったきわめて局地的な農業から、景観全体を切り開いて鋤で耕すことを基本にした天水農業への移行は、集落の拡大に拍車をかけた。当初、非常に低かった斜面の侵食速度は、農耕が拡がるにつれてゆっくりと加速していったが、やがて青銅器時代の間に一〇倍に増大する。その後、侵食速度は再び自然の速度近くまで落ち、古代ギリシア・ローマ時代にはまた一〇倍になった。

はっきりとわかるほどの侵食速度

古代ギリシア時代にほとんどすべての景観が耕作されていた。谷床に大量に積もった泥の堆積は、初期の農民の移住により撹乱された丘の斜面から、森林土壌が激しく侵食されたことの証明である。ところによっては、あとで起きた土壌侵食はそれほど激しくはなかった。耕作と放牧が続けられて土壌の厚みが回復しなかったからだ。それでも、斜面を階段状にしたり、ガリーの成長を遅らせるために砂防ダムを築くといった昔の侵食対策は、土壌を守るための戦いがあったことの直接の証拠になる。

ギリシアにある新石器時代の遺跡から発掘された作物の種類は、青銅器時代以前の農業がきわめて多様性に富んでいたことを示す。ヒツジ、ヤギ、ウシ、ブタが、集約的に耕作される小さな混作農地に飼われていた。鋤の使用を基本にした大農園をウシが耕す農業の形跡が、多様な小規模農家からプランテーションへの段階的な移行を伝えている。青銅器時代の後期には、広い範囲が穀物栽培に特化した農園に支配されていた。小規模農場がだんだんと土壌侵食が起こりやすい限界耕作地へと拡大するにつれ、オリーブとブドウの評価が高まった。これは偶然などではない——これらは薄い岩がちな土壌でよく育つのだ。

ヘシオドス、ホメロス、クセノフォンらはみな、一年おきに休耕する二圃式について記述している。休耕地と作付した畑の両方を春に一度、夏に一度、秋の種まきの直前に一度、年に三回耕すのが普通だった。このようにすき起こすことで土壌は徐々に低いほうへ押しやられ、畑は剥き出しになって侵食に弱くなる。畑の地形に関わりなく一直線に耕すことができる、経験を積んだ作男を雇うことをヘシオドスは勧めたが、古代ギリシア時代の後期には、土壌を維持し斜面の農地の生産寿命を延ばすために段々畑が築かれた。

現代の事例から、ギリシアの土壌侵食がどれほど速いかがわかる。過放牧の斜面では、ところによって樹齢五〇年のオークの茂みが高さ五〇センチの土の小山に立っており、現代の侵食速度が年に一センチほどであることを示している。生きた木の根が現在の地表から最大七五センチの深さまで剥き出しになった姿は、この数十年の土壌侵食速度が年に約一・五センチだったことを物語る。降雨の影響に直接さらされれば、土地は一目でわかるほどの速度で崩れていく。

ローマ社会が土壌侵食を加速させてしまった理由

最初のオリンピックが開催された紀元前七七六年から六世紀と少しあと、ローマはコリントを攻略、破壊し、紀元前一四六年にギリシアをローマ帝国に併合した。その頃には、広範囲にわたる土壌侵食の第二ラウンドがすでに起きていたギリシアはもはや大国ではなかった。ある優れた地質学的調査により、古代ギリシアのようにローマも社会に影響が出るほど土壌侵食を加速してしまったことが説明されている。

一九六〇年代半ば、ケンブリッジ大学の大学院生クラウディオ・ビタ=フィンツィはリビアのワジ（訳註：雨期にだけ水が流れる川）の土手で、それまで氷河時代のものと考えられていた堆積物からローマの陶器片を拾った。川が大量の堆積物をごく最近になって堆積させていることを不思議に思った彼は、古代のダム、ため池、都市の遺跡を調べて回り、過去において相当量の土壌侵食と氾濫原への堆積が起きていたことの証拠を発見した。興味を覚えた彼は、これら有史以後の地質学的変化が気候変動と土地の酷使のいずれを意味しているのかをはっきりさせようとした。

モロッコからスペインまで北上し、戻って北アフリカをヨルダンまで東へ横断したクラウディオ・ビタ=フィンツィは、大規模な丘の斜面の侵食と谷床の堆積が起きた時期が二度あったという証拠を、地中海周辺の河谷で発見した。彼が「古い土手」と呼ぶ堆積物は、氷河時代後期に侵食が起きたことを記録している。当初リビアに特有と思っていたことが、より広範囲に見られるパターンのひとつであることを確信したビタ=フィンツィは、新しいほうの谷の堆積の原因を、ローマ時代後期の始まりに乾燥化が進み、川の流量が減ったためだと考えた。

新説にはありがちなことだが、新たな観察結果を単純な枠組みにはめ込もうとすると、もっと複雑な話が見えてきた。土壌侵食と谷への堆積のタイミングが地域の中でまちまちなのだ。ビタ=フィンツィが提唱した地域の乾燥が、時間差で隣あった土地に影響したり、ましてある場所でくり返し侵食を引き起こすことがありうるのだろうか? 現在、ギリシアと同じように、人間がローマの中心部でも北アフリカや中東の属州でも土壌侵食を促進したことは証拠が示している。それでも、気候か人間のいずれか一方だけが原因だとすることは誤解につながる。農業慣行によって土壌が剥き出しになり、弱くなった土地を旱魃と強烈な嵐が周期的に襲い、侵食に拍車をかけたのだ。

鉄の使用

ヨーロッパ南部における他の旧石器時代の狩猟文化と同様、イタリア中部でも、大型動物の狩猟にほとんど完全に依存した状態から、氷河が後退して森が戻るにつれ狩猟、漁撈、採集が混合した状態へと移行した。数千年後、紀元前五〇〇〇年から四〇〇〇年の間のどこかで、東方からの移住者がイタリア半島に農業を伝えた。ヒツジ、ヤギ、ブタの骨がコムギやオオムギの種、ひき臼と共に見つかっていることから、初期の農民は多様な穀物栽培と畜産で生活していたことがわかる。耕すのが楽で水はけのよい土で覆われた尾根に住み着いた農民は、その数千年後にローマの農学者が書き記す伝統的な自作農業にも似た、穀物栽培と放牧を組み合わせたシステムで糧を得ていた。紀元前三〇〇〇年から一〇〇〇年の間に、農村はイタリア一帯に拡がった。

新石器時代初期から青銅器時代末期にかけて、イタリアの農業は第一級の農地の中心から、限界耕作地へと徐々に拡大していった。畜産と多種多様な作物の栽培を複合して行なう小規模農業の基本システムは、この農業の拡張期にもきわめて安定していた――青銅器時代の農家は依然として新石器時代のやり方を踏襲していたの

図8　ローマ時代のイタリアの地図

だ。紀元前四〇〇〇年から一〇〇〇年ごろ、農耕は初期の農民が利用した最高の用地から、急斜面や耕すのに骨が折れる谷底の粘土の土地に拡がった。

紀元前五〇〇〇年ごろには鉄が広く使用されるようになった。それまでは、金属器を手に入れられるのは金持ちか軍隊に限られていた。青銅よりも豊富で安価な鉄は、堅く、耐久性があり、木製の柄に取り付けられるように加工するのが簡単だった。農民は鋤や鍬に鉄製の刃を取りつけて、表土から密に詰まった下層土まで掘り下げるようになった。イタリアの大部分は紀元前三〇〇〇年まで森に覆われていたが、新たな金属器はその後の数世紀にわたる大規模な森林伐採を可能にした。

ロムルスが紀元前七五〇年ごろにローマを建国したとき、彼は新国家を一ヘクタールの区画に分けた。これは臣下が自分の手で耕せる広さであった。イタリア中部の土壌は、紀元前五〇八年のローマ共和国成立当時、肥沃なことで有名だった。平均的な農地はまだおよそ〇・五から二ヘクタールの土地から成り、一世帯を養うのにちょうどいい広さだった。多くの著名なローマ人の姓は、その先祖が栽培に長けていた野菜に由来する。人を優れた農民と呼ぶことは、共和国では高い賛辞だった。キンキナトゥスは、紀元前四五八年に独裁官になることを命令されたとき、畑を耕している最中だった。

初期のローマの農場は集約的に運営されていた。多種多様な作物を植えた畑は人力で耕され、除草されて、丹念に肥料が施された。最初期のローマの農民は、オリーブ、ブドウ、穀物、飼料作物を階層をなすように植えた。これは cultura promiscua（混合耕作）と呼ばれる。下層の作物と上層の作物を混植することで雑草の成長が抑えられるので手間が省け、地面が通年保護されるので侵食も防げる。それぞれの作物の根は届く深さが違うので、互いに競合することはなかった。それどころか混合耕作方式は土の温度を上げ、栽培期を長くした。共和制時代の初期には、ローマ人の一世帯は標準的な地所を手作業で耕作して食べていくことができた（そしてこのような労働集約的農業は、規模が小さいときもっともうまくいく）。ウシと鋤の利用は労力を省いたが、一世帯を養うのに二倍の土地が必要だった。鋤の使用が一般的になるにつれ、土地の需要は人口よりも速く増えた。

それは侵食も同じだった。カンパーニャ平原では、広範囲にわたる森林伐採と耕作によって丘の斜面で侵食が増大し、山腹の農地を安定させるために侵食を食い止める溝を掘るほどであった。こうした努力にもかかわらず、周囲の斜面が上まで耕されるにつれて、堆積物にせき止められた川は谷底を水浸しの沼地に変えた。高地の耕作で侵食されたシルトがテベレ川に溜まり、数世紀前には十数カ所の町を支えていた豊かな谷が悪名高いポンティノ湿地に変わった紀元前二〇〇年ごろには、マラリアが大問題となった。広い範囲にわたって疲弊した丘が連なり、谷が湿地に変わっていることは、それまで耕作されていた地域が放牧以外にほとんど使い道のない草地になりつつあることを意味した。牧草地が支えることのできる農家は以前の農地より少ないので、かつて栄えた町からは人がいなくなった。

侵食に対するローマ人の挑戦

ローマ人は、自分たちの富の源泉が土であることを理解していた。そもそも彼らが母なる大地（mater terra）という言葉を作ったのだ。かつてのギリシア人がそうであったように、ローマの哲学者も、土壌侵食と地力の減少という根本的問題に気づいていた。しかしアリストテレスやプラトン（彼らは過去に侵食があったという証拠を記述しただけだった）とは違い、ローマの哲学者は、人間の創意はいかなる問題も解決するという自信に満ちあふれていた。キケロはローマの農業の目標を「自然界の内部に第二の世界」をつくりだすことだと歯切れよくまとめている。しかしローマの農民がより深く耕せる鋤を使い、裸になった斜面に適応した作物を選んだにもかかわらず、ローマの中心部に土を保つことはますます難しくなっていった。ローマの発展に伴い、ローマの農業は新しい領土に拡大を続けた。

イタリア中部には四種類の主要な土壌型がある。耕作すると侵食されやすい粘土質に富む土壌。太古の完全に風化した代赭石を含む石灰岩土壌。肥沃で水はけのよい火山灰土壌。谷床の沖積土壌。農業慣行によって、高地を覆っている粘土質の土壌と石灰岩土壌の両方に激しい侵食が起きた。本来の森林土壌は、ところによっては侵食されつくして、農民は今ではかろうじて風化した岩を耕している。多くの高地では、石灰岩土壌が小さな残積土のポケットになってしまっている。イタリア中部の多くでは、数世紀に及ぶ耕作と放牧の遺物がむき出しの斜面の薄い土壌となって残された。

ローマの農民は土壌をその組織（砂と粘土含有量）、構造（粒子が集まってくず粒と土塊のどちらになるか）、水分を吸収する能力で区別していた。彼らは土壌の質を、そこに生えている自然の植物、色、味、匂いで評価した。土には肥えたものと痩せたもの、もろいものとしまったもの、湿ったものと乾いたものと、さまざまな種類があった。最高の土は肥沃で黒っぽく、水をすぐに吸収し、乾くと砕けるものだ。よい土は鋤を錆びさせたり、耕したあとカラスを呼び寄せたりしない。休耕しておけば、生き生きとした芝草にすぐに覆われた。クセノフォン同様、ローマの農学者たちは植物によって適した土壌は違うことを理解していた――ブドウは砂土を好み、オリーブの木は岩がちの地面でよく育つというように。

農学者たちの出現

マルクス・ポルキウス・カトー（紀元前二三四～一四九年）は現存する最古のローマ時代の農学書『農業論』を著した。カトーはブドウ、オリーブ、果樹栽培に的を絞って耕地土壌を九種類に分類し、何がもっともよく育つかを主な基準として、さらに二一種類の小区分に分けた。カトーは農民を理想の市民と呼び、北アフリカの敵対国カルタゴの農業力を、ローマの利益に対する直接の脅威と考えた。カルタゴは農業大国であり、軍事的な競争相手となる可能性があった。そこでカトーは、おそらく知られているかぎりで最古の政治的パフォーマンスを行なった。カルタゴで育った丸々としたイチジクを元老院の議場に持ち込んで、「カルタゴは滅ぼされねばならない」という見解を強調するために使ったのだ。その演題が何であれ演説がすべて終わったとき、先のスローガンによってカトーの扇動は第三次ポエニ戦争（紀元前一四九～一四六年）勃発のきっかけを作っていた。この戦争でカルタゴは焼かれ、住民は虐殺され、農地はローマを養うために耕作されることとなった。

カトーの現実的な農業へのアプローチは、大農園所有者というローマの新興階級が、ワインやオリーブ油の産出を最大にしながら、出費を最小限に抑えるのを手助けするためにあつらえたもののように思われる。カトーが記述した農企業は、植民地時代および現代のプランテーション農業のローテク版で、高度な資本投下を伴う専門化された事業になった。奴隷と穀物の価格の下落は小作農を土地から追いやり、奴隷労働力を利用した大農園での換金作物栽培の発達を促した。

現存するローマ時代で二番目に古い農学書が書かれたのは、それから約一世紀後だった。イタリア農村部の中心で農家に生まれたマルクス・テレンティウス・バロ（紀元前一一六〜二七年）は、大農園がローマの中心地を席巻していたころに『農業論』を著した。バロ自身はベスビオ山の斜面に農園を所有していた。一〇〇種類近い土壌を識別したバロは、農業慣行と農具を土地に合わせて選ぶことを説いた。「それもまた科学である。土地が常に最高の収穫を生むように、それぞれの種類の土にどの作物の種をまくか、どのような耕作を行なうべきかをそれは明確にするのだ」。多くのローマの農学書の著者と同様、バロは集約的農業によって可能なかぎり最高の収穫を得ることを重視していた。

穀類は沖積平野でもっともよく育つが、イタリアの低地の森林はバロの時代にはすでに伐採され耕作が行なわれていた。同時に増加する人口が穀物栽培を高地へと押しやっていた。ローマの農民は谷、平野、丘、山、イタリア中の至るところで穀類を栽培していると、バロは書き記している。「あなた方はみな、数多くの国を旅してきたが、イタリアよりも徹底して耕作されている国を見たことがあるだろうか？」。バロはまた、耕作地の牧草地への転換が広く行なわれると、輸入食糧への依存が高まると述べている。

紀元一世紀に書いた著作で、ルキウス・ユニウス・モデラトゥス・コルメラは、最高の土壌では最小の労働力で最大の収穫を生むことができると考察した。彼の見解では、穀物に適した肥沃な表土には最低六〇センチの厚さが必要だった。穀類は谷床の土でもっともよく生育するが、ブドウやオリーブは丘の斜面の薄い土壌で成長することができる。よく肥えて耕しやすい土壌のおかげで穀物はイタリアの河谷の主要な換金作物となった。先人たちのように生産高を最大にすることを重要視したコルメラは、長期にわたって土地を休耕している大地主を厳しく非難した。

コルメラは土壌の質を見る二つの単純なテストについて述べている。簡単な方法は、土の小さなかけらを取り、少量の水を振りかけ、丸める。よい土は手で触っていると指にくっつき、地面に放り投げても崩れない。より労力を要するテストでは、穴から掘りだした土を分析する。埋め戻しても穴に収まらない土はシルトと粘土に富んでおり、穀物栽培に適する。穴が埋まらない砂質の土はブドウ園か牧草地に向く。コルメラその人についてはあまり知られていないが、彼の最初のテストを応用したものを、私はカリフォルニア大学バークレー校の大学院で習った。

輪作、肥料、耕すこと

ローマの農学者たちは輪作の重要性に気づいていた――たとえ最高の土壌でも同じ作物を永続的に育てることはできないのだ。農民は定期的に土地の一部を休耕し、マメ科の作物か地元の土に合った被覆作物を栽培する。一般に農家は穀物の作付の間を一年あける。肥料に関しては、ローマ人は作物が土壌から養分を吸収することを理解し、土壌から最大の収穫をあげ、疲弊を防ぐために厩肥が有効であることを認識していた。「大きな堆肥の山」を維持するようにというカトーの助言に従い、ローマの農民はウシ、ウマ、ヒツジ、ヤギ、ブタ、さらにはハトからも厩肥を集め、畑に撒いた。彼らは畑を肥やすため、マール――砕いた石灰岩――も灰とともに施した。バロは、家畜の糞を施すときは積み上げたほうがよいと言う一方、鳥の糞はばらまくべきだと考えた。厩肥が手に入らなければ人糞を使うことをカトーは勧めた。コルメラは、丘の斜面の畑には余計に肥料が必要だとまで警告した。すき起こされたむき出しの畑の表面を雨水が流れると、肥料が下に洗い流されてしまうからだ。コルメラはまた、厩肥を土の下にすき込んで、日が当たって乾かないようにするようにとも言った。

何よりも、ローマの農学者は耕すことの大切さを強調した。毎年くり返し耕すことで、空気を含んだ雑草の生えない苗床ができる。バロは三度耕すとよいと言った。コルメラは四回を勧めた。堅い土は植え付けの前に何度も耕して地面を起こした。帝政の絶頂期には、ローマの農民は薄く簡単に耕せる土には軽い木製の鋤、密度の高い土には重い鉄製の鋤を使っていた。大部分は未だ同じ幅の鋤跡で直線に耕していた。そのように耕すたびに、ギリシアと同様、ゆっくりと土壌を下方へ押しやり、侵食を進行させた。それは嵐のたびに雨水の流出で損失が起きるのと同じだった――一人の農民の一生のうちには無視できるほどゆっくりと、だが数世紀かけてわかるほどには速く。

ローマの農民は腐植を回復し土性を保つため、ルピナスとマメを畑にすき込んだ。マメにたっぷりと厩肥を与えて穀類のあとに輪作すると、その土地で続けて生産が可能になるとコルメラは述べている。コルメラは奴隷労働が土地に及ぼす害について特に警告している。「いかなる種類の土地も、奴隷監督より自由農民の支配下にあるほうが好ましいが、これは特に穀物畑の場合に当てはまる。このような土地に小作農は大きな害を及ぼさない……だが、奴隷はとてつもない損害を与える」。コルメラは、大農園の劣悪な農業慣行がローマの農業の基礎を脅かしていると考えていた。

ローマの農場管理は成功したか

大プリニウスとしてよく知られるガイウス・プリニウス・セクンドゥス（紀元二三〜七九年）は、ローマの農業が衰退している理由を、都市に住む地主が広い農場を奴隷監督の手に任せているためだとしている。大プリニウスはまた、しっかりした農場管理を度外視して、利益の最大化を求める商品作物栽培が広く行なわれていることを非難し、そのようなやり方は帝国を荒廃させると主張した。

ローマ人は効果的な農場管理法の知識が豊富だったにもかかわらず、ローマの土地利用は侵食を大幅に促進したという見方を裏付ける当時の報告がある。大プリニウスは、丘の斜面での森林伐採によって雨が土壌にしみ込まなくなり、壊滅的な急流が発生するようになったことを記述している。その後二世紀には、パウサニアスがギリシアを流れる二つの川の流域を比較している。活発に耕作が行なわれていた農業地帯のミアンデル川と、住人がローマによって追い払われた無人の地アケロオス川。人が住み、耕作が盛んな流域は、はるかに多くの堆積物を発生させ、急速に成長するデルタが島を半島に変えている。しかしローマの農業は、ローマ時代のイタリアにおいてどれほど侵食の速度を速めたのだろう？

一九六〇年代、プリンストン大学の地質学者シェルドン・ジャドソンは、ローマ周辺地域の古代の侵食を研究していた。ローマ時代の邸宅に紀元一五〇年ごろ作られた貯水槽の基礎が、侵食で露出している様子を調べたところ、築かれて以来五〇センチから一三〇センチ、平均して一世紀に二・五センチ以上の速度であった。同様の侵食速度を、ローマから西に延びるプレネスティーナ街道でも彼は認めている。もともとは道路が通っている尾根の地面の高さに置かれていた玄武岩の敷石は、一九六〇年代には、周囲を取り巻く耕作された斜面の、侵食されやすい火山性土壌から百数十センチ突出していた。ローマ周辺の他の遺跡では、市の制定以来、一世紀に平均二〜一〇センチの侵食があったことが記録されている。

農村部の火口湖に溜まった堆積物は、激しい侵食を裏付けている。ローマの北四〇キロにある小さな湖モンテロージ湖から採取されたコアの記録では、陸地から湖に流れ込む堆積物は、この地方を通るカッシア街道が紀元前二世紀に作られるまでは、一〇〇〇年に約二・五センチ侵食されていた。街道の建設後、農場が市場性のある作物を生産するために耕作を始めると、侵食は一世紀に二・五センチ近くまで増加した。カッシア街道に沿ってローマから北へ三〇キロと離れていないバッカーノ盆地にある湖から採取された堆積物は、ローマ人が紀元前二世紀に湖を干拓するまでの五〇〇〇年以上の間、やはり周囲の土地の平均侵食速度が、一〇〇〇年に二・五センチを少し超える程度だったことを示している。丘の斜面からはぎ取られて、ローマの北を流れる川の谷底に積もった分厚い堆積物も、帝国の終焉近くに激しい侵食があったことを物語る。

これら多様な証拠は、ビタ＝フィンツィの発見とともに、ローマの農業によって土壌侵食が劇的に増大したことを示している。一年で考えると増加量はわずかで、年に数分の一ミリにすぎない。ほとんど気づかない量だ。当初の表土の厚さが一五センチから三〇センチだとすると、少なくとも数世紀、おそらくわずか一〇〇〇年ほどでローマの中心部から表土ははぎ取られてしまった。地主はもはや自分の畑を耕さなくなってしまったので、泥に何が起きているか気づいた人間はごくわずかであっただろう。

主要河川の下流域では、もっと簡単に侵食の形跡が見られる。丘の中腹からはぎ取られた土が元となった堆積物が陸地を沖合いへと拡げ、港が内陸の町となっている。テベレ川が運ぶ土砂が集中したために、古代ローマの港オスティアは、今では海岸から数キロの距離にある。その他の町、例えばラベンナなども、海との交通を失って影響力が低下した。イタリア南端では、クラーティ川が運んできた土砂の下にシュバリスの町が消えた。

みずからを使い果たしたローマ

歴史学者の間では、ローマ帝国崩壊の原因を巡って論争が続き、帝国の政策、外圧、環境悪化など、さまざまな点が強調されている。しかしローマは崩壊したというよりみずからを使い果たしたのだ。ローマの衰亡の原因を土壌侵食だけに求めるのは短絡的過ぎるだろうが、土地を劣化させて増大する人口を養うことのストレスは、帝国の解体に一役買った。さらに、この関係は双方向に作用した。土壌侵食がローマ社会に影響したように、政治的経済的な力が、逆にローマ人の土壌の扱い方を形成したのだ。

第二次ポエニ戦争（紀元前二一八〜二〇一年）でハンニバルがイタリアの農村部を蹂躙すると、畑や家を破壊された多くのローマ人の農民が都市部へ流れ込んだ。ハンニバルの敗北後、無人の農地は金持ちにとって魅力的な投資対象となった。ローマ政府はまた、富裕な市民から集めた戦時公債を、戦争中に放棄された土地で償還した。推定二五万人の奴隷がイタリアに連行され、すぐに使える労働力となった。戦後、農業生産の主要な源泉——土地、労働力、資本——は安く手に入りやすかった。

大規模な換金作物志向の農園（ラティフンディウム）は、これらの資源を利用してワインとオリーブ油の生産を極限まで増やした。紀元前二世紀半ばには、このような奴隷労働による大規模プランテーションがローマの農業の主流となっていた。市民による自作農は時代遅れの理想となったが、紀元前一三一年にグラックス兄弟はこれを格好の旗印に掲げて改革を主張し、支持を集めた。兄弟は、国有地を数エーカーずつ個人農家に与える法律の制定を推進したが、グラックス法のもとで土地を得た者の多くは、生計を立てることができず、より大規模な土地所有者に土地を売ってローマで救貧手当を受ける身に戻った。グラックス兄弟の死から二世紀と経たないうちに、ローマから二日以内の距離にある耕地のほとんど全部を大農園が占めるようになった。商業に直接従事することを禁じられていたため、多くの富裕な元老院議員は、自分の農園を営利農場として運営し、法の裏をかいた。ローマ人が耕作する土地の総面積は、自給農家が農業プランテーションになり、イタリア農村部が変貌するにつれて拡大を続けた。

このような大規模な農業経営のもとで、農地の状況ははかばかしくなかった。紀元一〇年代、歴史家のティトゥス・リウィウスはある疑問を抱いた。数世紀前、ローマの拡大に抵抗して戦った巨大な軍勢を、イタリア中部の農地はいかにして支えることができたのだろうか。土地の状態を考えると、かつてのローマの敵の話はもはや信じがたく思われた。二世紀後、ペルティナクスは、イタリア中部の放棄された農地を、二年間耕作する意志のある者に与えると言った。申し出に応じた者はほとんどいなかった。さらに一世紀後、ディオクレティアヌスは自由農民と奴隷を耕作地に縛りつけた。その一世代後、コンスタンティヌス一世は、農民の息子が自分の生まれ育った土地を離れることを罪と定めた。その頃、イタリア中部の農民は、都市の人口を養うのはおろか、自分たちが食べるのが精いっぱいであった。紀元三九五年までに放棄されたカンパーニャの農地は、共和制初期の七万五〇〇〇以上の農家を収容するのに十分な面積だったと推定される。

ローマ周辺の農村地域は、紀元前三世紀末まで拡大する首都に食糧を供給していた。キリストの時代になると、周辺で生産される穀物ではもはやローマを養うことができなくなった。年間二〇万トンの穀物がエジプトと北アフリカから、百万ローマ市民の食糧として運ばれた。ティベリウス帝は元老院に「ローマ国民の生命が、毎日不安な海上輸送と暴風雨のままにぐらついている」（『年代記』(上)タキトゥス、国原吉之助訳、岩波文庫）とこぼした。ローマは首都の無秩序な下層民に食べさせるために、属州から輸入した食糧に頼るようになった。穀物はローマ直近の港オスティアに運ばれた。配送を遅らせたり妨げたりした者は、その場で処刑されることもあった。

穀倉地帯だった北アフリカ

北アフリカの属州は可能なかぎりの穀物を生産する圧力に常にさらされていた。政治的配慮から、帝国は穀物を無料でローマ全市民に供給することを強いられていたからだ。リビア沿岸部は、土壌侵食で土地が劣化して南から砂漠化が始まるまで、豊富な農作物を産出していた。紀元前一四六年にローマがカルタゴを破壊し、復興を妨げるために周囲の土地に塩をまいたことはよく知られている。だが、ローマの穀物需要が増大し、北アフリカで再び集約的農業が行なわれるようになったときに起きた土壌劣化の長期的影響は、それほど広くは知られていない。

ローマの元老院は、カルタゴの廃虚から回収した二八巻のマゴの農業教本を、金を払って翻訳させた。塩が抜けると、土地に飢えたローマ人は北アフリカ沿岸をオリーブが茂る農地にした——しばらくの間は。大規模な農業経営は、紀元一世紀に発達した大きな搾油工場を中心として行なわれた。ローマ向けの食糧生産を任された地方総督は、遊牧民による略奪から収穫を守るために、最大二万人の軍団《レギオン》を指揮した。数世紀の間、蛮族は食い止められていたが、土壌侵食の脅威はそれ以上に押しとどめるのが難しかった。ローマの平和《パックス・ロマーナ》のもとでの政治的安定が、毎年の収穫を最大にすることをもくろんで、連作を奨励したからだ。バンダル族がスペインを横断してアフリカに侵入し、紀元四三九年にカルタゴを占領するころには、ローマの存在感は希薄になり、一万五〇〇〇人にも満たない人数で北アフリカを征服することができた。ローマの降服後、遊牧民のヒツジの過放牧で土壌の回復は妨げられた。

現在では、北アフリカが古代世界の穀倉地帯だったとは考えがたい。しかし北アフリカの穀物は紀元前三三〇年にギリシアの飢饉を救い、ローマがカルタゴを征服したのには農地獲得の意味もあった。ローマ元老院はキレナイカ（カルタゴとエジプトに挟まれた北アフリカ沿岸部）を紀元前七五年に併合した。その年、スペインでの戦争とガリアでの不作のために、北部属州では自分たちの食糧供給が精いっぱいで、まして首都を養うことなどできなかった。ローマでは飢えた民衆が暴動を起こしたため、穀物の生産力を求めて元老院はキレナイカを併合したのだろう。

この地域で古代に甚だしい土壌侵食が起きていたことを示す証拠は、ローマ時代以後、北アフリカの灌漑農業が放棄されたこととの原因を気候変動に求める見解に疑問を投げかける。ローマが支配していた北アフリカの大部分は限界耕作地であったが、一九八〇年代半ばのユネスコの調査で報告された考古学的証拠は、初期のローマ人の入植が自給自足の個人農家によるものであったという記録を裏付けている。その後数世紀かけて、農地が併合され、輸出向けの穀物とオリーブの栽培を目的とする大規模農場となるにつれて、灌漑農業が徐々に広まっていった。

土壌の生産性の低下は一般的なものだったか

ラテン語で著作を残した最初のキリスト教徒であるクイントゥス・セプティミウス・フロレンス・テルトゥリ

アヌス（現在では、ただテルトゥリアヌスとして知られている）は、紀元二〇〇年ごろにカルタゴに住んでいた。北アフリカ国境地帯におけるローマの終焉を描写した中で、テルトゥリアヌスは環境の酷使を警告している。「すべての場所が今では人の出入りを許し、広く知られ、商売に利用されている。気持ちのよい農場が今や恐ろしげな荒野を覆い隠している。耕作地が森を圧倒している……。我々はこの世界を過密にしている。物質は我々を養うに足りない。我々の欲望は増し、要求は激しくなっているが、自然は我々を支えられない」。

人口密度が高まり、河川に沿った狭い氾濫原の先の斜面で侵食が拡大するのを見て、テルトゥリアヌスが感じた不安を説明するうえで、ユネスコの考古学的調査が示した証拠は役に立つ。水が限られ、土が失われていく国境地帯を守らねばならない重圧から、リビアにおけるローマの農業集落は、谷底に沿って百数十メートルごとに見張りが立つ、大規模な要塞化された農場へと少しずつ変貌していった。アムル・イブン・アル＝アースがビザンティンの植民地支配の名残を荒らし回った七世紀の頃には、この地方はもはや豊かな農業の中心地ではなくなっていた。

一九一六年、コロンビア大学の教授ウラジミール・シムコビッチは、泥の欠如がローマ帝国の衰退をもたらしたと主張した。土壌の疲弊と侵食は帝国の末期に、ローマ農村部の人口を著しく減らした。シムコビッチの指摘によれば、ローマの農民ひとりを支えるのに必要な土地は、ローマ建国の頃に市民一人ひとりに与えられた小さな区画から、ジュリアス・シーザーの時代には一〇倍にもなっていた。また、哲学者ルクレティウスが叙事詩『物の本質について』に、母なる大地の豊穣さが失われつつあることを述べた同時代の資料を反映していることにシムコビッチは注目している。

ローマの中心地で一般に土壌の生産性が低下したという認識は、事実を正確に反映していたのだろうか？　それは何とも言いがたい。コルメラは、紀元六〇年ごろに書いた『農業論』の序文で、この問題について述べている。「わが国でもっとも著名な人々が、土がやせ、天候が厳しくなって、何年も前から土地の生産力が減少していると嘆く声を、私はずいぶん聞いている。またその嘆きに合理的な背景を与え、過去において高い生産力を持っていた土地が疲れ消耗しきってしまったのだと主張する者もいる」。

コルメラは続けて、それまでの農書の著者（その著書のほとんどは現存しない）が一様に土壌の疲弊を訴えていたと述べている。しかし土壌は必ずしも年月とともに衰え、長期にわたる耕作で疲れるわけではない。むしろ、神々が土に永遠の豊穣の力を授けたのだから、それが疲弊するかもしれないなどと考えるのは不信心であるとコルメラは主張した。コルメラは、しかし、適切な手入れをし、まめに肥料を与えるなら土はいつまでも肥沃さを保ち続けるだろうと、条件をつけた。

農家のための実用的な手引書が、このように始まるのはなぜか？　そのような形で主張を投げかけることで、コルメラはローマの農業問題が、万物は亡びゆくというある種の自然現象ではなく、むしろローマの農民による土地の扱い方を反映していることを指摘しているのだ。彼らの問題はみずから招いたものだった。紀元前二世紀にバロがラティウムの放棄された農地について触れ、何世紀か前にはいくつもの世帯を支えた土地に、わずかな木々の葉と枯れかけたブドウがやっとのことで生えていると、不毛なことで知られた土地の代表例を記述している。それから数世紀、その一節を取り上げて、首都に供給するために輸入した食糧を配分されなければラティウムの住民は餓死していただろうと、コルメラは主張した。

避けられなかった土壌の劣化

歴史家の中には、ローマの農民が負債を増やしていったことが帝国の内部混乱の一因だったと考える者がいる。農家に負債ができるのは、農場経営に必要な用具を手に入れるために借金をするからか、農場の収入が農業世帯の生計を立てるのに足りないからだ。ローマの農業資本必要額が低かったことは、共和政時代の伝統的な小規模農場を耕作する農民が、生活に苦労していたことを示す。大規模農場所有者は困窮する隣人の弱みにつけ込んで、広大な土地を買い占めた。内乱と戦争でローマの農村部の人口が減少したという社会通念とは反対に、小農の消滅は空前の平和の時代に起きている。農場の奴隷を働いている土地から引き離すことを禁じるローマ法が、ローマ農村部の放棄に対応して制定された。やがて問題は深刻になり、自由民の小作農までもが耕作している土地に——つまりは地主に——拘束される法が定められた。これらの法律により確立された、農民すなわち農奴と土地を所有する貴族という社会制度は、帝国の崩壊後も永く続いた（そして中世の農奴制の基礎となったと、歴史家の多くは考えている）。

それにしても、ローマ人は農場管理、輪作、堆肥を知っていたのに、イタリアの土壌はなぜ劣化したのだろうか？　そのような行為は、土壌を改良するために農家の収入の一部を使うことを要求するが、一方で当座の収穫を最大にするには土地の肥沃度を利用する必要がある。さらに、借金まみれであったり飢えていたりする農民が、土壌を荒らしても取れるだけのものを取らざるを得ないというのも無理からぬことだ。

ローマが土地の獲得を避けて通れなかったのは、ある程度、増加する住民の食糧を確保する必要に迫られたためである。この文脈で見れば、中央イタリアの農地で収穫が減少したことが、新たに征服した属州での集約的農業を助長したのだ。土壌侵食はローマの中心部を徐々に荒廃させ、それからエジプトを除く属州へと拡大した（エジプトは紀元前三〇年のクレオパトラの死後、植民地としてローマへの食糧供給のために搾取されていた）。

エジプトが影響を受けなかったのは命の源、ナイル川の洪水のおかげだ。ナイル川がローマ帝国にとって重要であったことは、皇帝私領というエジプトの地位からも明白である。紀元一世紀、アウグストゥス帝は元老やローマの貴族が自分の許可なくエジプトに入ることを禁じた。「誰にせよ、この属州を占領し……てしまうと……わずかな守備でも……イタリアを飢でおびやかすことができよう」（『年代記』（上）タキトゥス、国原吉之助訳、岩波文庫）。帝国の末期には、ナイルの泥がローマを養っていた。土壌侵食だけがローマを滅ぼしたわけではないが、現代のイタリアとローマの旧植民地の泥はおのずと語っている。

マーシュの発見と警鐘

ローマの衰亡から一〇〇〇年以上経って、世界を股にかけたニューイングランドの法律家が、古代社会において土壌侵食が果たした役割を調査した。一八〇一年にバーモント州ウッドストックの辺境の町に生まれたジョージ・パーキンズ・マーシュは旧世界を広く旅し、一八六四年に環境保護の基礎を築いた著書『人間と自然』を出版した。マーシュは熱心な読書家であり、一八四三年に連邦議員に立候補するために法曹の道を捨て、五年後には駐トルコ公使に任命された。職務はごくわずかで、旅行のための時間は十分にあったので、帰国前の一八五一年にマーシュはエジプトからパレスチナにかけて遠征し、スミソニアン博物館に展示する動植物を集めた。一〇年後、エイブラハム・リンカーン大統領はマーシュを駐イタリア大使に任命した。アルプスまで足を延ばしたマーシュは、旧世界の劣化した土地を、土を無視した結果だと考えた。それはバーモントの森が小麦畑と牧草地に変えられたときに目撃したものと似ていた。

ヨーロッパ全土よりも広い地域、過去その豊かさが現在の全キリスト教圏よりわずかに少ないほどの人口を擁した地域が、まったく人間に利用されないか、せいぜい細々と人が住むほどだ……。小アジア、北アフリカ、ギリシア、そしてヨーロッパのアルプス地方でも、人間が引き起こしたことの影響で、地球の表面は月面のように完膚無きまでに荒廃してしまった。「歴史時代」と私たちが呼ぶ短い期間、そこは鬱蒼たる森、青々とした牧草、肥沃な草原に覆われていたのだが。

マーシュの啓示は二つの部分からなる。酷使された土地は回復するとは限らないこと、そして目先の目的を追求して、人間は無意識のうちに自然のバランスを壊してしまったということだ。人間の活動の予期せぬ結果に、土地が社会を支える能力がどれほど影響を受けるかに注意を促しながら、アメリカは旧世界の愚行をくり返すのを防ぐことができると、マーシュは確信していた。

マーシュは、増加する世界の人口に応じて農業技術が進歩しうると信じていた――耕す土が残っているかぎりは。しかしマーシュは、技術が高度になるにつれ土地を損なう能力も増大することを認識していた。森林破壊と土壌侵食が中東の文明を崩壊させたという認識を社会に浸透させることで、マーシュは、資源は無尽蔵であるというアメリカ人の過信に異議を申し立てたのだ。彼の著書は即座に基本文献となって三版を重ね、マーシュは文字通り人生最後の日までその改訂に取り組んだ。

農業崩壊の原因は気候変動ではなかった

半世紀後の第二次世界大戦前夜、アメリカ農務省は有名な土壌の専門家ウォルター・ラウダーミルクを、土地利用が侵食に及ぼす影響を調査させるために、中東、北アフリカ、ヨーロッパに派遣した。ヒトラーのポーランド侵攻により、中欧とバルカン諸国での調査は続けられなくなったが、かつてのマーシュのように、ラウダーミルクはすでにヨーロッパとアジアを十分に見て、旧世界の土は帝国の墓場だと考えていた。

アフリカ北岸のチュニジアやアルジェリアにある古代ローマの農業植民地を訪れたラウダーミルクは、カトーならほとんど脅威を感じなかったであろう光景に出会った。「古代ローマの穀倉地帯の広い範囲にわたって、土壌が基岩まで洗い流され、過放牧の結果としてひどいガリーが丘に刻まれているのが見られた。大部分の谷床は今も耕作されているが、侵食されて巨大なガリーができ、豪雨の際に荒れた斜面から勢いよく水が流れ込む」。クイクルでは大都市の遺跡が、かつてはオリーブの茂るプランテーションであった岩山の斜面から流されてきた泥で、一メートルの深さに埋もれていた。わずかに残った茂みが、斜面の岩盤の上に三〇～六〇センチ積もった土に根を張っていた。

ティムガッドの古代都市はさらに強い印象をラウダーミルクに与えた。ローマの勢力の絶頂期だった紀元一世紀にトラヤヌス帝が築いたこの都市は、大規模な公立図書館、二五〇〇人を収容する劇場、十数カ所の公衆浴場、大理石の水洗便器を備えた公衆便所を維持していた。街には数百人の住民が、古代の廃墟を再利用した石造りの建物に暮らしていることを、ラウダーミルクは知った。木が生えていないむき出しの斜面に建つ、一〇〇〇年以上放置された巨大なオリーブ搾油工場の遺跡が往時をしのばせていた。

図9　北アフリカにある紀元1世紀のローマの都市、ティムガッドの遺跡
(Lowdermilk 1953, 17, fig. 9)

チュニジアでは、当時ローマのコロセウムに次いで二番目に大きかった六万席の円形劇場の遺跡について、ラウダーミルクは検討した。周辺地域の現在の人口は、劇場の収容人数の一〇分の一に満たないと彼は推定した。雨が少なくなり、住民は畑を砂漠にのみ込まれるに任せるしかなかったのだろうか？　ラウダーミルクは定説に疑問を持った。ティムガッド発掘の監督は、谷の未発掘の部分で、オリーブの小さな果樹園をローマ式の方法で栽培していた。それがよく育っていたことは、地域の農業が衰退するほど気候が変化していない証拠であった。

スースでは、ラウダーミルクは樹齢一五〇〇年と考えられる生きたオリーブの木を見つけ、気候の乾燥化が北アフリカ農業の壊滅の原因ではないことを確信した。こうした古代の果樹園の斜面には、古いひな壇と、雨水を周囲の斜面から畑へと導く土手に保持されて、土が残っていた。放牧から守られた丘は草と疎林に覆われた土壌を維持していた。それ以外の場所では土は斜面から洗い流されてしまったという結論に達したラウダーミルクは、侵食を引き起こして土地が人間を支える力を失わせた原因は過放牧にあるとした。

東へ向かったラウダーミルク一行は、モーセがイスラエル人を砂漠からヨルダン川流域へと導いた地方に到着した。エリコに滞在したラウダーミルクは、赤色土が高台の半分以上からはぎ取られていることに気づいた。深いガリーが谷床を切り裂き、残った部分ではまだ農業が行なわれている。急斜面にある古代の村の四分の三以上が放棄され、一方で谷床の村の九割には今も人が住んでいる。放棄された村は土壌がはぎ取られたところにあった。石造りのひな壇がよく手入れされている耕作された斜面には、分厚い土壌が残っていた。

ナバテア文明の首都ペトラは、紀元前二〇〇年ごろにアラビア砂漠の縁の岩盤を削って造られた都市だ。ここでもラウダーミルクは、廃虚と化したひな壇が拡がる剝き出しの岩の斜面を見た。かつてひな壇で保持されていた土はどこへ行ってしまったのかと考えたラウダーミルクは、遊牧民の侵入が引鉄となって土壌保全策が中断するまで、この都市では近隣の斜面で栽培した食糧を食べていたと結論した。今日、数千席の大劇場が、わずかな観光客を楽しませている。

シリアに入ったラウダーミルクは古代ローマの遺跡ジェラシュを訪れた。聖書の時代には二五万の住民がいた古代都市は、周囲の斜面から流されてきた三メートル以上の泥の下にあった。考古学者が当時好んだ説とは裏腹に、水の供給が不足したという証拠をラウダーミルクは見つけられなかった。ペトラやエリコと同じように、かつて土壌を維持した斜面上の石垣のひな壇は、岩盤が剝き出しになっていた。元々の土の残りは谷床に堆積していた。一九三〇年代にはわずか数千人しか住んでいなかったこの地域には、かつて豪奢な邸宅が立ち並び、穀物が何隻もの船に満載されてローマに送られていた。

さらに北に進んだラウダーミルクは、アンティオキアに達した。アンティオキアは聖パウロが福音の伝道を始めた土地である。改宗の可能性がある者がその地方でもっとも多かったからだ。一〇〇の町と村がローマ支配下の古代シリアでもっとも大きくもっとも豊かな都市を取り囲んでいた。一九七〇年代には、人が住む村は七つしか残っていなかった。その四倍もの村が、ローマの乱暴な耕作のために山腹から侵食されたシルトが溜まってできた沼沢地に沈んでいる。都市の遺跡を発掘するために、考古学者は八・五メートルも掘り下げなければならなかった。

彼らは泥がどこから来たのかを示す手がかりも見つけた。もっとも多くを物語っていたのは、見られることを想定せず、粗削りで仕上げされていない建物の基礎の部材と、階段のない敷居だった。それらはアンティオキアの北の高台で、剝き出しになった岩の地面から一～二メートルの高さに取り残されていた。とうの昔に土が失われ、かつて穀物とオリーブ油の輸出で知られていたこの地方は、今では少数の半遊牧民を支えるだけだ。ラウダーミルクは、この地方の遺跡をこう描写した——その住民がうかつにも作りだし、いつ果てるとも知れぬ不毛という遺産を残す砂漠に、剝き出しの岩の斜面から高くそびえる荒涼とした石の骸骨。この地方に他に何が起きたにせよ、シリアの耕地の土壌は失われてしまった。

フェニキア文明を滅ぼした過放牧

レバノンの泥も同じ憂き目を見た。約四五〇〇年前、フェニキア人は砂漠を西に移動して、地中海の東海岸にやって来た。狭く細長い沿岸部の平地を手始めに、フェニキア人はメソポタミア式の農業慣行を新天地に持ち込んだ。耕作できる平らな土地に乏しいレバノンスギの森に。狭い沿岸部の平地を耕作しつくすと、フェニキア人は傾斜地を伐採し、木材を木が生えないメソポタミアやエジプトに売った。広大なスギの森林が、木材と農地のどちらを主目的として伐採されたにせよ、農場が山の上に向かって拡がるにつれ、この二つは同時進行した。

冬の大雨に叩かれて、鋤を入れた山腹から土壌は急速に侵食された。農法をこの新たな問題に適応させるべく、フェニキア人は土を保持するためのひな壇を築き始めた。ラウダーミルクは、この地方一帯に廃虚と化した古代の段々畑の壁が散在している様子を記述している。段々畑ほど労働集約的な農業慣行は少ない──特に急斜面では。手入れを怠らなければ侵食を遅らせるのに効果的な段々畑だが、放置すればすぐに効果をなくす。

しかしレバノンのもっとも斜面が急な土地で、ひな壇が作られているのはごく一部だった。嵐が来るたびに、大部分の斜面で土壌は侵食された。紀元前九世紀には、フェニキア人の移住者が北アフリカと地中海西部に入植を始め、工業製品を遠く離れた植民地に送って、代わりに食糧を得るようになった。アレクサンダー大王がレバノンを征服する紀元前三三二年頃には、フェニキアの黄金時代は過ぎていた。植民地から切り離され、本国の表土をほとんど失ったフェニキア文明は、復興することはなかった。

ラウダーミルクが訪れたころには、古代フェニキアを五〇〇〇平方キロにわたって覆っていたスギの大森林は、四カ所に小さな林が残るだけになっていた。残った林は、ヤギから守られた谷床の土地にあるのを見て、森が消えたのは気候変動のせいではないとラウダーミルクは確信を持った。一度土がなくなってしまうと大木が元通りに成長することはなく、過放牧は土壌の回復を妨げたのだ。

イスラエル人が残した土

一九七九年夏にガラリヤ湖（キネレテ海）から発掘した堆積物のコアについて放射性炭素年代測定法を行なっ

たところ、周囲の土地の侵食速度が、紀元前一〇〇〇年ごろに二倍以上になっていることがわかった。この時期は、イスラエル人の到着に伴う定住の増加および山地への農耕の拡大と一致する。湖の堆積物の各層に保存された花粉は、イスラエル王国建国から約一三〇〇年後のローマ支配の終わりにかけて、オリーブとブドウが天然のオークの森と入れ替わったことを示している。

モーセに導かれて砂漠を脱出し、カナンへ到着したイスラエル人は、農業の楽園にやって来たかに見えた。「あなたの神、主はあなたを良い土地に導き入れようとしておられる。それは、平野にも山にも川が流れ、泉が湧き、地下水が溢れる土地、小麦、大麦、ぶどう、いちじく、ざくろが実る土地、オリーブの木と蜜のある土地である」(「申命記」八章七~八節日本聖書協会『新共同訳』)。しかしあいにく、最高の谷床の土地にはすでに先客がいた。

モーセ一行が到着したとき、カナンはエジプトの軍事的優位に従属する都市国家の集まりだった。堅固に防備されたカナンの都市が、農業に適した低地を支配していた。躊躇なく、新参者たちは空いている高台を耕した。「山地は森林だが、開拓してことごとく自分のものにするがよい」(「ヨシュア記」一七章一八節日本聖書協会『新共同訳』)。小さな村に住みついた彼らは、丘陵地の森を切り開いて階段状にした斜面を耕し、約束の地に足場を固めた。

イスラエル人は新しく拓いた中腹の農地で、カナンの伝統的農法を採用し、隣人たちが栽培するものを栽培した。しかし彼らは輪作と休耕も行ない、雨水を集めて段々畑に配水するシステムを設計した。新たに鉄器が開発されたことで収量が増え、余剰作物が生まれ、より大きな集落を支えることができるようになった。畑を七年ごとに休耕にすることが義務づけられ、動物の糞と藁を混ぜて堆肥が作られた。土地はイスラエルの民が世話を委ねられた神の財産であると考えられていた。ユダヤ（訳註：古代パレスチナ南部）の高地で、よく手入れされた石造りのひな壇が、数千年間耕作されてなお土を保っていることにラウダーミルクは注目した。

後のローマ統治下で農業の規模が拡大し、そのために中東の属州では紀元一世紀までに森林が切りつくされた。傾斜が急すぎて耕作に適さない土地にある森は、例によって牧草地になった。至る所でヤギとヒツジの群れが草を食べつくした。あまりに多くの家畜が急斜面に放牧されると、壊滅的な侵食が起きた。数千年かけて堆積した森林土壌が消えた。土が失われれば、森も失われる。

一九三九年六月、エルサレムからのラジオ講演で、ウォルター・ラウダーミルクは、もしモーセが約束の地に起きることを見通していたら、こっそりつけ加えていたであろう第十一戒を発表した。「あなたは忠実な管理人として聖なる地球を継ぎ、その資源と肥沃さを代々保たねばならない。あなたは畑の土壌侵食を防ぎ……丘を過放牧から守り、子孫が永久に豊かに暮らせるようにしなければならない。もしこの職務を怠る者があれば、あなたの子孫は数を減らし、貧困の中に生きるか、地上から消えうせるであろう」。

以前マーシュがそうであったように、ラウダーミルクは、自分が中東で見たものが長い目で見た場合、アメリカにも関わってくるのではないかと心配した。二人は共に、旧世界に新世界の教訓を求めていた。自分たちが危惧するシナリオがすでにアメリカで起きていたことには、二人とも気づいていなかった。

アメリカ大陸において崩壊した文明

マヤ文明は、アメリカ大陸において社会の崩壊を引き起こした土壌劣化の、決して唯一ではないが、もっともよく研究された代表例である。最初期のマヤ人の集落はユカタン半島の低地ジャングルから発生し、徐々にまとまって複雑さを増していった。紀元前二世紀には、ティカルのような大規模な儀式的・商業的中心地がいくつか合体して、共通の言語、文化、建築様式を持つ都市国家として複雑な階層制社会を形成していた。マヤの都市の規模はシュメールの都市国家に匹敵した。その絶頂期、ティカルには三万から五万人が住んでいた。

最初に定住したメソアメリカの村落は、トウモロコシが紀元前二〇〇〇年ごろに栽培品種化されて以後、地域での勢力を増した。それからの一〇〇〇年、小さな村は、他の村との間に拡がる原生林からの狩猟採集で得られる食糧の足しとして、トウモロコシの栽培に依存するようになった。農業のための小規模な森林伐採は徐々に拡がり、トウモロコシはメソアメリカ人の食事にとってますます重要な要素となっていった。メソポタミアと同様、分散した集落のネットワークは、僧侶、職人、余剰食糧の再分配をつかさどる統治者が住む儀式の中心地と町に発展した。

当初、栽培品種化されたトウモロコシの生産性は野生種と大差なく、後者は容易に集めることができた。ほぼ親指大の小さな穂軸はそのまま噛った。紀元前三五〇年から紀元二五〇年の間に大きな町が出現するまで、この地域は希薄な農村人口を維持していた。その頃になるとマヤ世界の一部はすでにひどく侵食されていたが、多くの地域で土壌侵食が——そして土壌保全の努力が——最大となるのは紀元六〇〇〜九〇〇年ごろと推定される。それ以降の人工遺物が見つからないことは、マヤ社会が崩壊してティカルやそれに匹敵する都市がジャングルに還るに伴い、人口が劇的に減少（あるいは分散）したからだと説明されている。

マヤの人口は、紀元前六〇〇年の二〇万人以下から、紀元三〇〇年には一〇〇万人以上に増加した。五〇〇年後のマヤ文明絶頂期には、人口は少なくとも三〇〇万人、もしかすると六〇〇万人にも達していたかもしれない。その後二〇〇年で人口は五〇万人以下に落ち込む。ジョン・スティーブンスがマヤの都市の遺跡を再発見したとき、この地域はジャングルの縁の部分を除いて人は住んでいないようだった。今日なお、急成長を遂げている地域の人口密度は、昔よりも低いままだ。いったい何が起こったのだろうか?

焼き畑式農業と肥料不足によって生産性を落としたマヤ

マヤの農耕は焼き畑式農業として知られる方法で始まった。ジャングルの一区画を石斧で切り払い、雨が降りだす前に焼いて、トウモロコシやマメを植える。森を焼いた灰は土を肥やし、二、三年は豊作を保証するが、その後養分に乏しい熱帯の土壌の生産力は急激に低下する。伐採した区画はすぐに耕作できなくなり、生産力を回復させるためジャングルに還るに任される。耕作地をいくつか確保するためには広いジャングルが必要だった。古代ギリシアやイタリアと同様、激しい土壌侵食の最初の形跡は、開拓農家の登場と時期を同じくしている。

人口密度が低く保たれ、農民が二~三年ごとに移動するだけの土地がある間は、焼き畑農業はうまくいった。マヤの大都市がジャングルに出現すると、住民は先祖がしてきたように土地の開拓を続けたが、畑を移動することはやめた。ユカタン半島の熱帯土壌は薄く、簡単に侵食される。継続して耕作が行なわれると、焼き畑の直後に得られた高い生産力は急速に失われる。この問題に輪をかけたのが家畜がいなかったこと、すなわち土壌に養分を補う肥料が得られなかったことだ。ギリシアやローマのように、食糧需要の高まりと生産性の低下により、限界耕作地での耕作を増やすことが余儀なくされた。

およそ紀元前三〇〇年以降、この地方では人口増加のために、住民は水はけの悪い谷床や土壌が薄くもろい石灰岩の斜面の耕作を始めた。網目のように排水路を張りめぐらし、掘りだした土をその間に積み上げて、地下水面よりも高く栽培床を盛り上げた盛り畑を作ったのだ。一部の地域では、大規模な段々畑作りが紀元二五〇年頃に始まり、その後六世紀半、人口が増え続けるにしたがって、景観に拡がっていった。マヤの農民は丘の斜面を段にして、作物を植える平らな地面を作り、地表を流れる水による侵食を遅らせると同時に、水を畑に導いた。しかし、ティカルやコパンのような主要地域では、土壌保全に取り組んだ形跡がほとんどない。侵食抑制策が取られたにしても、周囲の斜面から侵食された土が堆積して、ドリーネで行なわれていた湿地農業を妨げた。

マヤの中心部にある湖から採取された堆積物のコアは、農業の集約化に伴って土壌侵食が増加したことを示す。土砂が湖底に堆積する速度は、紀元前二五〇年から紀元九世紀にかけて相当増している。それが必ずしもマヤ社会の崩壊の原因となったわけではないが、社会階層を支えていた余剰食糧が消え、マヤ文明が解体される紀元九〇〇年ごろの少し前に土壌侵食はピークを迎えている。マヤの都市の中には、建物を作りかけたところで放棄されたものもあった。

人口増加と森林伐採

一九九〇年代、バホとして知られる小さな窪地をベリーズ北西部のマヤの遺跡周辺で調査していた地理学者は、耕作されていた湿地が、周囲の斜面の森林伐採後、侵食された土で埋まっていることを発見した。ユカタン南部はいくつもの窪地に分断されており、それらは自然の湿地を形成して、マヤ文明の絶頂期には広く耕作されていた。溝を掘ると、マヤ以前の時代に遡る土壌が、二つの異なる期間に周囲の斜面から侵食された土で八〇センチから一八〇センチの深さに埋まっていることが明らかになった。最初のものは開拓農民が谷から周囲の山腹へと拡がっていった時期の森林伐採に一致する。二番目はマヤ文明終焉直前の農業の集約化と同時期に起きている。その後、畑と湿地が森林に還るにつれ、土壌の再生が始まっている。

研究者たちは、マヤ低地での広範囲にわたる傾斜地の伐採が引き金となって、土壌侵食を加速した証拠も発見した。マヤの段々畑が無傷で残っている場所では、隣接する耕作された斜面の三〜四倍の土壌が保たれていた。侵食抑制法の発達で、マヤの中心地は大きな人口を支えられるようになったが、この発展は、侵食されやすい斜面と土砂が堆積しやすい湿地を集約的に耕作することに頼っていた。やがて、マヤ文明はその農法がもはや人口を支えられないところまで達してしまった。

ペテンでの現代の森林伐採は、一〇〇〇年かけて発達した土壌を再び侵食させるサイクルの始まりである。一九八〇年代初めから、土地を持たない貧農がその地方の森林の相当部分を、マヤの伝統的なミルパ（小さな耕作地）に変えているのだ。一九六四年から一九九七年にかけての二〇倍の人口増により、この地方はほとんど手つかずの森林からほとんど伐採しつくされた景観へと変貌してしまった。

この地方の斜面の大部分で、土壌の構成は、もろく風化した石灰岩の基岩に直接薄い無機質土壌が載り、その上を有機層位が覆うという形になっている。ある研究から、この地方で最後の原生林では、斜面の土壌の厚さは二五から五〇センチであり、一方、現代の耕作地ではすでに八〜二〇センチの表土——OおよびA層位の大部分——が失われていることが明らかになっている。ところによっては、現代の森林伐採と耕作に続く急速な侵食で、すでに土壌が岩盤まではぎ取られてしまった。ベリーズ中部での現代の斜面皆伐に伴う土壌侵食に関する別の研究では、皆伐してトウモロコシやキャッサバを二〜三年栽培しては一年休耕にするという一〇年のサイクル一回で、三〜一〇センチの表土が失われることがわかっている。土壌が完全に失われるまでには、ミルパのサイクル四回で十分だ。ユカタン半島北部からの特に衝撃的な事例では、アグアダ・カトリーナという名のドリーネ周辺の高地で、約二〇センチの土壌が、農耕が再開されて一〇年で基岩まで侵食された。同様に、ペテンでマヤ時代の土壌侵食を調査していた研究者は、最近になって切り開かれた斜面で一〇年と経たないうちに基岩まで土壌がはぎ取られてしまったことに気づいた。

メキシコの土が語ること

中央アメリカのジャングルの土壌生成速度は、マヤの農耕の侵食速度よりはるかに遅い。この地方の石灰岩の基岩は一〇〇〇年で一センチから一二センチ風化する。一〇〇〇年前に放棄されたマヤの建築物を、平均約八センチの厚さで土が覆っていることから、土壌生成の速度は地質侵食の速度とほぼ同等であることがわかる。いずれも耕作された斜面の侵食よりも約一〇〇倍遅い。

土壌がアメリカ先住民文明に影響を及ぼしたのは、マヤの中心地だけではない。メキシコ中部の土は、急斜面の激しい侵食が農業を衰退させた同様の歴史を物語る。

一九四〇年代末、カリフォルニア大学バークレー校教授シャーバーン・クックは、メキシコ中部の高原を車で駆け回り、スペインによる征服以前には最大の人口を支えた地域の中で、この土地はもっとも劣悪な状態にあると結論した。不完全な土壌断面、風化した岩が見えるまではぎ取られた斜面、人口密度が高かったことを示す、かつての斜面の土壌に由来する人工遺物を多く含んだ分厚い谷の堆積物は、耕作されていない地域を覆う厚い土壌と芝とは対照的であった。クックは、二つの時代に起きた侵食、つまり土壌を丘の斜面からはいだ古代の出来事と、谷床に深いガリーをうがった、より最近の出来事の証拠を見つけた。「明らかに、一帯はかつて耕作のために切り開かれ、後に放棄されて、新しく育った森に覆われるに任され、最終的に低地部分が再び開拓された」。

クックの発見にもかかわらず、このようなサイクルの発生時期は、一九五〇年代に放射性炭素年代測定法が開発されるまではっきりしなかった。

メキシコシティの東、ミチョアカン州にあるパツクアロ湖で採取した堆積物のコアを分析したところ、三つの異なる時代に急速に土壌侵食が進んだ証拠が明らかになった。第一の時代はトウモロコシの栽培が始まった直後の約三五〇〇年前、広範囲に及ぶ土地の開墾に伴うものであった。侵食が激しくなる第二の時代は、二五〇〇〜一二〇〇年前の先古典期後期に起きている。第三の侵食の時代はスペインによる征服の直前にピークを迎えている。この時期、最大で一〇万人が湖のまわりに住んでいた。紀元一五二一年のコルテスの到着後、疫病でこの地域の人口は激減したため、鋤が導入されたにもかかわらず、土壌侵食の速度は低下している。

古代ギリシアや地中海周辺と同様、メキシコ中部の土壌侵食のサイクルは場所が異なれば発生の時期が違い、したがって気候の変化によるものではない。例えば、メキシコ中部高地のプエブラ=トラスカラ地域では、集落の急激な拡大と時を同じくして、紀元前七〇〇年ごろ斜面の土壌侵食が速まっている。紀元一〇〇年ごろに始まる土壌生成と文化的停滞の時期のあと、土壌侵食の加速と集落の拡大が起きた第二の期間が、スペインによる征服の前にあった。この地域の斜面で地考古学的調査を行なったところ、侵食によって農地が上から下に向かって段階的に放棄されていったことがわかった。これは古代ギリシアと同じである。

マヤのジャングルのバホと同じように、メキシコ中部のレルマ川上流域で、湿った谷底の堆積物に掘ったくぼみも、紀元前一一〇〇年ごろに始まる周囲の斜面からの土壌侵食増加を示している。その後、土壌侵食は、紀元六〇〇年ごろに始まる古典期後期から後古典期初期にかけての集落拡大の期間に激化した。征服以前の時代にもっとも人口密度が高かった地域で、もっとも土壌疲弊がひどかったことをクックは認めている。

薪と耕作適地の喪失

メキシコシティから南東へ約一五〇キロ、テワカン谷にあるメキシコの「トウモロコシ発祥地」の土も、コロンブス以前に起きた激しい土壌侵食を物語っている。メッツォントラの町の周辺で一九九〇年代初めに行なわれた土壌の現地調査で、耕作された地域とそうでない地域の著しい違いが明らかになった。集約的に耕作された斜面はひどく侵食されており、風化した岩に薄い土壌が載っているだけだった。地表にむき出しになった下層土の残りは、土壌侵食によって農地から土が失われ、砕けた岩を薄く覆うに過ぎない現在の土壌が残されたことを記録している。対照的に、過去に耕作された形跡のほとんどない地域では、厚さ五〇センチのよく発達した土壌が風化した岩を覆っていた。長期間耕作された地域と耕作されたことがない地域で急に土壌の深さが変わることから、五〇センチの土壌が農地から失われたことがわかる。

約一三〇〇〜一七〇〇年前、灌漑された谷底から周囲の山腹に農業が拡大したことにより、増大する人口が支えられた一方、広範囲に及ぶ土壌侵食が誘発され、今でもこの地方を不毛にしている。この地方における斜面の農業は、今日この小さな町にトウモロコシとマメをわずか四分の一ほどしか供給していない。メッツォントラの住民は手作りの陶器を製造するか他の町で賃労働に就いている。このような土壌形成の進行が遅い半乾燥地帯で、住民にとって最大の環境問題は、家庭や陶器の焼き窯で使用する薪の入手である。土壌が消える速度は非常に遅く、人々はなくなったことに気づかないのだ。

農業による侵食は、中央アメリカ南部においても土地の放棄を引き起こしている。パナマ中部のラ・イェグアダにある小さな湖の底から採取した長いコアに含まれる花粉は、四〇〇〇〜七〇〇〇年前に熱帯雨林が焼き畑農業のために伐採されたことを物語っている。この時代の考古学的遺物は、集約化する農業のために湖の集水域で森林が切り払われるのと平行して、相当な人口の増加があったことを示す。キリスト生誕の頃には、山裾と高地の侵食が進んだために、集水域で農地が放棄された。森林の再生が遅いことは土が枯渇したことの現れであり、後の開拓地は、以前居住者のいなかった氾濫原と沿岸の谷に集中している。長い堆積物のコアの最上部の層から明らかになったのは、原生熱帯雨林が、実際にはスペインによる征服の時代、この地域の先住民の人口が再び激減した――こんどは伝染病によって――時期のものであることだった。

アメリカ南西部では、メサ・ヴェルデ、チャコ峡谷、キャニオン・ド・シェイの壮麗な遺跡――すべてヨーロッパ系アメリカ人が発見するはるか昔に放棄されたものだ――が以前から考古学者の興味をそそっている。紀元一二五〇年から一四〇〇年ごろの間に、先住プエブロ文化は南西部から消滅した。この謎を説明するために、戦争、疫病、旱魃、森林破壊などお決まりの容疑者が挙げられてきた。

谷底の堆積物のさまざまな深さから採取された花粉の配列は、数千年間チャコ峡谷で植物群集に変化がほとんど、あるいはまったくないことを示す――プエブロ人がやってくるまで。洞窟の床に溜まった結晶化したモリネズミの尿中に保存されていた植物の残渣から、自生の植生はマツとネズの森であったこと、そしてプエブロ人が居住する間に地域の植生が劇的に変化したことがわかる。チャコ峡谷の住民は、紀元一〇〇〇年から一二〇〇年にかけて、数千本のポンデローサマツを用いて建築物を建てた。さらに数えきれないほど多くの木が燃料として燃やされた。今日、谷床の大半を占める地域の植生は、砂漠性の低木と草が混生したものだ。だが峡谷の近くを歩けば、今では木がほとんど生えていない地域で、古代の切り株を見ることができる。

旱魃がチャコ峡谷の放棄を招いたと主張する者は多い。旱魃はおそらくプエブロ文化の衰退に関わっているだろうが、過去一〇〇〇年の地域の気候は、過去六〇〇〇年の変動の範囲内に収まっている。プエブロの農地の塩類化と土壌侵食は農業の寿命を限り、一方で人口の増加により基礎資源を近隣地域に依存するようになった。このような状況が、次に旱魃がやって来たとき、農林災害が発生する原因となった。

栽培品種化されたトウモロコシは紀元前一五〇〇年ごろにチャコ峡谷にもたらされた。当初、短期水流や淡水の沼の近くで行なわれたトウモロコシ栽培は、農耕が拡張するにつれて、氾濫原での灌漑に頼るようになっていった。紀元八〇〇年から一〇〇〇年ごろには南西部の至る所で、可能であれば天水農業が行なわれていた。開拓地の規模は数十人の小さな集落から数百人が住む村までさまざまであった。狩猟採集が——特に旱魃の間は——食生活の重要な部分を依然占めていた。

当初は、農地を数十年使用しては新しい土地に移動していたが、紀元一一五〇年ごろには、移動先としたり、地域が不作だったときに耕作する未使用の耕作適地はなくなっていた。景観には人があふれ、砂漠の雨は当てにならず、土はもろかった。数世紀前の旧世界と同様、開拓地に人が定着し、農業インフラに多額の投資をした結果、農民は数年おきの休耕をしたがらなくなった。紀元一一三〇年ごろに始まり二世紀にわたった旱魃と無秩序な降雨パターンの際には、すべての耕作適地がすでに耕作されていた。限界耕作地が不作となり、農民が人口密度の高い地域に戻ることを余儀なくされても、残された肥沃な土地は彼らを支えることができなかった。

農業慣行が社会を衰退させるとは限らない

ニューメキシコとペルーにおける古代の農地の土と、耕作されていない土との比較から、農業慣行が原因で必ずしも社会が衰退するわけではないことがわかる。

アメリカ南西部の典型的な先史時代の農業遺跡であるヒーラ国有林の遺跡の土は、紀元一一〇〇年から一一五〇年にかけてのプエブロ文化の絶頂期に耕作され、その後放棄された。プエブロ文化のもとで耕作された遺跡の土は色が薄く、近隣の耕作されていない土に比べ、炭素、窒素、リンの含有量が三分の一から半分である。さらに、耕作された区画には当時からすでにでき始めていたガリーが見られ、中には深さ一メートルに達するものもある。今日なお、古代の農地には草がほとんど生えない。耕作をやめてから八世紀が経っても、天然の植生は劣化した土壌に再び植物群落を作らない。

一方、ペルーのコルカ渓谷では、一五世紀以上耕作されてきた古代の段々畑を現代の農民が今でも利用している。祖先と同様、彼らは土壌肥沃度を間作、マメ科植物を含む輪作、休耕、堆肥と灰の使用によって維持している。彼らは地域に密着した詳細な土壌分類システムを持ち、種まきの前に土を耕さない。代わりにのみのような道具を使って種を地面に押し込み、極力土をかき回さないようにする。この長く耕作された土壌には、近隣の未耕作地に比べ、一般的に三〇〜一二〇センチ厚いA層位がある。ペルーの耕作された土壌にはミミズが数多くおり、炭素、窒素、リンの濃度が天然の土よりも高い。ニューメキシコの事例とは対照的に、伝統的な土壌管理のもと、このペルーの土は一五〇〇年以上にわたって人々を養ってきたのだ。

プエブロ人とインカ人の泥の扱い方の違いは、より大きな物語、つまり農耕の発達が人口の増大をもたらし、それをたゆみない収穫量の増加によって養うという終わりのないレースの一部分にすぎない。土壌の生産性を損なわずに切り抜ける道を見つけだした文化も中にはあるが、多くはそうではなかった。

新旧世界の古代帝国に共通する教訓は、革新的な適応のための技術をもってしても、生産力の増加を維持するために、土壌肥沃度の欠乏を埋め合わせることはできないということだ。人間が土地に気を配るかぎり、土地は人間を養うことができる。反対に、土壌の基礎的な健康を無視した文明は、いずれも衰退を速め、激しい侵食と土壌の疲弊は、結果的に西洋社会をメソポタミアからギリシア、ローマ、さらにその先へと突き動かす役割さえ果たした。

今日、世界に食糧を供給する取り組みには、文化的革命、新たな農業科学技術革命、土地を零細農家に再配分する政治的革命の要求がしばしば伴う。それほどには広くは知られていないのが、数世紀に及ぶ農業衰退の後、西ヨーロッパのまだ肥沃だった農地や再生した農地で、産業化前の農業革命がどのように始まり、植民地大国を築き現代の国際社会を形成した、社会的、文化的、政治的な力の下地をいかにして作ったかである。

第五章 食い物にされる植民地

新しいものなど何もない。ただ忘れているだけ。
——マリー・アントワネット

土壌の質と人口の基本サイクル

グアテマラは世界屈指の良質なコーヒーを栽培しているが、国民のほとんどはそれを買うことができない。それは旅行者も同じだ。最後にグアテマラに行ったとき、私はフリーズドライのメキシコ製ネスカフェで目を覚まさなければならなかった。シアトルにある私の家から二ブロックのところで、煎りたてのグアテマラ産コーヒー豆を買えるのに。ヨーロッパ人が世界帝国をいかに築き上げたかという物語ほどには知られていないが、ヨーロッパでの土壌の扱いは、探検への出発と新世界の歴史に寄与している。より豊かな市場を求めてある国の農産物を海外へ輸送する、今日のグローバル化した農業は、ヨーロッパの都市への食糧供給を助けるために成立した植民地プランテーションの遺産の反映なのだ。

多くの古代農業社会と同様に、土壌の肥沃度が低下し、新しい土地が手に入らなくなると、ヨーロッパ人は今ある泥を改良する努力を始めた。しかし春夏の豪雨が裸の農地からの土壌侵食を増加させる地中海とは違い、西ヨーロッパの穏やかな夏の雨と冬から春にかけての積雪は、耕すときわめて侵食されやすいレスの土壌の侵食を抑えた。さらに、土壌管理を再発見したことで、植民地帝国が確立して新たに搾取する土地が手に入るまで、西ヨーロッパは土壌の劣化と侵食を食い止めておくことができた。

農耕は中東からギリシアおよびバルカン半島に七〇〇〇〜八〇〇〇年前に広まった。中央ヨーロッパの耕作しやすいレスの土地に入った農耕は、着実に北と西に進み、約三〇〇〇年前にはスカンジナビア半島に達した。その途上でヨーロッパの森林土壌を消費しながら、農耕は発展と衰退の循環の記録を残した。最初は新石器時代と青銅器文化において。次に鉄器時代とローマ社会。もっとも最近のものが、植民地帝国が土壌を搾取し、増大するヨーロッパの都市人口（土地なし農民という産業革命が生んだ新しい階級）を支えるために農作物と利益を送り始めた中世と近代だった。

最初の農耕社会がヨーロッパの入口、ブルガリア南部に到達したのは紀元前五三〇〇年ごろだった。当初農民は、数軒の木骨造りの家に囲まれた小さな畑で、コムギやオオムギを育てていた。限界耕作地への農業の拡大が約二〇〇〇年間続いた後、その地方の農業ポテンシャルは開発されつくしてしまい、継続的な耕作によって土壌が疲弊し始めた。気候変動の形跡はなく、農村が一帯に拡がるにつれ地域の人口は増加し、その後減少している。新石器時代後期に激しい土壌侵食が起きた形跡は、土壌が耕作に適した谷底の狭い地域から、急斜面の非常に侵食されやすい森林土壌へと、農耕が拡大したことを示す。やがて、景観は村から一〜二キロにある土地を耕作する数百人の小さな集落でいっぱいになった。

これら初期のヨーロッパの集落では、人口はゆっくりと増加し、その後急減して五〇〇〜一〇〇〇年で村落が無人になった。それが青銅器文化の最初の形跡が出現するまで続く。このようなパターンは農耕の発達の基本的なモデルを示す。繁栄によって土地が人々を支える能力が増し、利用可能な土地を使って人口の拡大が可能になる。その後、限界耕作地から土壌が侵食されて人口は急速に収縮すると、人口密度の低い時代に土壌は再生される。

この浮き沈みの大きなサイクルは、多くの文化と状況における人口と食糧生産の関係を特徴づけている。なぜなら土地の農業ポテンシャルは一定ではない――技術と土壌の状態が共に食糧生産に影響する――からだ。農業慣行が改善されると、より少ない農民でより多くの人々を支えることができるが、結局は土壌の健全さが、その土地が支えられる人間の数を決める。氾濫原は周期的な洪水で絶えず養分を受け取るが、それ以外のほとんどの土地は集中的に施肥をしないかぎり、高い収穫を継続して生みだすことはできない。だから、ある社会がいったん高地の耕作に頼るようになると、わずかな土地基盤を短期間で耕作するか、耕地面積を拡大するか、土壌肥沃度の低下に対抗する新たな方法を発案し続けるか、土壌肥沃度の劣化や土壌自体のゆっくりとした喪失による農業の衰退に直面することになる。

新石器時代の遺物から読み取れるサイクル

農耕が北と西へ拡がるにつれ、人間はヨーロッパの太古の森を切り開いて作った小さな区画で、一度に数年耕作するようになった。植物を焼いてできた灰は新しく拓いた畑に養分を与え、当初は収穫高の維持を助けるが、やがて土壌の肥沃度が低下して移動する労力が引きあうようになる。疲弊した畑を捨てる慣行は、土地を周期的に休耕させ、最初は草が、それから灌木が、やがては森が再生した。数年間耕作され、数十年間休耕された土地には再び森林が定着して徐々に土壌が復活し、数十年後には再び開墾と植え付けが可能となった。

湖や氾濫原の堆積物、そして土壌は、ヨーロッパにおける後氷期の景観の発達を記録している。紀元前七〇〇〇～五〇〇〇年にかけての安定した環境条件のもとでは、人為的な影響の痕跡はほとんど残っていない。湖底に保存された花粉は、農耕がバルカン半島から北へ広まるにつれて、新石器時代の農民が密林を切り開いていったことを示す。穀類の花粉は、中央ヨーロッパでは紀元前五五〇〇年ごろの土壌断面と堆積物のコアに現れている。湖から採取した堆積物のコアは、中央の景観に相当な人為的影響があった最初の明白な形跡——土壌侵食が加速した形跡——を示し、それは紀元前四三〇〇年ごろ（ヨーロッパにおいて後氷期の気温がもっとも高かった時期）に広範囲にわたる森林伐採と穀物栽培が行なわれたという花粉の証拠と一致する。

農民が登場しても、ヨーロッパはまだ未開の地であり、ライオンとカバがテムズ川やライン川に沿って棲息していた。ヨーロッパの湖で、河川で、海岸で、小集団の人間が散在して採集生活を営む間、レスに覆われた斜面を固定するカシやニレやブナの巨木の下で、肥沃な土壌が発達していた。

ドイツの最初の農民は、ライン川とドナウ川の間に寒風が落としたシルトの上に発達した森林土壌に引き寄せられた。数世紀後、同族の第二波が到着し、ロシアからフランスにまたがって北ヨーロッパ一帯に定住した。すぐに農民はコムギ、オオムギ、エンドウマメ、レンズマメなどを地域の肥沃なレスで栽培し始めた。狩猟採集はレス帯の外で盛んに行なわれた。

新石器時代の農民は家畜を飼い、河川に沿った農地に近い大きな長屋に住んだ。長屋には数十年にわたって人が住み着き、周囲の農地は継続的に耕作された。孤立した長屋が融合して小さな村ができ始める頃、農耕はレス帯以外にまで拡がった。さらに多くの土地が開墾され、いっそう継続的に耕作された。紀元前三四〇〇年ごろには、生存のための狩猟は中央ヨーロッパ一帯で過去のものとなっていた。

ドイツの土壌は、農耕が引き起こした斜面からの土壌侵食の時期を記録しており、その後、およそ五〇〇〜一〇〇〇年、土壌生成の時期が続く。ドイツ南部の「黒い森」の土壌断面と沖積堆積物は、人口増加に伴って急速な侵食が発生した時期がいくつもあったことを伝える。切り取られた土壌断面に見られる新石器時代の人工遺物は、紀元前四〇〇〇年ごろに農耕が到来すると最初の侵食が起き、紀元前二〇〇〇年までに激しい土壌の喪失がピークを迎えたことを示している。人口密度が比較的低い状態が一〇〇〇年間、ローマ時代の紀元一世紀に新たな侵食が起きるまで続いたことが穀物の花粉の減少と土壌生成の時期からわかる。その後、農業の衰退、土壌生成、森林の拡大の第二のサイクルが起こり、中世にはまた人口が増加して、現在進行中の第三のサイクルが始まる。

景観に影響を与えたのは気候ではなく人だった

南東ドイツの新石器時代の遺跡、フラウエンベルクの土壌は、土壌断面のほぼ全体にわたって、青銅器時代初期の農耕に始まる侵食を示している。この遺跡は、ドナウ川の屈曲の内側に位置する高さ一〇〇メートルの丘にあり、レスの土壌と、周囲の土地を一望に見渡せるところが先史時代の農民に魅力的だった。遺跡の発掘で見つかった元の土壌の残りは、居住時期が三つにはっきりと分かれ、それぞれ青銅器時代の農耕、ローマ時代の砦、中世の修道院に対応していることを明らかにしている。土壌層位から抽出した炭で放射性炭素年代測定法を行なったところ、退氷後、土壌が発達している時期に侵食はほとんど起きていないことがわかった——青銅器時代の農耕によって粘土に富む下層土が地表に露出し、レスの被覆がほとんどすべて侵食されるまでは。その後、侵食されやすい下層土の露出が少なくなると、侵食の速度は遅くなった。現在では森が遺跡を覆っており、まだある程度の農業ポテンシャルを持っている。

ドイツ各地の遺跡で土壌、氾濫原、湖の堆積物から得られた証拠が示すものは、最後の氷河時代以降、景観にもっとも影響を与えてきたのはヒトであるということだ。侵食はヒトの居住と並行して起きたが、気候変動が引き起こす事象として予測される地域的パターンとは一致しない。古代ギリシアや地中海地方と同様に、中央ヨーロッパでは人口増加に伴う開拓と侵食のサイクルは、移住、人口減少、新たな土壌生成というサイクルに移行した。

ライン川流域にある八〇〇を超える遺跡で土壌を切り取って調査したところ、ローマ以後の農業は最大一メートル数十センチの土壌を、天然林が皆伐された斜面から引きはがしたことが判明した。紀元六〇〇年以降の侵食は、森林伐採前の一〇倍の速度で進んだ。剥き出しになり、耕された農地に侵食力の強い表面流去がおこるからだ。ルクセンブルクで行なわれた同様の調査では、平均五五センチの土壌が失われ、地形の九〇パーセント以上で土壌喪失が加速したことが報告されている。中央ヨーロッパでは新石器時代には斜面での耕作が普及していたにもかかわらず、この地域の現代の農地は、大部分が周囲の斜面から侵食されて谷床に再堆積した土壌の上にある。

南フランスの新石器時代の集落は、ほとんどすべてが石灰岩の台地にある。今日、薄く岩がちな土とまばらな植生を呈する裸の白い斜面で知られるものだ。農耕民が到着したころ、こうした高地は分厚い茶色の土壌で覆われ、それは粘土質に富む谷底の土よりも耕作がはるかに楽だった。もはや耕作には向かなくなり、またいくぶんさびれた地域と思われているモンペリエ周辺の石灰岩台地は、主に放牧地として利用されている。隣接するマルセイユの港は、紀元前六〇〇年にギリシア人の入植者が街を築くとすぐに堆積物で埋まり始めた。新しい街の周囲で急斜面の伐採が上へと拡がると、港への堆積は三〇倍に増加した。

一〇〇〇年かかったローマ帝国崩壊からの回復

イギリスでは初期の森林伐採が、ローマ人の侵入の相当以前に大規模な土壌侵食を引き起こしていた。増加する人口が斜面を耕作するために、徐々に森を切り開いていったのだ。ローマ時代の高い人口密度は、土壌喪失に拍車をかけた。鋤の改良でより広い土地をひんぱんに耕すことができるようになったのもその一因である。帝国の崩壊とともに人口は激減し、同じ水準に戻るまでにほぼ一〇〇〇年を要した。

低地地方に典型的なセバーン川の小さな支流、リップル川沿岸の氾濫原の堆積物は、青銅器時代の後期から鉄器時代の初期にかけて、堆積速度の大幅な増加（つまりは丘の斜面の土壌侵食）があったことを示す。谷床の堆積物から樹木の花粉が比較的多く採取されたことから、二五〇〇〜二九〇〇年前に密林に覆われた土地が伐採され、集約的に耕作されたことがわかる。氾濫原の堆積物が五倍に増えたことは、斜面の侵食の劇的な増加を物語る。

イングランドとウェールズにおいて森林地帯が伐採されてからの正味の土壌喪失は、平均八〜一五センチになる。流域によっては最大二〇センチの表土が失われている。土壌喪失の多くは青銅器時代かローマ時代に起きているが、中世以降に相当な侵食が発生しているところもある。ノッティンガムシャーの有名なシャーウッドの森が農業目的で皆伐されてからわずか二〇〇年後、元あった森林土壌は、茶色の砂の層が薄く岩を覆うだけになってしまった。レバノンの太古の杉林と同様に、ロビンフッドの森から表土のほとんどが失われた。

スコットランドでは、アバディーンの西にある小さな湖から採取した堆積物のコアの放射性炭素年代測定で、過去一万年間に周囲の斜面がくり返し侵食されたという記録が得られた。湖の土砂堆積の速度、つまり周囲の斜面の侵食速度は、後氷期の灌木林やカバ林に覆われていた五〇〇〇年間は低かった。農耕の到来後、作物と雑草の花粉が、土砂堆積速度の三倍の増加と符合している。青銅器および鉄器時代が過ぎると、約二〇〇〇年間にわたり侵食は大幅に減少し、天然の植物がほぼ放棄された景観に再生した――近代に入って再び侵食が加速するまでは。

河川工学と洪水調節の技術を復活させたダ・ビンチ

スウェーデン南部の小さな湖で採取された同様のコアも、農耕以前にはわずかだった侵食が、耕作が始まると大幅に速度を増したことを示している。ビュースフフ湖のコアは、紀元前七二五〇～七五〇年まで森林が景観を安定させており、その後森林伐採に伴って侵食が加速したことを示す。侵食は一六世紀から一七世紀の集約化した農業のもとでさらに増大した。ハーブゴーズフンから採取したコアからは、五〇〇〇年にわたる植生と侵食の記録が得られる。湖周辺の考古学的遺物に、青銅器時代や鉄器時代のものは含まれていない。湖底の堆積物は、農耕民の定住が始まった紀元一一〇〇年ごろ以降、四倍から一〇倍の速さで溜まっている。スカンジナビア、スコットランド、アイルランドの氷河地形ではどこでも、凍結しない時期が十分に続き、農耕を支えるに足りる土壌が形成されるまで、農民は生活できなかった。

端的に言えば、ヨーロッパの先史時代は、農耕民が徐々に移住し、その後土壌侵食が加速し、ローマ時代あるいは近代まで人口密度が低い時代が続くというものだった。ギリシアやローマと同様、中欧と西欧でも、初期の森林伐採と耕作、それらが引き起こした大規模な侵食、引き続いて発生した人口減とその後の復活という物語があったのだ。

ローマ帝国が崩壊すると、文明の中心は北へ移った。ディオクレティアヌスは首都ローマを捨て、紀元三〇〇年にミラノへ政府を移した。テオドリクスは、ローマ帝国の廃虚の上に東ゴート王国を建国した際、北方のベローナを新たな首都に選んだ。それでも、北イタリアの農地の多くは、一一世紀の開墾計画により再び耕作が始まるまで、数世紀の間、休耕状態に置かれていた。何世紀にもわたり努力が続けられた結果、北イタリアの農地は再び耕作され、ルネッサンスの文学と美術をはぐくんだ富裕な中世都市を支えた。

北イタリアの人口が再び増加すると、集約的な土地利用のためにこの地域の河川の土砂流送量は増加して、レオナルド・ダ・ビンチの目に留まるまでになり、ローマ時代の河川工学と洪水調節の技術が復活した。山腹の集約的耕作はアルプス地方に拡がり、ローマの土地利用がテベレ川にもたらしたのと同様の結果をポー川にもたらした。八世紀にわたり耕作がくり返された末、北イタリアの土壌までもが劣化した。ムッソリーニのファシスト政権は一九三〇年代に約五億ドルを土壌保全に出費した。

中世村落共同体の土地利用と所有の形態

ローマはその穀物のほとんどを、北アフリカ、エジプト、中東から輸入していたので、ポー川流域やガリア（フランス）、ブリタニア、ゲルマーニアなどの属州の土壌に対する要求は比較的少なかった。西ヨーロッパにある属州でのローマの農業は、おおむね河谷に限られていた。青銅器時代に耕作されていた斜面は、中世まで大部分が森に覆われたままだった。こうした北方の属州が、数世紀後にローマ帝国の廃虚から興った西ヨーロッパ文明に食糧を供給したことは、偶然などではない。

帝国崩壊後、アルプスの北方および西方にある多くのローマの農地は森や草地に戻った。一一世紀、イングランドで農業に充てられる土地は五分の一に満たなかった。半分は牧草地で、残り半分の耕地は一年おきに休耕するので、毎年五パーセントほどの土地しか耕作されていなかったことになる。中世のドイツ、オランダ、ベルギーでは、年間に耕作される土地は一〇パーセント以下だった。南フランスのもっとも人口密度が高い地域ですら、毎年耕作される土地はわずか一五パーセントだった。

中世初期には、すべての村人が共有する一定の面積の土地を、町区が管理していた。各世帯は季節ごとに耕作する土地を分け与えられ、その後、畑は地域の共用に戻された。原則はコムギを植え、次にマメを植え、その次には休耕するというものだった。収穫後は家畜が畑を歩き回り、刈り株を肉、乳、厩肥に変えた。

コロンビア大学教授のウラジミール・シムコビッチは、中世村落共同体の構造を、劣化した土壌での農業に適応したものだと考えた。同様の土地利用と所有の形態は、ヨーロッパ全土にある多くの古い村で特徴的なもので、個々の農民の小作地は柵で囲われていなかったとシムコビッチは述べている。納屋、家畜小屋、菜園は常に家のそばにあったが、農場は個々の農民の所有になる土地に小さく区切られていた。おのおのの農民は共同管理された三つの別々の農場に、一〇以上の区画を所有することができ、まずコムギかライムギ、次にオートムギかオオムギかマメを栽培し、最後に牧草地として休耕した。

「共有地の悲劇」ではなく

ヨーロッパ中で、輪作や自分の畑（一つひとつの畑は相当離れていることもある）の耕作方法について農民に発言権のない不便な取り決めを採用せざるを得なかったのには、それなりの理由があったのだと、シムコビッチ

図10　16世紀初頭の中英語の詩*God Spede ye Plough*の写本の細密画（大英博物館所蔵）

は主張した。このような取り決めが単にローマの農園から引き継がれたり、封建制度のもとで強いられたりしたものだとは、シムコビッチは考えなかった。個々の農民は自分の区画を肥沃に保つだけの家畜を持てなかったが、村全体の家畜を使えば、共有地を十分に肥やし劣化を遅らせることができたのではないかという仮説をシムコビッチは立てた。すでに土地の状態が劣化していたために、協力が生き残る術となったとシムコビッチは考えた。これは集団農業がそもそも土地の劣化を引き起こしたとする「共有地の悲劇」とは反対の認識である。

シムコビッチは、土壌の維持を怠ったことで古代社会は凋落したと主張した。「小アジア、北アフリカ、あるいはどこでも古代の豊かな文明の遺跡に行きたまえ。無人の谷を、死んで埋もれた都市を見たまえ……。それは放棄された農場を大規模にしただけの話にすぎない。休みない収穫のために腐植を失った土地は、もはや労働に報い生命を支えることができなかった。だから人々はそれを捨てたのだ」。アルファルファとクローバーがヨーロッパの農業へ導入されたことが、土壌肥沃度の再生を助けたとシムコビッチは断言した。一六～一七世紀以前には干し草畑がなかったことを指摘しながら、共有地の囲い込みにより、十分な土地を放牧地に転換することが可能となったために、土地を肥やすために必要なウシやヒツジが育ち、それによって収穫量が増加したとシムコビッチは示唆している。

中世の農業の収量が低かったことに対する従来の説明は、土壌の肥沃度を維持するのに必要な厩肥を耕作地に供給するのに十分な牧草地がなかったことを挙げている。最近まで、歴史学者は一般にこれを、土壌肥沃度を維持するうえで厩肥が有効であることを知らなかったことの表れと考えていた。現在では、中世の農民は土地を牧草地にしておくと土壌肥沃度が回復することを知っていたが、その年にできるだけの収穫を得ることに主な関心があった人々には、悠長すぎたり経済的な問題があったりして、必要な投資をしようという気が起きなかったとも考えられている。

ヨーロッパ農業システムの臨界、黒死病

ローマ後の農業技法と慣行が収穫の枷となっていた数世紀が過ぎると、中世の長い好天に恵まれて収量が増大し、人口の増加に拍車がかかった。人口が増えるにつれ、ヨーロッパに残された森林の伐採が本格的に再開した。新式の重い鋤のおかげで、根が張りめぐらされた低地や、密度の高い河谷の粘土を耕すことができるようになった。一一世紀から一三世紀の間に、西ヨーロッパ全域で耕作地は二倍以上に増えた。農業の拡大は町や都市の成長を促し、それらは徐々に封土や修道院に代わって西洋文明の基礎となった。ヨーロッパの最高の土地で森が切り払われたのは紀元一二〇〇年ごろのことだ。一三世紀の終わりには、土が痩せ、地形の険しい限界耕作地に新たな集落ができ、鋤が入れられ始めた。耕作面積が拡大したことで、人口は引き続き増加することが可能になった。ヨーロッパの人口は二~三世紀で倍増し、一三世紀には八〇〇〇万人に達した。

大部分の土地が耕作された地域、とりわけベルギーとオランダの肥沃な低地の近くに、有力な都市国家が出現

した。一四世紀の半ばには、急成長する社会と新興の中産階級を養うために、農民は西ヨーロッパのレスの大半を耕していた。すでに強力な隣国に取り囲まれていたフランドルとオランダの農民は、今日なお使われているものと類似した輪作を採用した。

ヨーロッパに壊滅的な打撃を与えた一三一五〜一七年の飢饉は、人口が農業システムの支えられる限界に近づいたときに、天候不良が影響すればどうなるかをまざまざと示している。一三一五年はどの季節も雨が多かった。畑が冠水し、春まきの種はだめになった。収穫高は平年の半分で、なけなしの干し草は収穫時に濡れており納屋の中で腐った。一三一六年初頭には食糧不足が拡がり、人々は翌年の種としてとってあった収穫物を口にせざるを得なくなった。夏中雨が続いて、また不作になり、コムギの価格は三倍に上がった。貧しい者たちは食糧が買えず、金持ちは——王さえも——買おうとしても常に手に入るとは限らなかった。飢えた農民の集団は盗賊に転じた。飢饉のひどい地方では人肉食に及ぶこともあったという。

栄養失調と飢餓が西ヨーロッパを悩ませ始めた。イングランドとウェールズの人口は、ノルマン人の侵入以降ゆっくりと、しかし着実に増加し、それが一三四八年の黒死病の流行まで続いた。大飢饉が死者をさらに増やした。イングランドとウェールズの人口は、一三〇〇年代初めの約四〇〇万人から、一四〇〇年代初頭には約二〇〇万にまで落ち込んだ。ヨーロッパ大陸の人口は四分の一減少した。

黒死病で田園地帯の人口が激減した後、地主たちは競って小作人を引き留めようとして、そこそこの小作料で終身あるいは相続可能な耕作地の借地権を与えた。人口が回復すると、それが農業拡大の最後の一押しとなり、一六世紀初頭には景観は見渡すかぎり農地になった。一五〇〇年代末より、高騰した相場で土地を貸せばより多くの小作料が見込めることから、地主たちはそれまで共同で放牧されていた土地を囲い込み始めた。すでに土地が残っておらず、有力な隣国に取り囲まれていたオランダは、海を干拓して土地を得るという野心的な行動に乗り出した。

土地所有の不定性が、土地の改良を妨げた

ジョン・フィッツハーバートによって一五二三年に初めて英語で出版された農業書『測量術』には、町区の価値を高める方法として、共有の農地と牧草地の権利をまとめて、各農家に隣接したひと区切りの土地とすることが述べられていた。以後数世紀の間に、共有地を再編して、すべての農民に一・二ヘクタールの土地と一頭のウシを与えるということの考えは、イギリスの農村を大きな私有地に変え、その一部を小作農に貸して利益をあげるというものに発展した。土地を耕す小農を除くほとんどの人間に、共有地の私有化で損をする者はなく、農業生産の増加によって誰もが利益を得ると考えていた。

動乱の一六世紀から一七世紀にかけて、ヘンリー八世とカトリック教会との戦い、継承戦争、イギリス大内乱によってイングランドの農地は持ち主が転々とした。土地所有権の不安定さは土地改良への投資の妨げとなった。一七世紀後半には、イングランドはフランドルの農地賃貸契約の慣習を採用すべきと主張する者もいた。これは四人の中立的な人間（地主側と小作側で二人ずつ選ぶ）が、賃貸借期間の終わりに土壌が改善されていることで意見が一致したら、所有者は小作人に所定の代金を支払うというものだった。

土地への欲求が宗教改革を後押しした

ヨーロッパの気候が中世の温暖な時期から小氷河期（一四三〇年ごろから一八五〇年ごろまで続いた）へと移

ると、寒い季節が長く栽培期は短くなり、収量は減少し、耕作可能な土地は縮小した。常にぎりぎりの生活をしていた下層階級は、不作の際に深刻な食糧難の影響を受けやすかった。政府は社会の潜在的不安定さの尺度として、パンの価格を監視していた。

小作人の間にあった農地改革の要求は、社会不安と食糧不足にあおられて、宗教改革が起きる一因となった。教会が保有する土地は数世紀の間に、修道士たちが開墾した農地をはるかに超える規模で拡大した。教会が信者から遺贈された土地を手放すことはほとんどないからだ。代わりに、司教や修道院長は神の土地を、貧しく土地を渇望している小作人に貸した。一五世紀には、教会は地域によっては五分の四もの土地を所有しており、貴族をしのぐヨーロッパ最大の地主となっていた。教会の土地を取り上げることをもくろんでいた君主とその支持者は、小作人の間に拡がっていた憤懣を利用した。宗教改革への大衆の支持は、信教の自由と同様に土地への欲求にも依拠していたのだ。

農作物の需要増加は牧草地の減少、冬期の家畜飼料の不足、土壌肥沃度を保つための厩肥の不足につながった。人口が増加を続ける一方、集約的に耕作される農地は急速に生産力を失い、さらに限界耕作地での栽培が必要となった。耕作できる空閑地の不足は、輪作、厩肥、堆肥などローマ時代の農業慣行を再認識する動機の一つになった。

農業実験、土壌改良の理論の拡がり

自然界への関心が再び高まったことで、農業実験も刺激された。一六世紀にベルナール・パリシーは、植物灰がよい肥料になると主張した。植物灰は植物が土壌から吸収した物質でできており、したがって新たな植物の成

長を助けるためにに再利用できるというのがその理由だった。一六〇〇年代初め、ベルギーの学者ヤン・バプティスタ・バン・ヘルモントは、植物は土、空気、火、水のいずれでできているかという疑問に答えを出そうとした。バン・ヘルモントは一〇〇キログラムの土に苗木を植え、埃から防ぎ、五年間水だけを与えて育てた。木は八〇キロ成長したのに対し、土はわずか五〇グラム減っただけだった。これを見たバン・ヘルモントは、木は水――実験手順で唯一加えた物質――で成長するという結論に達した。土壌は木の重量のごく一部しか減っていないことから、彼は土が木の成長に関与しているという可能性を退けた。空気を木の質量の大きな要素としては真剣に考えていなかったようだ。二酸化炭素が発見され、光合成が理解されるようになるにはさらに数世紀を要した。

一方、農業の「改良者」が、一七世紀に土地が耕作されつくしてしまうと目につくようになった。オランダの低い丘と浅い谷は、農業に向かない石英を多く含んだ砂で覆われている。増加する人口を本来痩せた土壌で支えるため、オランダ人は厩肥、落ち葉、その他の有機廃棄物を泥に混ぜるようになった。侵食が問題とならない比較的平らな土地を耕作して、やがて彼らは黒く有機物に富む土壌を一メートルもの厚さに増加させた。もはや土地がないので、彼らは土を作ったのだ。オランダ人がしたように、デンマーク人もマメ科を混ぜた輪作と厩肥の採用で、収穫が倍以上になるほどまで砂土を改良した。言い換えれば、彼らはローマ農業の主要素を再度取り入れたのだ。

土壌改良の理論はイングランドにも広まった。イングランドでは人口増加のために収量を増やす工夫への関心が高まっていた。一七世紀の農学者は、飼料作物の種類を拡げ、輪作をより複雑に発展させ、土壌肥沃度の向上にマメ科植物を用い、肥沃度を維持するために厩肥を多く投入した。さらに、地被植物および冬期の飼料としてクローバーやカブを植えるフランドル式の慣行の導入により、面積あたりの家畜の数が変わり、より多くの厩肥が利用できるようになった。土壌改良の推進者たちはクローバーを、耕地を若返らせ高い収穫量を回復するものとして奨励した。クローバーは、根粒に存在するバクテリアの窒素固定作用によって直接的に、また家畜の餌となって厩肥を生産することでも、土壌の窒素を増加させる。

ヨーマンの農業革命

寒い冬、雨の多い夏、短い栽培期にもかかわらず、イギリスの農業は一五五〇～一七〇〇年にかけて「ヨーマンの農業革命」と呼ばれるもので、面積あたりの収穫量を増加させた。一七世紀の初頭、イギリスの農地の三分の一から半分はヨーマン——小規模な自由土地保有農民と長期契約の小作農——が所有していた。一六〇〇年代初め、土地を肥やすことに取りつかれた農民は、石灰、家畜の糞、その他手に入るあらゆる有機廃棄物を耕地にすき込み始めた。また農民は、穀物畑は穀物畑、牧草地は牧草地に固定することをやめ、三～四年間畑に作物を植えて三～四年間牧草地とし、それからまた耕作するということを始めた。「穀草式農法」と呼ばれるこの新しい慣行はきわめて高い収穫をもたらし、以前共有地だった牧草地の耕作を魅力あるものにした。

新世代の土地改良推進者は、湿地を排水して耕作する方法も提唱した。彼らは鋤の設計や土壌肥沃度の改善方法について実験を行なった。上流階級の地主は牧草地を囲い込んで飼料作物（特にカブ）を栽培し、家畜の冬の餌を生産するとともに厩肥の供給量を増やすことを支持した。共同利用は土地を劣化させるという前提（今日「共有地の悲劇」と呼ばれる考え方）に立って、農業改良者は、共有地を大きな私有地に囲い込むことが農業生産高を増やすために必要であると論じた。資産家と法律家から成る議会は、共有地として何世紀もの間耕作されてきた農地を柵で囲む法律を可決した。土地の囲い込みは収穫高を増加させ、大土地所有者には莫大な富をもたらしたが、そのために締め出された小農——その親の世代は自力で作った肉とチーズと野菜を食べていた——は、パンとジャガイモの食生活を送る憂き目を見ることになった。

土壌管理の秘訣は、肥沃度を維持し、侵食を防ぐこと

土壌管理は生産性が高く利益の大きな農業の秘訣と考えられるようになった。初めてラテン語でなく英語で書いた農書著者の一人であるジャーベス・マーカムは、土壌を粘土、砂、砂利の多様な混合物として描写した。何がよい土壌かは、地域の気候、土壌の性質と状態、地域の植物（作物）によって決まる。「単なる粘土、砂、砂利が混ざったものが、優れた、収穫を増やすに適するものかもしれないし、まったく……不毛かもしれない」。土を理解することが、何がもっともよく育つかを理解する鍵であり、農地の生産性を保つうえで欠かせない。「それゆえ、自然と土地の状態を正しく知ることで……土地が浄化されるだけでなく……大幅に改善されるであろう」。

イギリスの農地改良の方法を示しつつ、マーカムは土地に合った型の鋤を使用することを推奨した。川砂と焼いて砕いた石灰岩、それから手に入る最高の厩肥——なるべくなら牛糞か馬糞——を土壌に混ぜ込むことを勧告した。不毛の土壌を改良する方法を述べた中で、二年間コムギかライムギを栽培し、それから一年間ヒツジを放牧して厩肥を与えることをマーカムは主張した。ヒツジの放牧の後は数年間オオムギを栽培し、七年目にマメ科の作物を植える。それからさらに数年は牧草地とする。このサイクルを経ると、土地は大幅に改良され、穀物栽培に適するようになる。土壌肥沃度を維持する鍵は、同じ土地で牧畜と畑作を交互に行なうことである。

軽視されがちだが同じくらい重要なのが、土壌自体の侵食を防ぐことだ。水が侵食されやすいガリーに集まることがないように慎重に耕すことをマーカムは勧めた。よい土壌はよい農地の要であり、起伏の緩やかなイングランドの丘でも、土壌を農地に保つためには特別の努力が必要だった。

土を知ることは何を植えるかを知ることである

ほぼ半世紀後の一六七五年四月二九日、ジョン・イーブリンはイングランドの王立自然科学協会で、「土、耕土、土壌に関する講演」を行なった。列席の名士に相応しからぬ論題と思われかねないのではと危ぶみながら、イーブリンは協会員に対し、天体の起源を考えることから下って足元の地面に注目するように促し、土壌がどのように形成されるかと、王国の長期的な繁栄はその泥の改善にかかっていることの二つを考えるよう強く求めた。

イーブリンは、表土と基岩から発達した下層土に層がはっきりと分かれることを説明した。「もっとも有益な種類の耕土すなわち土は、表面に現れたもので……そう言って差し支えなければ天然の庭土であり、残りは一般にその下に層をなして、不毛で強固な岩に達するまで続いているのであります」。八ないし九種の基本的な土壌の中で、最良のものは無機質土壌が植物質と混ざり合った肥沃な表土である。

一般に芝を剥がしたあと最初に現われるものから話を始めます。それは、鋤によって乱されたことがなく、外部の物質の混合もないので、処女土と呼ぶことにいたしましょう。……それは畑に一フィート前後の深さに見られ、そこから色や特性が明らかに変化します。この表面の土は、空気、露、雨、その他影響しうる天の作用を受けて肥やされ、もっとも優れた、甘美なものです。

理想的な表土は「草木、落ち葉、枝、苔がその上で絶えず腐敗し続け……発達した」無機質と有機質の肥沃な混合物である。

聴衆をローマ時代の農学者の著作で面白がらせたイーブリンは、土壌を厩肥、被覆植物、輪作によって改良する方法を説明した。ローマ人のように、イーブリンは匂い、味（甘い／苦い）、手触り（滑らか／ざらざら）、外見（色）を使って土壌を評価した。土壌改良にマメ科植物の栽培が及ぼす効果に加えて、厩肥のさまざまな種類と土壌肥沃度に対する影響について述べた。

イーブリンはクセノフォンに倣って、土を知ることは何を植えるかを知ることだと考えた。その場所に自然に何が生えているかを観察することで、何が一番よく育つかを理解することができる。「私たちの知る植物は、それを産出する土壌の構成との関係などによって栄養を受けます。したがって土と堆肥の基礎の中にはっきりと読み取れるものが唯一重要なのであります」。上から供給される有機物と、下からの崩壊する岩が混ざり合って土壌は厚みを増すので、高収量を持続させるには、作物に理想的な有機物に富む表土を維持する必要がある。無機質の下層土は肥沃度が低いが、きわめて疲弊した土地であっても亜硝酸塩で蘇らせることができるとイーブリンは信じていた。「硝石が……大量に手に入るなら、あとは少しの堆肥だけで土地を改良することができると、私は堅く信じております」。遠い将来農業生産を支え、そして引き上げることになる化学肥料の真価を、イーブリンは予測していたのだ。

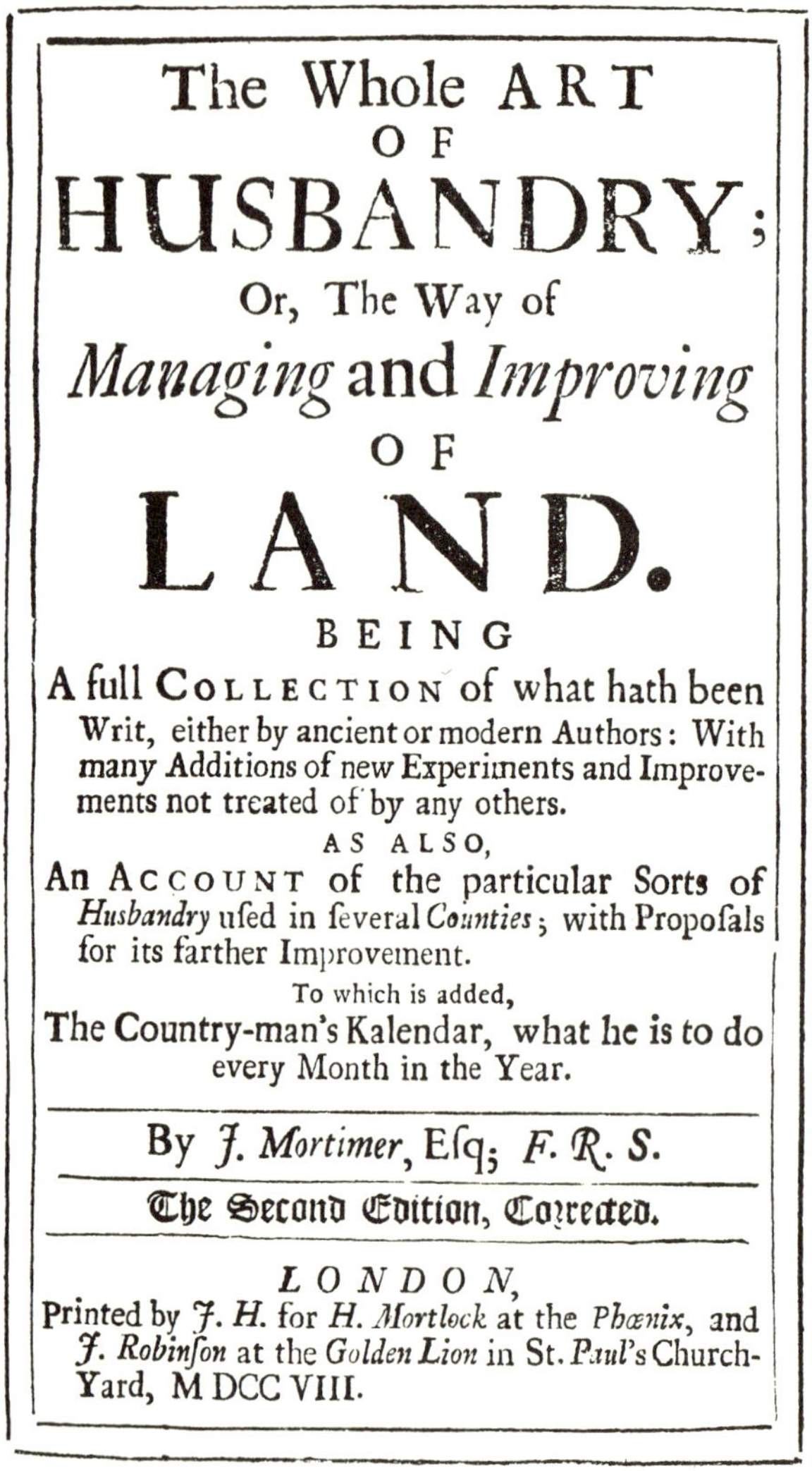

The Whole ART
OF
HUSBANDRY;
Or, The Way of
Managing and *Improving*
OF
LAND.
BEING
A full COLLECTION of what hath been Writ, either by ancient or modern Authors: With many Additions of new Experiments and Improvements not treated of by any others.
AS ALSO,
An ACCOUNT of the particular Sorts of *Husbandry* uſed in ſeveral *Counties*; with Propoſals for its farther Improvement.
To which is added,
The Country-man's Kalendar, what he is to do every Month in the Year.

By *J. Mortimer*, Eſq; *F. R. S.*

The Second Edition, Corrected.

LONDON,
Printed by *J. H.* for *H. Mortlock* at the *Phœnix*, and *J. Robinſon* at the *Golden Lion* in St. *Paul's* Church-Yard, M DCC VIII.

図11　1708年に出版された『農業技術全書』の扉。「古今の著者の著作をもれなく収録。類書では扱われていない新たな実験や進歩を追加」「いくつかの州で使用されている特別な農法を、さらなる改善案と共に報告」「毎月の作業を記した農夫暦付き」などと記されている。

土地の性格に合わせて、改良の方法を探る

一八世紀初めになると農地の改良は、耕作地に肥料を供給するに足る家畜の飼育に十分な牧草地を、私有地に囲い込むことによってのみ可能であると考えられた。農家で飼っているウシの糞を共有地に施すことでは不可能とされた。厩肥の必要性から生産性の高い農場にはそれなりの規模が要求された。

小さすぎる農場は連作によって土壌肥沃度を低下させるもとであった。非常に大規模な農場は土壌そのものを枯渇させてしまうことがわかったが、まだ明確ではなかった——この点についてのローマ時代の経験は久しく忘れられていた。個々の農民にとって囲い込みは、土壌肥沃度改善への投資に対する見返りが、十分に肥料を与えた土地から確実に得られるようにするための手段と考えられていた。

農書作家たちは、高い収穫を得る秘訣は十分な厩肥の供給源を確保する——農場（大農園であることが多くなっていた）ごとに畑と牧草地の比率を適当に保つ——ことだと主張した。「耕地は牧草地で得られる家畜の糞の量と調和しなければならない。適切な厩肥は耕作地に大きな利益となるからである」。農業生産力を高める鍵は、畜産と穀物栽培を接近させ、厩肥を畑に戻すことにあると考えられた。

それでもなお、すべての土地が同様であるとは限らなかった。土地改良は土壌の性質に合わせて行なう必要があった。イギリスの農地は三つの基本形で成り立っていた。周囲より高く浸水しない高地、河川や湿地に沿った低地、海からの浸水を受けやすい土地。それぞれに異なる弱点がある。

斜面では、三〇センチほどの薄い表土の層が良好な営農に不可欠だ。このような土地は本質的に侵食されやすく、低劣な農業慣行に弱い。低地では、土壌が高地の侵食によって補充され、斜面の下に良好な堆積物が生成さ

れる。「川に近い土地は、氾濫によって大きく改良される。それは高地の土壌を運んでくるので、他に改善の必要はなく常に収穫できる」。

土地を過度にあるいは長期にわたって耕作すると、土壌肥沃度が低下する。傾斜地は特に脆弱である。「土地が丘の斜面にある場合……耕作によって痩せてしまわないように十分注意しなければならない」。このような脈絡を理解して、大部分の地主は小作人に、土地を三年ごとに、もし厩肥が手に入らない場合は一年おきに休耕することを義務づけた。疲弊した土地を復活させることは非常に利益になることがわかった――十分な土地を囲い込めば。農業改善の大義名分のもと、議会はくり返し土地囲い込みを認可した。その結果、共有地を食い物にして大農園が生まれ、土地持ちの紳士《ジェントリー》は富む一方で小農は貧窮した。

農地の私有化、社会の工業化、飢饉

イングランドの農民は徐々に単位面積あたりの穀物収量を増やしていき、播種量の二倍という中世の収量（これは古代エジプト時代の収穫量程度にすぎなかった）を大幅に超えた。伝統的に、歴史学者は中世から産業革命までの収量増を、一八世紀から一九世紀初めにクローバーなどの窒素固定植物が輪作に導入されたことの結果であるとしてきた。

一八世紀初頭の収穫量は中世の水準と比べてそれほど多くはなく、農業生産量の増加は農法の改善よりもむしろ耕作面積の拡大によるものであることを示唆している。コムギの収量は中世の水準であった一エーカー当たり一〇～一二ブッシェルから一ブッシェル半増えただけだった（訳註：コムギ一ブッシェルは約二七キログラム）。ところが一八一〇年の収量はほとんど二倍になっている。一八六〇年までには一エーカー当たり二五～二八ブッシェルに達していた。

一エーカーの作物を収穫するのに必要な労働力が増えていることは、時とともに収穫量が増大していることを意味する。一エーカーのコムギを収穫するために要する人日は、一六〇〇年ごろの二から一七〇〇年代初めの二・五、そして一八六〇年には三強と増加している。全体的な収穫量は一二〇〇年から一八〇〇年の六〇〇年間で二・五倍に増えている。したがって収穫量は増加しているものの、一〇倍の人口増は主に耕作面積の拡大を反映したものである。

同じ時期、イングランドの耕作地の約四分の一は、開かれた共有地から柵で囲われた私有地へと変貌した。一八世紀の終わりには、共同耕地はイングランドの景観からほぼ姿を消していた。共有地が失われることは、常にそこでウシを飼っていた農村の世帯にとって死活問題だった。土地を持たず仕事もない追い出された小農は、食糧を救貧制度に頼った。イングランドの田園の変化が経済にもたらした影響を見て、農業委員会書記官のアーサー・ヤングは、土地の囲い込みは農村の自給を破壊する危険な傾向であると考えるようになった。しかし、わずかに残った共有財産の囲い込みと私有化は、土地なし農民という新しい階級が、ちょうど労働者を必要としていた工業化が進む都市へと職を求めて出ていくのを都合よく後押しする役割を果たした。

一九世紀初めには、イギリスの農地は畑と牧草地が混在するシステムへと発達していた。耕作と畜産にほぼ同じ力を注ぐことで、大量の厩肥とクローバーなどマメ科植物による被覆によって常に土壌は肥沃にされた。

イングランドの人口増加は、黒死病以降産業革命までの農業生産の増加を反映している。一七五〇年から一八五〇年の間に、イングランドの穀物生産量と人口は共に倍増している。人口の増加が農産物の需要を押し上げたのだろうか？　それとも農業生産の増加が人口増を速めたのだろうか？　因果関係をどう見るにせよ、二つは並行して増えている。

それにもかかわらず、人口が増大するにつれヨーロッパ人の食事は貧弱になっている。耕作できる土地がほとんどすべて耕作されてしまうと、ヨーロッパ人はしだいに野菜、粥、パンを常食とするようになっていった。冬の間家畜に与える余剰の穀物がなく、後には共有地で放牧ができなくなったので、肉を食べることは上流階級の特権となった。一六八八年にロンドンで出版された匿名の小冊子は、大規模な失業はヨーロッパに「人間が多すぎる」ことが原因であるとし、アメリカへの大量移民を勧めた。一九世紀初め、ほとんどのヨーロッパ人は一日二〇〇〇カロリー以下で生きていた。これは現代のインドの平均とほぼ同じであり、ラテンアメリカや北アフリカの平均より少ない。畑を懸命に耕すヨーロッパの農民は、週に三日働くだけのカラハリ砂漠のブッシュマンよりも食べられなかったのだ。

農業生産が増加したにもかかわらず、食糧価格は一六世紀から一七世紀にかけてイングランドでもフランスでも激しく高騰した。一六九〇年から一七一〇年まで続いた飢饉で影響を受けた人口は、確実に食料の供給を受けることができた人口より多かった。啓蒙されたヨーロッパが食うや食わずだったのに対し、イギリスはアイルランドから大量の食糧を輸入することで、フランス革命の火種となった農民の動揺をおおむね回避していた。

耕作地を求めて植民地化を押し進める

帝国や宗教的自由への飢えと同じように、文字通りの飢えはヨーロッパの新世界進出を後押しした。スペインを初めとする、西ヨーロッパでももっとも人口密度が高く、もっとも絶え間なく耕作されている地域が、もっとも積極的に新世界を植民地化した。ローマ時代以前、フェニキア人とギリシア人がスペインの東海岸に入植した

図12　18世紀中ごろの農村風景（ディドロ『百科全書』、パリ、1751〜80）

が、イベリア半島の農業はローマ人が耕作するまで原始的なままだった。ローマ滅亡の数世紀後、ムーア人が集約的灌漑をスペインに導入した。五〇〇年以上にわたるムーア式の農業は、スペインの土壌をいっそう劣化させた。一五世紀になると、スペインの侵食され疲弊した土壌を耕している者たち誰もが、新世界の肥沃な土をすばらしいものと思っていた。数世代のうちに、スペインとポルトガルの農民が、最初に中南米に渡った黄金を求める征服者《コンキスタドール》と入れ替わった。

一方、北ヨーロッパの農民が宗教的・政治的自由——と耕作適地——を求めて西へ向かうようになるには、コロンブスから一世紀以上を要した。イギリスとフランスの小農はまだ自国の土地を開墾し、改良していた。ドイツの小農は新たに手に入れた教会の土地を耕すのに忙しかった。ドイツが海外植民地の設置にようやく着手したのは一八五〇年代になってからだ。北欧人が本格的にアメリカに殺到するのは一九世紀末になる。北西ヨーロッパからは比較的少人数が、まだ自国に肥沃な土地があるにもかかわらずアメリカに移民した。

大陸ヨーロッパが農地で埋めつくされるにつれ、小農は高台へと上がっていった。侵食された斜面がもはや飢える人口を支えられなくなったとき、危機的状況が始まった。一八世紀に農民がフランス・アルプスに隣接する急傾斜地の伐採を始めると、地滑りが引き起こされ、土壌が奪われて谷底の畑は砂と砂利に埋まった。一八世紀末には、急傾斜地の森林破壊に伴う土壌侵食の壊滅的な影響により、アルプス各地で人口が減少した。一九世紀の地理学者ジャン＝ジャック＝エリーゼ・レクリュは、コロンブスがアメリカ大陸を発見した時代からフランス革命までの間に、フランス・アルプスの耕地は三分の一から半分以上が侵食によって失われたと推定している。その頃には、職を求めて都市にひしめく人々は食物を作ることも買うこともできなくなっていた。

森林の伐採と急流との関係を解明した道路技師

一〇年にわたって続いた飢餓は、パリのホームレス人口を三倍にするとともに革命の下地を作った。シャルトルの司教によれば農村部でも状況は最悪で、「人々は羊のように草を喰い、ハエのように死んでいった」という。革命の熱気は、粘土をたっぷり混ぜた苦いパンを法外な値で売るパン屋の前の長い行列を糧に高まった。わずかな売り物の値段への怒りと、食糧が売り惜しみされているに違いないという確信は、フランス革命の重要場面において群衆を駆り立てた。

貴族の広大な地所が解体されたことで、農民はまだ森に覆われていた高台の土地を手に入れた。急斜面の伐採が引き起こした土石流は、丘を削って氾濫原の農地を土砂に埋めた。高地地方の広い範囲が事実上放棄された。一八四二年から一八五二年の間に、低アルプス地方の耕地面積は地滑りと土壌侵食による荒廃で四分の一減少した。

フランスの道路技師アレクサンドル・シュレルは、一八四〇年代前半、オートザルプの地滑り対策に従事していた。彼は、耕作が山地へと拡がったときに大惨事が引き起こされることに注目した。むき出しの斜面を流れ落ちる奔流が畑を、村を、その住民を埋める。森が切り払われたところでは、どこでも地滑りが起きた。森が残っている場所では地滑りはなかった。この二点を線で結んで、シュレルは樹木が急斜面の土壌を維持しているという結論に達した。「樹木が土壌に定着すると、その根が無数のひげ根で土壌をまとめて保持する。枝はテントのように土壌を突然の嵐の衝撃から守る」。

森林破壊と破壊的な急流との関係を認識したシュレルは、地域住民の生活を守る方策として積極的な森林再生プログラムを提唱した。急傾斜地を耕作することはそもそも短期的な発想である。「山地で森林を伐採すると、その後最初の数年は素晴らしい収穫が得られる。森が残した腐植の層が残っているからだ。しかしこの貴重な堆肥は、肥沃であると同時に移動しやすいので、斜面に長く留まらない。何度かにわか雨に遭えば散らばってしまう。そうすると今度は、土壌が表面に剝き出しになり、失われてしまうのだ」。森林と土壌を守るための対策はうまくいかないことが多かった。伐採して作物を植えるほうがすぐに利益を生むからだ、たとえ切り払われた斜面は長く耕作することができなくても。

シュレルが高地の森林再生に頭を悩ませていたころ、駐イタリア米国大使だったジョージ・パーキンズ・マーシュはフランスを旅行していた。森林伐採が急傾斜地と谷間の農地の両方に与える長期的影響を目の当たりにしたマーシュは、居住に向かないむき出しの侵食された山の斜面は雨水を吸収することなく、急速に流れる表面流去水が土砂を運び去って、谷間の農地に落としていくことを知った。観察力に優れるマーシュは、新世界が旧世界の失敗をくり返しているのではないかと怖れた。

人間の力がアルプス、アペニン、ピレネー、その他中欧および南欧の山脈の斜面に破壊的な変化をもたらしたことについては、歴史的事実が証明している。物理的荒廃はきわめて急速なので、地方によってはたった一世代が陰うつな変化の始まりと終わりを目撃している……。確かなのは、ヨーロッパのかつて美しく肥沃だった多くの地方を壊滅させたような荒廃が、アメリカの、そして現在ヨーロッパ文明が支配力を延ばしている比較的新しい国々の国土の主要な部分を待っているということだ。

マーシュは自分がヨーロッパで見たものをニューヨーク州と対比した。ニューヨーク州では農民が森を耕作したためにハドソン川上流に土砂が堆積してしていた。四季を通じて雨が均等に降る地域の緩やかな傾斜地は、無理なく永続的に耕作できるとマーシュは考えた。アイルランド、イングランド、広大なミシシッピ川流域がこの定義に当てはまる。一方、急斜面の地形を長期間耕作すれば、特に豪雨や激しい旱魃のある地域では、必ず深刻な侵食を引き起こす。

フランスの森林伐採

フランスの森林伐採は一八〇〇年代初めにピークを迎えた。一八六〇年にミラボー侯爵は、フランスの森林の半分が前世紀に切り払われたと推定した。森林監視官のジョゼ・ド・フォンタニエールは、高アルプスの先行きに関するシュレルの忌憚のない評価に共鳴している。「土地の耕作は……先祖代々住み慣れた場所を放棄することを……余儀なくさせるだろう。そしてこれはもっぱら土壌の破壊の結果である。何世代にもわたり支えてきた土壌が、少しずつ不毛の岩に取って代わられているのだ」。

フランス政府は公有および私有の森林を保護・再生する法律を一八五九年に制定し始めた。ヨーロッパでの森林伐採は、しかし、しばらくの間加速した。アメリカの南北戦争中、銃床をヨーロッパの工場に供給するため二万八〇〇〇本のクルミの木が切られたからだ。このような暴利をむさぼる行為もあったが、一八六八年には高アルプスの約五〇万ヘクタールが植林され、あるいは草地へと戻された。

第二次世界大戦前に南フランスを回ったボルター・ラウダーミルクは、急斜面と谷床の両方で集約的農業が行なわれていることに気づいた。農家の中には斜面を古代フェニキア人が築いたようなひな壇にしている者もいた。ラウダーミルクが驚いたことに、段々畑が一般的でない東フランスでは、農民が畑の一番下にある畝から土を集め、荷車に積んで斜面の上まで運び上げ、一番上の畝に降ろしていた。数世紀前、この慣行が始まったとき、小作人たちは自分たちが土壌生成と侵食のバランスを乱してしまったこと、この土地で生計を立てる人間はその結果を引き継いでいくであろうことを知っていたのだ。土壌の性質を理解するという点で、自分たちがヨーロッパの裕福な科学者たちよりはるかに進んでいたことに、彼らはおそらく気づいていなかっただろう。

侵食が地形を作る

一八八七年五月五日、エディンバラ地質学会の会合において副会長のジェイムズ・メルビンは、近代地質学の基礎を築いたスコットランド人ジェイムズ・ハットンによる未発表の原稿の一節を読んだ。その再発見された研究は、ハットンが土地を耕し、植生、土壌、基岩の関係を観察、考察することで得られた形成地質学的洞察を明らかにしたものだった。特にメルビンは、ハットンの一世紀前の思考と、ダーウィンが最近出版したミミズに関する本との間に共通点があることを高く評価した。

ハットンは土壌を、ミミズが動物の死骸と落ち葉と鉱物土壌を混ぜて肥沃にする、すべての生命の源と見た。斜面の土壌は基岩に由来し、それに対して谷床の土壌は、どこか上流の泥が再堆積して発達したものだとハットンは考えた。土壌は下からの砕けた岩と上からの有機物の混合物であり、岩と植物群集の組み合わせが特有の泥を作る。森林は一般に細かい土壌を生成する。「[森林は]さまざまな動物を養い、動物が死ぬと土に帰る。第二に、森は毎年葉を落とし、それは何らかの形で土壌の肥沃度に寄与する。最後に、このようにして動植物の死骸で肥えた土壌はミミズの餌となり……ミミズは土に潜って、数を増やすにしたがい土壌を肥沃にする」。ダーウ

図13　最下部の畝から土を荷車に積み込み、斜面の上まで運び上げるフランスの農民。1930年代末（Lowdermilk 1953, 22, fig 12）

ィンに先んじてミミズが土壌肥沃度を保つ役割を持つことに気づきながら、ハットンは植生が土壌の性質を決定する役割を果たすことも理解していた。この洞察力のある地質学者は土壌を、岩石と生命をつなぐ生きた橋であり、有機物を土に戻すことでそれは保たれると見ていたのだ。

一八世紀終わり――メルビンがハットンの失われた原稿を再発見するはるか以前――ハットンは、フランス革命でスイスに亡命したジャン・アンドレ・ド・リュックと、侵食が地形の形成に果たす役割について論争した。ド・リュックは、いったん植生が土地を覆うと侵食は止まり、最終的に地形は固定されると考えた。論点となったのは、地形は究極の化石、ノアの洪水の痕跡であるかどうかだ。ハットンはド・リュックの観点に異を唱え、侵食によって山が不断に低くなっていることの証拠として洪水の川の濁った水を挙げた。「洪水時の川を見たまえ――もし澄んだ水が流れているなら、この学者［ド・リュック］の推論は正しく、議論は私の負けだ。澄みきった流れも、洪水の時は泥で濁っている。したがって山の荒廃の大きな原因は、水が流れるかぎり止まることはない。もっとも山が低くなるにつれ、低くなる速度もだんだん遅くなるだろうが」。言い換えれば、急な斜面ほど速く侵食が進むが、すべての土地は侵食されるということだ。

数年後、ハットンの弟子の地質学者で数学者でもあるジョン・プレーフェアは、侵食によって土壌が運び去られるのとほとんど同じ速度で風化によって土壌が作られる様子を描写した。プレーフェアは地形を、水と岩の間で戦われている戦争の産物と考えた。「水は、硬く緻密な物体のもっとも活発な敵として現われ、目に見えない水蒸気から固体の氷まで、またごく細い小川から大河まであらゆる状態で、海面より高く突きだしたものは何でも攻撃して、再び海面下に戻そうと絶え間なく働く」。

地質年代というハットンの根本的な概念を引き継いで、プレーフェアは侵食が海面より高い土地を徐々に破壊する方向に働くと考えた。しかしこの終わりのない戦いにもかかわらず、土地は土壌に覆われている。

土壌は、したがって、別の原因で増加し……この増加を継続させるものは、絶えずゆっくりと進む岩の分解以外には明らかにありえない。それゆえ、地表に存在する腐植土層が永久不変であることに、岩が不断に崩壊しているというはっきりとした証拠がある。そして、土壌の供給と消耗が互いにちょうど釣り合うように調節され、多数の化学的物理的要因の作用力がこの複雑な働きに充てられる巧妙さを、賞賛せずにいられない。

侵食によって土地は常に形を変えても、土壌の厚さはおのずと一定に保たれるのだ。

ハットンとプレーフェアがヨーロッパの学界に、地質年代にわたる土壌のダイナミックな性質を説いていたころ、人口の規模と安定の管理に関して、それに匹敵する議論が起きようとしていた。人口が多いほど大きな繁栄につながるという命題に、ヨーロッパ人は疑問を抱き始めたのだった。混雑が進む大陸で、人口増加の抑制は観念的なことではなくなっていった。

人口抑制の理論的かつ現実的な裏づけ

トーマス・マルサス牧師は一七九八年の著書『人口論』で、増減の循環が人口の特徴であると述べ、不評を買った。ヘイリーベリー・カレッジの政治経済学教授であったマルサスは、人口は幾何級数的に増加するため、食糧供給よりも速く増えると主張した。人口増加は、土地が人間を養う能力を人口が上回るという果てのないサイクルに人類を閉じ込めるものだと、マルサスは考えたのである。それから飢饉と病気が人口を減らすことによって、バランスは回復される。イギリスの経済学者デイビッド・リカードは、マルサスの思想を修正して、人口は食糧生産と平衡するまで増加し、利用できる土地の面積とその時代の技術が規定する水準に落ち着くと主張した。マルキ・ド・コンドルセらは、必要は革新を促し、したがって農業は技術の進歩によって人口増加についていくことができると主張した。

マルサスの挑発的な論文は、技術革新によって収量が増え、食糧生産が増えればさらに養うべき人口が増えるということを見落としていた。このような欠点から、マルサスは一般に信用を失うこととなった。食糧生産と食糧需要を独立した要因として扱っていたからである。マルサスはまた、農業が加速した侵食によって表土がはぎ取られ、あるいは集約的な耕作で土壌肥沃度が失われるのに必要な時間を考慮していなかった。イングランドの人口が増え続けるにつれて、彼の視点は単純に思われるようになっていったが、ヨーロッパに誕生した労働者階級の搾取を合理化しようとしていた政界人はこれを歓迎した。

マルサスの思想は、人間が自然一般、特に土壌に与える影響についての一般的な観念を疑うものであった。マルサスの論文より五年前に出版された『政治的正義』でウィリアム・ゴドウィンは、人間による自然支配が必然的に拡大するという当時流行の視点を捉えている。「全世界の四分の三は今も未開拓である。農耕における改良、および地球が受け入れうる生産力の増強は、今のところいかなる計算上の限界にも達していない。いく世紀も前から続く人口増加も終わり、地球はやがてその住人を支えるのに十分なものとなるだろう」。ゴドウィンの見解では、科学の進歩が無限の繁栄と物質的幸福の継続を約束していた。マルサス主義の悲観主義とゴドウィン主義の楽観主義の基本的な見方は、人口、農業技術、政治体制の関係について、今も議論を構成している。

産業革命初期に発表されたマルサスの思想は、貧困を土地囲い込みと産業成長の有害な副作用ではなく、貧者の自己責任として説明したがった者たちに受け入れられた。文字通りに受け取れば、マルサスの思想は経済の序列の頂上にいる者たちを、底辺にいる者たちに対する責任から免除するものだった。一方ゴドウィンの物質的進歩の思想は、私有財産廃止運動と結びつけられるようになった。当然、マルサスのほうが富裕な地主からなる議会には魅力的だっただろう。

ジャガイモ疫病がもたらした大変動

知識人が地球の食糧供給能力について議論しているころ、労働者階級は依然食うや食わずの生活を送っていた。不作に対する脆弱さは一九世紀に入っても続いた。ヨーロッパの農業は都市の急速な発展になんとかついていくというありさまだったからだ。ナポレオン戦争時の穀物価格高騰は、イギリス各地で囲い込みに拍車をかけた。そして一八一五年、インドネシアのトンボロ火山が噴火し、記録上最大の冷夏が壊滅的な凶作をもたらした。飢えた労働者たちがパン価格の急騰に直面すると、イングランドとフランスの食糧暴動はヨーロッパ大陸中に飛び火した。都市部の貧困層の不満が急進派や革命家の温床となり、パン一個の値段は常に労働者の抗議の中心にあった。

アメリカから一八四四～四五年に侵入したジャガイモ疫病は、不安定な食糧生産のたどる道を表すものだ。一八四五年の夏にジャガイモ疫病菌（*Phytophthora infestans*）がアイルランドのジャガイモの収穫を壊滅させ、翌年の作柄も不作となると、貧しい者たち（彼らには無関心なイギリス政府から市場価格で食糧を買う余裕がなかった）は文字通り食べるものがなくなった。完全にジャガイモに依存していたアイルランドの人口は急減した。約一〇〇万人が飢餓やそれに伴う病気で死亡し、一〇〇万人が飢饉の最中に移住した。さらに三〇〇万人がその後の五〇年間に国を捨て、多くはアメリカに向かった。一九〇〇年にはアイルランドの人口は、一八四〇年代の半分を少し上回る程度だった。なぜアイルランド人はたった一種類の作物、それもほんの一世紀前に南アメリカから持ち込まれたものに、これほどまでに頼るようになったのだろうか？

一見、その答えはマルサスを裏付けるかのように思われる。一五〇〇年から一八四六年の間にアイルランドの人口は一〇倍に増え、八五〇万人になった。人口が増えるにつれ、平均土地所有面積は約〇・二ヘクタールに縮小し、ジャガイモ以外のものを栽培しても一世帯を支えられなくなった。一八四〇年には、人口の半分がジャガイモ以外にほとんど何も食べていなかった。一世紀以上、手に入るほとんどすべての土地で集約的にジャガイモを栽培した結果、アイルランド人は豊作の年でも食うや食わずになっていた。しかしこの経緯を詳しく見てみると、人口がジャガイモの生産能力よりも早く増大したという単純な話ではないことがわかる。

ジャガイモが主食としての重要性を増す一方、アイルランドの農業はそれ以外のあらゆるものをイギリスとカリブ海の植民地に輸出するようになっていった。一六四九年、オリバー・クロムウェルは、ピューリタン革命で議会軍に資金を提供した投機家たちに土地で返済するために、アイルランドを植民地化すべくみずから軍を率いて侵攻した。アイルランドの新しい地主は、カリブ海の砂糖とタバコのプランテーションに食糧を供給して儲ける機会を得た。後に、イギリスの都市で工業化が進み食糧需要が増加すると、アイルランドからの輸出はより近い市場に向けられた。一七六〇年にはイギリスに行くアイルランド産の牛肉はほとんどなかった。一八〇〇年までに、市場に送られるアイルランドのウシの五分の四が、イギリスで食卓に上るようになっていた。イギリスの都市人口の増加は相当な食糧需要を創出し、アイルランドの地主は喜んで供給した。一八〇一年にアイルランドとイングランドが正式に連合した後も、アイルランドは農業植民地として運営された。

輸出作物栽培に土地が転用されるにつれ、ジャガイモがアイルランド農村部を養うようになっていった。一番いい土地を商品作物に充てるために、地主は小農をジャガイモ以外ほとんど栽培できない限界耕作地へと追いやった。アダム・スミスは『国富論』で、地主の利益を向上させる手段としてジャガイモを推奨した。小作人がジャガイモだけを栽培していれば、彼らはより狭い土地で生きていけるからだ。一八〇五年には、アイルランド人はほとんど肉を食べていなかった。この国の牛肉、豚肉、青果はほとんどがイギリスに送られてしまい、貧しい者たちはジャガイモが不作になると食べるものがなかった。

社会制度と食糧分配の不公正が飢饉の原因

飢饉の最中にも救済措置は行なわれなかった。それどころか、アイルランドからイングランドへの輸出は増加した。飢饉のピークだった一八四六年には、地主が約五〇万トンのアイルランド産のブタをイングランドに出荷する際に、イギリス陸軍が力を貸して契約を守らせた。このような便宜主義的政策は珍しいものではなかった。ヨーロッパでは多くの飢饉の間にも食糧があったが、不作になったら何の援助もない小農の手に届くのはごくわずかだった。貧しい零細農民は公開市場で食糧を買うことができなかった。都市の貧困層が膨らむと、彼らもまた飢饉によって上がった価格では食糧を買う余裕がなく、土地がないので自給することもできない。ジャガイモ疫病と大陸での穀物の不作の影響で、一八四八年には食糧暴動がヨーロッパを席巻した。

農業経済は急進思想の形をとり始めた。一八四〇年代初め、カール・マルクスに出会う前のフリードリッヒ・エンゲルスはマルサスに異議を唱え、人口が増えるのと同じ速度で労働力は増大し科学も発達するので、農業の革新は人口増に遅れないと主張した。一方マルクスは、商業的農業は社会と土壌の両方を劣化させると考えた。「資本主義的農業における進歩はすべて、労働者から収奪するだけでなく土壌から収奪する技術の進歩である。土壌の肥沃さを一時的に向上させるような進歩は、その肥沃さのより永続的な源を破壊する方向へ向けた進歩である」(皮肉なことに一九一七年のロシア革命の一〇年前、皇帝ニコライ二世は、小作人に土地の権利を付与する農地改革を通過させた。レーニンの約束「パン、平和、土地」のもとに集まった都市の貧困層とは違い、農村部の小作農はなかなか革命を受け入れなかった。マルクスは彼らこそが革命を先導すると期待したのだが)。

各国政府は二〇世紀に入ってからも飢饉の間に穀物の輸出を続けた。一九三〇年代にソビエトの小農が飢えたのは、都市を養うためと、海外市場に売って現金化し、工業化の資金にするため、中央政府が収穫を流用したからだ。ほとんどの飢饉において、社会制度や食糧分配の不公正が、食糧の絶対的不足と同程度に飢餓の原因だった。

食糧を輸入し、人間を輸出したヨーロッパ

中世以降のヨーロッパにおける人口増への当初の対応は、限界耕作地での農業生産を段階的に拡大することだった。収量は従来の農地より少ないかもしれないが、このような土地で生産される食糧は、人口増加を支えるのに役立った。一八世紀初頭、ヨーロッパ列強は世界中にある植民地の農業ポテンシャルを利用して安価な輸入食糧を供給するようになった。輸入が砂糖、コーヒー、茶などの贅沢品から穀物、肉、乳製品のような基本食糧品に移ると、ヨーロッパ農業の自立は終わった。一九世紀末には、多くのヨーロッパ諸国が人口を支えるために輸入食糧に依存していた。

西洋の帝国が全世界に拡大するにつれて、植民地経済が地域に根ざした農業システムに取って代わった。主に、ヨーロッパの手法の導入によって作物の多様性が失われ、コーヒー、砂糖、バナナ、タバコ、茶など輸出作物に特化するようになっていった。多くの地域では、単作を続けたことで土壌肥沃度が急速に失われた。さらに、ヨーロッパ式の農法は、冬の間は雪に守られ穏やかな夏の雨で潤う、平坦な土地に合わせて発達したため、激しい熱帯の雨にさらされる急傾斜地では深刻な侵食を引き起こした。

ヨーロッパはくり返される飢餓問題を、食糧を輸入し人間を輸出することで解決した。約五〇〇〇万人が、一八二〇年から一九三〇年にかけての移民ブームの期間にヨーロッパを離れた。現在、本国よりも旧植民地に多く

の子孫が住むヨーロッパの民族も多い。プランテーション農業を奨励する植民地経済および政策は、期せずして新天地の土壌侵食と慢性的な飢餓を促進した。逆説的に言えば、植民地建設の原動力自体が、高地地方の荒廃と共有地の大農園への囲い込みで起きたヨーロッパの土地不足を原動力とするものだった。

植民地帝国が安い食糧を大量に生産したおかげで、ヨーロッパ人は栄養失調と絶え間ない飢餓の脅威から逃れた。ヨーロッパは食糧生産をアウトソースしながら、工業経済を築き上げた。一八七五年から一八八五年の間に、四〇万ヘクタールのイングランドの小麦畑が別の用途に転用された。工業経済が発達し農地基盤が縮小すると、イギリスはますます輸入食糧を食べるようになっていった。一九〇〇年には、イギリスは穀物の五分の四、乳製品の三分の二、食肉のおよそ半分を輸入していた。ヨーロッパになだれこんだ輸入食糧は、遠く離れた大陸の土壌肥沃度を搾取して、経済の工業化を推進するものだった。

食糧と土地をめぐる争い

第二次世界大戦が終わり、ヨーロッパの植民地帝国が崩壊した後、国連食糧農業機関理事会議長ジョズエ・デ・カストロは、飢餓は歴史上の大規模な疫病の原因を作っただけでなく、歴史を通じてもっとも一般的な戦争の原因のひとつでもあったと述べた。デ・カストロは中国革命成功の原動力を、小さな畑の収穫の半分を大地主に引き渡さなければならない小作農が、土地改革を強く要求したことであると考えた。毛沢東のもっとも強い味方は飢饉への恐怖だった。もっとも熱心に主席を支持したのは、彼が土地を約束した五〇〇〇万の小作農だった。

第三世界での土地改革運動は、二〇世紀の植民地独立後の地政学的状況に影響を与えている。特に、新興独立国の自給農家は、輸出用作物の栽培に使用されていた広い土地の利用権を欲しがった。しかしそれ以来、土地改革は、欧米政府とかつての入植者の抵抗を受けてきた。それらの勢力は、むしろ技術的手段によって農業生産高を増やすことを力説した。これは一般に、輸出用作物の大規模生産を零細農業よりも優遇するということであり、ときには政権を変えることを意味した。

一九五四年六月、アメリカが支援するクーデターがグアテマラ大統領を失脚させた。一九五二年に六三パーセントの得票率で選出されたハコボ・アルベンス大統領は、共産党員四名を含む五六名の国会議員で連立政権を樹立した。慌てたユナイテッド・フルーツ社（沿岸部の低地の多くに長期借地権を持っていた）は、グアテマラの新政権がロシアに支配されているという説を広めるプロパガンダ攻勢に出た。そんな少数の共産党員に大きな影響力があるはずもなかった。ユナイテッド・フルーツ社が本当に怖れたのは土地改革だった。

一九世紀末、グアテマラ政府は高地一帯でコーヒーの営利農場の拡大に便宜を図るため、インディオの共有地を収用した。ちょうどその頃、アメリカのバナナ会社が広大な低地地域を取得し、収穫物を海岸まで輸送するための鉄道の敷設を始めた。輸出向けプランテーションは急速にもっとも肥沃な土地を占有し、先住民は急傾斜地の耕作を余儀なくされていった。一九五〇年代には、ユナイテッド・フルーツのような企業は広大な借地の五分の一未満しか耕作していないというのに、小農の世帯の多くがほとんど、あるいはまったく土地を持っていなかった。

政権につくとすぐ、アルベンスは大農園から耕作していない土地を没収し、小農に土地と貸し付けを与えることで自作農を育成しようとした。ユナイテッド・フルーツの主張とは反対に、アルベンスは私有財産を廃止しようとは思っていなかった。しかしアルベンスが一〇万ヘクタールを超える企業の借地を小農に再配分し、小さな資本主義を推進しようとしていたことは確かだ。アルベンスにとって不運なことに、他でもないアメリカ国務長官ジョン・フォスター・ダレスが、一九三六年にこのバナナ会社に九九年間という気前のよい借地権を立案していた。ダレスがユナイテッド・フルーツ側にいれば、共産主義者の影響というのが嘘でも、冷戦の初期にあってはCIAにクーデター工作を行なわせるに十分だった。

ヨーロッパ農法がグアテマラの土壌を奪う

その後、海外からの投資により、換金作物と畜産のために新たな土地が切り開かれた。国際的援助と開発銀行からの貸し付けは、輸出市場に主眼を置いた大規模事業を促進した。一九五六年から一九八〇年にかけて、大規模なモノカルチャー事業は全農業関連の貸し付け金の五分の四を受け取っていた。綿花と牧畜に充てられる土地は二〇倍以上に拡大した。サトウキビを栽培する土地は三倍となった。コーヒー・プランテーションは一・五倍以上増えた。大部分の肥沃な土地から追いだされたグアテマラの小農は、山腹とジャングルに追いやられた。一九五四年のクーデターから四〇年後には、二パーセントに満たない地主がグアテマラの農地の三分の二を支配していた。農業プランテーションの規模が拡大するにつれて、平均的な農場の規模は一ヘクタール未満に落ち込み、一世帯を養うのに不十分になった。

これはアイルランドで起きたことのくり返しだったが、そこにラテンアメリカ特有の事情がからんでいる——グアテマラは地形が急峻な国で、雨の多い熱帯にあるのだ。しかしアイルランドの食肉と同様に、グアテマラのコーヒーは世界各地に輸出されている。そしてヨーロッパの農法が熱帯の傾斜地で用いられた結果、大規模な侵食の後遺症が避けられなくなり、コーヒーと共に土壌もグアテマラから失われている。換金作物のモノカルチャーと、限界耕作地に付きものの集約的な自給農業が相まって、グアテマラでは土壌侵食が激化し、ときには一見してわかるほどである。

一九九八年一〇月の最後の週、ハリケーン・ミッチは一年分の降水量に相当する豪雨を中央アメリカに降らせた。崖崩れや洪水で一万人以上が死亡し、三〇〇万人が難民やホームレスとなり、地域の農業経済は五〇億ドルを超える損害を受けた。確かに雨は激しかったが、この災害はまったくの天災というわけではなかった。

中央アメリカにこれほどの雨を降らせた嵐はミッチが最初ではないが、熱帯雨林が露地となってからこの地域の急斜面に降った雨としては初めてだった。第二次世界大戦後、人口が三倍に増えたために、少数の開墾地を取り囲む未開発の森林は農地にされ、絶え間なく耕作された。現在、農村人口の五分の四のほとんどは、傾斜地の小さな区画で慣行農業の小規模なものを営んでいる。中央アメリカの急斜面の耕作が侵食を加速させることは、かなり以前から問題視されていたが、その重要性に関して不確実な部分をハリケーン・ミッチは決着した。

ハリケーンの後、比較的被害を受けなかった少数の農場が、破壊の海に浮かぶ島のように残っていた。調査により、代替農業を営んでいた農場は、慣行農業の農場よりよくハリケーンに耐えたことが示されると、四〇の非政府組織の連合体が、グアテマラ、ホンジュラス、ニカラグアの一八〇〇を超える農場で、徹底的な調査を開始した。営んでいるのが慣行農業かいわゆる持続農業かという以外では類似した農場を対にして、調査隊はそれぞれの農場で土壌の状況、土壌侵食の痕跡、作物の損害を調べた。地域全体で、混作、斜面の階段化、生物学的害虫防除など持続可能な農法で営農している農場は、化学肥料や農薬を集中的に使ったモノカルチャーが行なわれている慣行農法の農場より、土壌侵食と作物の損害が二～三倍少なかった。持続農業を採用する農場では、ガリーは目立たず、崖崩れも慣行農法の農場より二～三倍少ない。持続農業による農場では経済的損失もやはり少なかった。おそらくこの調査のもっとも目を引く結果は、調査対象となった慣行農家の九割以上が、回復力に富む隣人の農法を採用したいと述べていることだ。

第二次世界大戦後、大規模な輸出志向のプランテーションが、多くの地域を旧植民地から、グローバル市場に奉仕する農業植民地へと転換させた。中米はその中の一つにすぎない。商業的モノカルチャーもアジアで、アフリカで、南アメリカで自作農を限界耕作地へと追いやった。新たなグローバル経済のもと、豊かな国々の利益のためにかつての政治的植民地は奉仕を続けた――今度は土を現金に換えているだけの話だ。しかしこれは別に新しい話ではない。独立前のアメリカは同じ立場にあったのだ。

第六章 西へ向かう鍬

独立達成以来、彼はもっとも偉大な愛国者である。
もっとも多くのガリーを止めたのだ。
——パトリック・ヘンリー

アマゾン川で発見したこと

数年前、伐採されて間もないアマゾン川下流域を貫く荒れた未舗装路を大急ぎで駆け抜ける調査旅行の際、私は表土の喪失が地域経済をどれほど損ない、住民を貧しくさせるかを見た。私がそこへ行ったのは、土壌の下の、鉄分を多く含む古いフライパンのような岩を水がゆっくりと溶かし、一億年かけてできた洞窟を調査するためだった。鉄の洞窟の中を歩くと、私の想像力は刺激を受けた。水滴がこれらの洞窟を穿つのにどれほどの年月がかかったことか。この旅行で同じように衝撃的だったのが、森林伐採の後に見られる壊滅的な土壌喪失のきざしだった。しかし本当に驚いたのは、ヒトと環境の破滅が進行中であるにもかかわらず、人間の行動に変わりがなかったこと、そして現代のアマゾン川下流で起きていることが、アメリカの植民地時代の歴史と類似していることだ。

カラジャス台地の端に立って、私はやせ細った古代の景観の名残と、今も生まれているものをまたいだ。私のすぐ脇、周囲の低地より上に、崖崩れが古代の台地の断片を削っているのが見えた。このジャングルに覆われたメサの斜面すべてで、侵食が一億年分の崩れた岩を、これまでに見た中でもっとも深い土壌とともにはぎ取っていた。

アルミニウムと鉄の鉱石の自然生成

恐竜の時代以来、赤道のジャングルから滴り落ちて地面にしみ込んだ水が、台地の基部に向けて数百メートルに及ぶ風化した岩の深い層を形成した。南米大陸がアフリカ大陸から分かれると、その結果できた断崖が内陸へと走り、古代の高地に脇から食い込んだ。私は台地――もとの地表のわずかな残り――の端の崖に立ち、緩やかに起伏しながら大西洋に向けて下ってゆく新しい低地に見とれていた。

カラジャス台地は縞状鉄鉱石――地球上に酸素に富む大気が発達するはるか以前、酸素に乏しい海が堆積させた純粋に近い鉄――で構成されている。地殻に深く埋まっていて、やがて地表へと押し戻されゆっくりと風化する鉄分の豊富な岩は、水の浸透により徐々に養分と不純物を失って、風化の進んだ鉄の外殻を残す。

アルミニウムと鉄の鉱石は、このゆっくりとした風化作用で自然に作られる。地質年代の間に、多量の雨と熱帯の高温でアルミニウムと鉄が濃縮されることがある。それ以外のあらゆるものが化学的風化作用でもとの岩からほとんど溶脱されてしまうからだ。それには一億年かかるかもしれないが、この作業を地質学的作用に任せたほうが、工業的に成分を濃縮するよりもはるかに費用効果が高い。時間を与えれば、この作用は商業的に採算の合う鉱石を作ることができる――風化の速度が侵食を上回ってさえいれば。もし侵食が速すぎれば、風化した物質は採掘に見合うほど濃縮されるずっと前に消えてしまう。

ジャングルでも見られる土壌悪化のサイクル

カラジャス台地の頂上に、巨大な立て坑が地中への口を開け、風化した深紅色の岩の基部へと百数十メートル延びている。大きな三階建ての高さのトラックが何トンもの泥を積んで、地底から蛇行しながら上がってくる道づたいに、ひな壇状の岩壁をのろのろと登っている。反対側から見ると、立て坑の周囲に残された高さ三〇メートルの木々がカビの縁取りのようだ。この奇妙な光景を真昼の陽射しの中でじっと見ていると、地球の表面を覆う土壌と植生の薄い膜が、丸石についた地衣類の層のようなものだということがわかる。

台地を急いで後にし、私たちは緩やかに波打つ幼年期の丘陵地へと降りた。それは、今では侵食されてしまった高地の下にあった岩からできていた。原生雨林の中を車で進むと、皆伐された低地へと下る開析された斜面に露出した、厚さ三〇センチ〜数メートルの土壌を道路は横切った。ジャングルを離れると、私たちは裸の斜面を見た。それは、森林伐採後の表土の侵食が農地の放棄につながることを、まざまざと示していた。森林の縁にある村の周囲では、不法占拠者が新たに開墾した土地を耕作していた。道路沿いには風化した岩がむき出しになり、最近まで土に覆われた斜面だったところから突き出していた。話は単純明解だ。森林が伐採されるとすぐ土壌は侵食され、人々は新しい農地を開墾するためにさらにジャングルの奥へと移動したのだ。

森の縁から数キロ入ったところで、自営農場と小村落に代わって大放牧場が現れる。自作農家が森の奥へと追いやられると、牧畜業者が放棄された農地を取得する。土が痩せて作物が育たない土地でもウシの放牧はできるが、ウシを育てるには広い土地が必要だ。大規模な放牧は森林の再生を妨げ、さらに侵食を引き起こす。すると開拓村は際限なく新しい土地を求めて、ジャングルの奥へ奥へと入っていく。悪循環は誰の目にも明らかだ。

森林を小さく短い期間切り開くということをせず、アマゾンの移民は一度に広い範囲を伐採し、過放牧で侵食を加速させ、土地から生命力を搾り取っている。森林皆伐、小農経営、大牧場という現在のサイクルは表土をはぎ取り、土壌肥沃度の回復能力をほとんど破壊している。その結果、土地が支えることのできる人間の数は少なくなっている。現在アマゾンで起きていることは、我々が思っている以上に北アメリカの歴史によく似ていると考えられる。今なお類似点は根本的であると同時に明白なのだ。

ニューイングランドでは集約的栽培が土壌を急速に枯渇させた

コロンブスが新世界を「発見」したとき、四〇〇〇万から一億の人間が南北アメリカ大陸に——そのうち四〇〇万から一〇〇〇万人ほどが北アメリカに——住んでいた。東海岸沿いのアメリカ先住民は積極的な景観管理を行なっていたが、定住農業を営んではいなかった。初期の入植者は、つぎはぎ状の小さな開拓地と数年ごとに畑を移る先住民の習慣を、古代のヨーロッパ人かアマゾンの住民によく似ていると記述している。先住民の農業が局地的に重大な土壌侵食を引き起こした形跡も明らかになっているが、新参者による定住性の強い土地利用法のもとで、土壌の劣化と侵食が北米東部を変貌させ始めた。

トウモロコシの集約的栽培は、ニューイングランドの養分に乏しい氷河性の土壌を急速に枯渇させた。数十年のうちに、入植者は灰を畑の肥料にするために森を焼くようになった。小さなスペースに多くの人間がひしめいていたため、ニューイングランドでは南部よりも早く新しい農地がなくなってしまった。初期の旅行者は、畑からの悪臭に文句を言っている。農家はサケを肥料として使っていたからだ。南部では、タバコがバージニアとメリーランドの奴隷制に基づく経済を左右し、そして土壌の疲弊がタバコ栽培による経済を左右していた。いったん個々の自営農場が合併して奴隷労働によるタバコ・プランテーションになると、新たな土地を食い物にする飽くことを知らない社会経済システムから、その地域は抜け出せなくなってしまった。

喫煙の流行と奴隷労働

歴史学者のエイブリー・クレイブンは、植民地の土壌劣化を、辺境植民地化の避けがたいサイクルの一部として見た。「人間は、無知あるいは習慣から土を荒らすこともあるが、経済または社会的条件が、完全に人間の制御を離れて、破滅的な結果しか生まない土地の扱いにつながったり、それを強いたりすることのほうが多い」。辺境の村落は、もっとも価値の高い作物を栽培しなければならないという経済的要請のために、たいてい土壌を疲弊させてしまうとクレイブンは考えたのだ。バージニアとメリーランドの植民地を支配していたタバコ経済こそ、まさしくクレイブンが念頭に置いていたものだった。

一六〇六年、ジェームズ一世はバージニア会社に対し、北アメリカにイギリスの植民地を置くことを許す勅許状を与えた。ロンドンの投資家集団が設立した同社は、新世界での特権が良好な収益をもたらすことを期待していた。ジョン・スミス船長の指揮のもと、一六〇七年五月一四日に最初の入植者の一団が、チェサピーク湾から一〇〇キロ上流のジェームズ川の岸に上陸した。敵対的な先住民、病気、飢えにより、スミスがイギリスに戻る一六〇九年までに最初の入植者の三分の二が死亡した。

儲けはもちろんのこと、生き延びる方法を必死で探すジェームズタウンの入植者は、最初に絹を、それからガラスを作ろうとした。木を伐採し、サッサフラス（訳註：薬用、香料用の木）を栽培し、ビールの醸造まで試みた。どれもうまくいかず、ようやく最後にタバコが、利益の大きな輸出品として植民地を支えてくれた。

タバコはサー・ウォルター・ローリーが一五八六年にイギリスにもたらしたとされる。この名誉だか不名誉だかが本当に彼のものかどうかとは別に、スペインの探検家は葉と種の両方を西インド諸島から持ち帰ってきた。喫煙は大流行し、カリブ海で奴隷労働によって栽培されるスペインのタバコを、イギリス人は非常に好むようになった。ロンドンの商人にプレミアム付きで販売されるタバコは、ジェームズタウンの入植者が植民地を破産させないために、まさしく必要なものを与えてくれた。

残念ながら、イギリスの新たな喫煙者たちはバージニア・タバコを好まなかった。ロンドンの市場で競争力を得ることを目指して、入植者のジョン・ロルフ（ポカホンタスの夫と言ったほうがわかりやすいだろう）は試験的にカリブ海のタバコを栽培した。できたものが「吸って心地よく、甘く、濃厚」であることに満足したロルフとその仲間たちは、初の収穫をイギリスに出荷した。それはロンドン市場で大当たりし、スペインの高級タバコと並び称された。

すぐに誰もがタバコを栽培するようになった。一六一七年には一〇トンがイギリスに送られた。翌年はその倍が出荷された。スミス船長はバージニアの「力強い土」を讃え、植民地経済はたちまちタバコの輸出に依存するようになった。一六一九年九月三〇日、入植者のジョン・ポーリーはサー・ダドリー・カールトンに、事態はようやく上向いたと書き送った。「目下のところ我らの富のすべてはタバコにあります。ある男は自分だけの働きで一年に二〇〇ポンド相当を栽培し、またある者は六人の使用人を使って一回の収穫で一〇〇〇ポンドの純益をあげたのです」。一〇年のうちに、七〇〇トンのバージニア・タバコが毎年イギリスの市場に届くようになった。

アメリカの植民地経済は本格的に動きだした。一世紀と経たずに、イギリスへの年間輸出額は一〇〇〇倍の一万トン以上に急上昇した。タバコは植民地経済をすっかり支配しており、通貨の代わりに使われるほどだった。

このいやな臭いのする草は傾きかけた植民地を救ったが、その栽培により深刻な土壌劣化と侵食が引き起こされ、入植者はさらに内陸へと押しやられることになる。

並外れて魅力的だったタバコという商品

植民地のタバコは隔離耕作作物だった。農民は鍬か一頭立ての軽い鋤を使って、一本一本の植物の周りに泥の山を盛り上げる。これによって土壌が雨にさらされ、作物の葉が出る前にやって来る夏の嵐の間に侵食されやすくなる。明らかに土地に負担をかけるにもかかわらず、タバコには並外れた魅力があった。それは他の作物の六倍以上の値で売れ、大西洋を渡る長い（そして運賃の高い）旅にも耐えられるのだ。他の作物はほとんどが途中で腐るか、輸送費に見合う価格では売れなかった。

圧倒的な利益をタバコが生むというときに、多様な作物を栽培するインセンティブを植民地経済はほとんど与えなかった。だからバージニア人は自分の家族が食べる分だけの食用作物を植え、エネルギーをヨーロッパ市場向けのタバコ栽培に集中した。新しい土地が絶えず開墾され、古い土地は放棄された。新規に開拓した土地からタバコの収穫で高収益が見込めるのは三〜四回でしかないからだ。タバコは、代表的な食用作物の一〇倍以上の窒素と三〇倍以上のリンを土壌から奪う。五年間タバコを栽培すると、土地は養分が枯渇して何も育たなくなる。西には新しい土地がいくらでもあるので、タバコ農家はひたすら新たな農地を開墾し続けた。植生をはぎ取られ、放棄された農地に残ったなけなしの土壌は、夏の激しい雨でガリーへと押し流された。バージニアは表土をタバコに変える工場になった。

ジェームズ一世はタバコ取引を、歳入を増やすための魅力的な手段と考えた。一六一九年、バージニア会社は、スペイン・タバコの輸入およびイギリスでのタバコ栽培の規制と引き換えに、イギリスへ出荷されるタバコ一ポンドにつき一シリングをイギリス政府に支払うことに同意した――大衆的な新しいドラッグの独占だ。わずか二年後の新たな規則では、植民地から輸出されるすべてのタバコはイギリスに送られることが命じられた。一六七七年には、バージニア・タバコの輸入税で一〇万ポンド、さらにメリーランドのタバコで五万ポンドがイギリスの国庫に入った。バージニアは他のどの植民地よりも多くを国王の財布に戻した。その額は東インドの四倍以上にのぼった。

当然、植民地政府はタバコを使って歳入を増やそうと群がった。この新しい現金収入源に一度夢中になると、植民地政府はタバコへの依存を止めようとする動きを即座に叩き潰した。バージニア住民が一六二二年にタバコ栽培の一時禁止を請願すると、そのような請願は二度としないようあからさまに命令された。メリーランド植民地の書記官は、入植者が「タバコ栽培以外の何事かに気をそらす」ことのないようにしようとした。

土地の消耗、開拓の拡大

タバコ栽培が行なわれた土地は肥沃度が長続きしないことが、開拓地の急速な拡大を促した。十分な儲けを生まなくなった農地を捨てて、バージニアの農場経営者は一六一九年に初めて、より内陸部に新しい土地を開拓する許可を申請した。五年後、パスパハイの農場経営者が植民地裁判所に、新たな土地に移住する許可を求めた。その一五年前には総督が、彼らの土地は穀物栽培に最適と絶賛していたのにだ。それから二〇年と少し後、チャールズ川沿いのタバコ農家は総督に、未開地を開拓する権利を求める請願を出した。彼らの農地が「耕作によって不毛となってしまった」からである。一七世紀のバージニア人は、嵐で土壌が並外れて大量に失われることに不満を訴えていた。田園地帯をずたずたにするひどいガリーは見過ごしがたかった。内陸に移ると、農場経営者たちは、沿岸部や大河川の河谷よりもさらに容易に侵食される土に遭遇した。タバコ農家は南にも進出し、一六五三年にはノースカロライナの沿岸部の平原を開拓していた。そこにはまだ人手の入らない土地が豊富にあった。

沿岸部の土壌肥沃度が低下すると、農民は内陸へと移動した。山の向こうでは肥沃な土地が手に入るかもしれないという見込みが、フレンチ・インディアン戦争時のバージニア人を突き動かした。一七六三年の講和条約で西の土地への移住が事実上当面閉ざされると、植民地の農民は母国イギリスに対して激怒した。力を削がれるタバコ税と、西への拡大を妨害していると思しいものへの消えがたい恨みが、イギリス支配への不満に油を注いだ。供給過剰と、全収穫をイギリスに送るようにとの要求を原因とする価格低迷にもかかわらず、植民地農業は南部では依然タバコに重点を置いていた。一八世紀半ばには、政府の関税はタバコの販売価格の約八〇パーセントを占めていた。農家の取り分は一〇パーセント未満に低下していた。不公平と思われるタバコの規制、販売、輸出への怒りは独立戦争までくすぶっていた。

とりわけ南部では、新しい土地がすぐに手に入るために、農家は輪作や土壌再生のために厩肥を用いることを軽視した。一七二七年に出版された『バージニアの現状』では、土壌肥沃度の急速な低下の原因は農地に肥料を与えないことだとされた。「目下のところタバコが他のすべてをのみ込んでおり、それ以外のものは軽視されている……。刈り株が朽ちるころには、土地は疲弊している。そして新しい土地が十分にあるので……彼らは古い畑に肥料を与えて回復させようとはほとんどしない」。新しい土地に移るほうが、厩肥を集めてまくより楽だった――手に入る土地がたくさんある間は。

同時代の別の評者が、タバコは農園主の全精力を奪ってしまうと述べている。一七二九年にチャールズ・ボルティモア卿に宛てた手紙で、ベネディクト・レナード・カルバートは、タバコが植民地の農業に与える影響を簡潔にまとめている。「バージニアとメリーランドでは、タバコが主要産品であり、我々のすべてであり、そればかりか他のいかなるものにも余地は残されておりません」。タバコはまぎれもない王者として南部の植民地に君臨した。

新しい土地を不断に手に入れる必要性は大農園の成立を促進した。一七世紀後半、供給過剰になったタバコ市場で価格が低下すると、小規模農家は廃業し、大きな耕作地を整理統合する機会が訪れた。二〇〇〇年前のローマのように、あるいは三〇〇年後のアマゾンのように、放棄された自営農場は大農園主の手に渡った。

ニューイングランドでの土壌改良の試み

ニューイングランドでは、一部の入植者が土壌改良の試みを始めていた。コネティカットの牧師であり、医師であり、農家でもあるジャレド・エリオットは、一七四八年に最初の著書『農地管理に関する論文集』を出版し、土壌劣化の予防と回復についての実験結果を報告した。馬に乗って教区民や患者を訪問するうちに、剝き出しの丘の斜面を流れる泥水が、肥沃な土壌を運び去っていることにエリオットは気づいた。また、丘から流された泥の堆積が谷床の土壌を肥やし、表土の喪失が高台の農地を荒廃させていることも知った。エリオットは、痩せた土壌を改良するために厩肥をまき、クローバーを栽培することを勧めた。彼はマール（貝の化石）と硝石（硝酸カリウム）を、質のよい厩肥にほぼ匹敵する優れた肥料として推薦した。

傾斜地に剝き出しのままになった裸の土壌は特に雨で流されやすい。理屈ではその通りであったが、植民地の農民にエリオットの助言を気に留める者はほとんどいなかった。特に新しい土地がまだ容易に手に入った南部では。

エリオットの論文集を購入し、土地改良の実験を始めた者の中にベンジャミン・フランクリンがいた。一七四九年にエリオットに宛てた手紙で、フランクリンは、アメリカの農民に土壌管理を受け入れるように説得することの難しさを憂慮していると打ち明けた。「拝啓。先生の農地管理に関する二本の論文を熟読し、それは人民に大きな利益をもたらすであろうと思いました。しかしながら先生の近隣の農家が、小生の近所の人々と同じように、先祖の慣習を捨てることを望まないなら、改善を試みるように説得することは困難でありましょう」。エリオットは、厩肥や作物残渣を畑に戻さない農民を、銀行から引き出すだけで預金をしない人にたとえた。フランクリンもきっと同じ意見だっただろうと私は思う。

ヨーロッパの視点から見る、アメリカ農業の愚かさ

一八世紀末になると、植民地の土壌の劣化状況に関する報告は日常茶飯事となった。独立戦争の最中に、アレクサンダー・ヒューアットは、カロライナの農民が目先の収穫にとらわれて、土地の状況にほとんど注意を払わないと評している。

頻繁に転々と移動する農民のように、農場経営者が主に探求するのは、現時点の儲けを最大にする技術であり、この目的が達せられれば、土地がどれほど疲弊しようと……彼らはほとんど気にしない。土壌の肥沃さと土地の広大さは、多くの人々を欺いた……。このようなことは長続きしないだろう。なぜなら土地は少な

くなり、土壌の性質が明らかになることで……時間と経験が彼らに……ぞんざいな耕作方法を変えることを……教えるからだ。

アメリカの農業に悲観的な評価を下したのはヒューアットだけではなかった。

一七〇〇年代後半に南部を旅行した多くのヨーロッパ人は、概して土壌改良に厩肥が使われていないことに驚きを示した。フランスから亡命した革命家ジャック＝ピエール・ブリソー・ドバルビールは、独立してまもないアメリカを一七八八年に見て回り、破壊的な農業の方式にあきれている。「タバコは土地を途方もなく痩せさせるが、農場経営者は地力を回復させるために何の努力もしない。彼らは土が与えるものを受け取り、何も与えてくれなくなれば捨てる。彼らは古い土地を蘇らせるより、新たな土地を開墾するほうを好む。しかしこうして捨てられた土地も、正しく肥料を施して耕せば、まだ作物を生み出すだろう」。良好な土地が無造作に捨てられるのを見て、安い労働力と肥沃な土地の不足に慣れたヨーロッパ人は当惑した。

一八世紀末、新参の入植者ジョン・クレイブンは、バージニアのアルベマール郡が低劣な農業慣行によってひどく衰退しており、住人は移住するか土壌を改良するかの二者択一を迫られていることを知った。

数年後に著した『農民記録帳』で、クレイブンは土地の悲惨な状況を回顧している。「当時その土地は一面、筆舌に尽くしがたい惨憺たる光景を呈していた。農地はいずれも疲弊し、侵食され、溝ができており、耕作に適する土地は一エーカーたりとも見つかりそうになかった……。未耕の土は洗い流され、尾根から谷へと運ばれた」。翌一八〇〇年にバージニアとメリーランドを訪れたウィリアム・ストリックランドは当惑し、住民はどうやって畑から糧を得ているのかわからないと述べた。

一七九三年、ユニテリアンの牧師ハリー・トゥールミンは、新天地が移住に適しているかを教会に報告するため、ランカシャーを発ちアメリカへ向かった。イギリスでは土地の不足と食料品価格の高騰により、アメリカへの移住の圧力が増していた。特に工業化が進む経済を定額の収入と低賃金で生きている人々にとっては。加えて、多くのユニテリアンや、その他アメリカとフランス革命の進歩的理想に共感する者たちが、新生フランス共和国がイギリスに宣戦を布告したときに祖国を捨て新世界に渡った。

アメリカ農業方式への批判意識

大西洋沿岸では農業の見込みが薄いことがわかると、トゥールミンはジェームズ・マディソンとトーマス・ジェファソンに、ジョン・ブレッキンリッジ宛ての紹介状を書いてもらった。ブレッキンリッジはバージニア州選出連邦下院議員を辞し、ケンタッキー州に移り住んでいた。トゥールミンの手紙と日誌は、移民が始まった当時のケンタッキーの土壌を鮮明に描写している。ケンタッキー北部にあるメーソン郡の農業ポテンシャルの報告では、トゥールミンはこの緩やかに起伏する土地を、肥沃な土壌に恵まれていると表現した。「土壌は一般にロームに富んでいる。第一級の土地（この国にはそれが数百万エーカーある）では、それは黒い色をしている。もっとも肥沃でもっとも黒い耕土が約五、六インチの深さまで続いている。そのあとには薄い色をしたもろい耕土が、さらに一五インチの深さに達している。乾燥すると、それは風に吹き飛ばされるだろう」。トゥールミンが行なったような証言は、人々を沿岸部から西へと引き寄せた。それはまた、トゥールミンの想像をはるかに超えて予言的であることが明らかになった。

アメリカ独立戦争当時、建国の父の中には、土壌の枯渇が国の将来に与える影響を心配し始めた者がいた。ジヨージ・ワシントンとトーマス・ジェファソンも、植民地農業の破壊的な性格に対して警告を発した最初の人々の中にいた。思想的には対立していたが、この二人の裕福なバージニアの農園主の間で、アメリカの農業慣行が長期的に及ぼす影響への懸念は共通していた。

独立戦争後、ワシントンは目先の利益のみを追求する同胞のやり方に対して軽蔑を隠さなかった。「合衆国の一部で用いられている農業の方式（それが方式と呼べるものならば）は、土地所有者にとって破壊的であると同時に実践者にとっても非生産的である」。ワシントンはタバコ栽培で土地を消耗させるという広く行なわれていた慣行を非難した。拙劣な農業慣行は最短の期間で最大の利益を土地から引き出そうという欲望を煽り、また逆も然りであることを彼は理解していた。

一七九六年、アレクサンダー・ハミルトンに宛てた書簡の中でワシントンは、土壌の枯渇が建国まもない国を内陸へと押しやるだろうと予言した。「この国の農業を考えるすべての者にとって……［土地の］管理の上で我々がいかにひどい欠陥を抱えているかは明白であるはずです……。あと二、三年不作が増えれば、大西洋岸諸州の住民は糧を求めて西へ向かわざるを得なくなるでしょう。しかしながら彼らに、新しい肥沃な土壌を求めるかわりに古い土壌を改良する方法を教えれば、現在ほとんど何も生産しない土地が有益であることを証明するでしょう」。

ワシントンが農業の向上に関心を持ち始めたのは、独立戦争の相当前である。一七六〇年には早くも、ワシントンはマール（砕いた石灰岩）、厩肥、石膏を混ぜて肥料とし、栽培した牧草、マメ、ソバを再び畑にすき込んでいた。また厩肥を得るために家畜小屋を建て、渋る農園管理人に、畜舎から出る排泄物を畑にまくよう指示した。輪作を実験し、最終的には穀類の間にジャガイモとクローバーなどの牧草を栽培する方式を決定した。ワシントンはまた、表面流去を減らし侵食を遅らせるために深耕の実験をした。ガリーを古い柵の柱、ゴミ、わらなどで埋めてから土と肥料を被せ、作物を植えた。

おそらくワシントンのもっとも急進的だった点は、大農園の土壌改良が不可能に近いことを認識していたことだ。自分の土地を小さな区画に分け、ワシントンは農場の監督と小作人に、土壌改良を進めるように指示した。ワシントンの取り組みの中心は、土壌侵食を防ぎ、畜糞を肥料として貯蔵、利用し、輪作に被覆作物を含めるように指定したことであった。

独立戦争後、マウントバーノンに戻ったワシントンは、イギリスの農学者アーサー・ヤングに手紙を書き、土地改良について助言を求めた。ヤングはワシントンを「農業仲間」として受け入れ、アメリカ大統領に望みの援助は何でも提供することを了解した。

一七九一年、ヤングはワシントンに、バージニア北部とメリーランドの農業状況についての説明を依頼した。ワシントンの返答は、土壌侵食と疲弊を助長した古い慣習が広く残されていたことを示す。特に、着実に収量の低下するタバコの後で、疲弊した土地が生産できるかぎりのトウモロコシを栽培するという慣行は、土壌肥沃度を低化させ続けていた。牧草地と家畜が不足していたため、土壌肥沃度を長続きあるいは回復させるために厩肥を用いる農民はほとんどいなかった。アメリカの農民には、土壌への影響に構わず労働者を最大限に働かせようという強い動機があるのだと、ワシントンは説明した。人件費は、労働者が耕すことのできる土地の価値の四倍に上るのだ。またワシントンは、タバコ栽培をやめてコムギに切り替える傾向が強くなっていることも報告している。コムギの収量は中世ヨーロッパの収量にやっと匹敵する程度だというのにだ。アメリカの農業は新世界を蝕みつつあった。

等高線耕作の流行

トーマス・ジェファソンも、アメリカ人が土地の生産力を浪費していることを心配していた。ワシントンが正しい農法への無知のせいにするところで、ジェファソンは強欲を原因と見ていた。「我々の間に見られる［農業への］無関心な状態は、単なる知識の欠如に由来するものではない。それは思うままに浪費できる大量の土地を我々が持っていることに発するのである。ヨーロッパでは、労働力はあり余っているので、目標は土地を有効活用することである。ここでは土地があり余っているので、目標は労働力を有効活用することなのだ」。アーサー・ヤングがいぶかって、一五〇ポンド相当の家畜しかいない農場で、一人の人間がどうやって五〇〇〇ブッシェルのコムギを生産することができるのかと質問すると、ジェファソンは言った。「ここで肥料は考慮に入っていません。古い土地に肥料を与えるよりも安く新しい土地が買えるからです」。短期的な利益を増やすには、ヨーロッパ式の農場管理を採用するよりも土壌を消費するほうが効果的だった。ジェファソンの考えでは、土地管理を行なわないことはアメリカ農業への呪いだった。

一八世紀のプランテーション主と貧しい隣人たちとの関係は、ジェファソンの主張を補強していた。裕福な地主は一般にタバコを栽培して土地を疲弊させ、奴隷を使って新しい農地を開拓し、それからタバコ・プランテーションを開墾・耕作するための手段と奴隷を持たない農民に売った。プランテーション主は多くの場合、家族が食べるための食糧を近隣の農家から買った。綿花とタバコが農業において支配的となったため、南北戦争前の南部は穀物、野菜、家畜の純輸入地域となっていた。

一七九三年春、ジェファソンの娘婿T・M・ランドルフ大佐は、丘の斜面を上から下にではなく等高線に沿って水平に耕すことを始めた。最初は疑っていたジェファソンも、ランドルフが一五年後に斜面用の鋤を開発すると考えを改めた。以後、等高線耕作の声高な支持者となったジェファソンは、以前は雨に侵食されていた自分の畑で、深いガリーが掘られることはなくなったと証言した。ランドルフには発明の功績により、一八二二年にアルベマール郡農業組合から賞が贈られた。高名な岳父とともに、ランドルフは広い文通のネットワークを通じて等高線耕作を普及した。

その手紙の一つ、一八一三年にC・W・ピールに宛てたものの中で、ジェファソンはこの新しい慣行の利点を絶賛している。

わが国には丘が多く、我々には斜面を上下に、斜めに、どの方向にでもまっすぐに耕す習慣がありました。そしてその土壌は瞬く間に川へと流されました。我々は現在、丘や谷間の湾曲に沿って真っ平らに、どれほど曲がった線を描こうと水平に耕しています。すると一つひとつの畝間が貯水池として機能して水を保持し、川へと流れ込むかわりにそのすべてが植物の成長を助けるのです。水平に深く耕した農地は、一オンスたりとも土が運び去られることがないのです。

しかしこの新しい方法は慎重に用いられなければならなかった。ほんの少し下に傾いていても、畝間は表面流去水を集め、小さな流れをガリーへと導くだろう。等高線耕作は流行したが、多くの者はそれを行なうために、まして正しく行なうために必要な労力を非常に厄介に思っていた。一八三〇年代にランドルフの息子は、疲弊した土地を再生させる戦いへの父親の貢献が、深耕、石膏による施肥、トウモロコシとクローバーまたは牧草の輪作など「新しい」慣行により、まもなく輝きを失うだろうと述べている。

肥料の重要性が認識される

一九世紀初め、アメリカ人は土壌肥沃度を守り回復することの必要性を認識するようになった。農民の中には、深く耕し、畜糞や植物性の堆肥を農地に施し始める者が出た。特に、農学者のジョン・テイラーは、土壌の保全と改良が南部の農業を維持するために必要だと主張した。「一見してわかるように、我々の土地は肥沃さを失っている……。私は四〇年にわたって多くの農場を知っており……そのすべてが大幅に痩せてきている」。南部の将来を予測して、テイラーは、土壌改良がこの地域の農業哲学とならないかぎり「農業の発展は他地域への移住の進行となる」と述べた。一八二〇年代には、土壌改良のための積極的な取り組みは南部全域で広く認識されるようになっていた。

テイラーと同時代のフランス人フェリックス・ド・ボージュールは、アメリカの農民を絶えず転々とする遊牧民とみなした。彼らが土壌肥沃度の回復のために厩肥を使いたがらないことに、ド・ボージュールは驚いた。「アメリカ人は、水があれば厩肥はどこでもできること、厩肥と水があれば肥沃にできない土地はまったくないことを知らないようである。したがって土地がすぐに疲弊してしまう。そして……アメリカの農民は牧羊民に似て、ある場所から他の場所へと流浪する傾向が強い」。このような描写が一九世紀初頭の南部の報告にはあふれている。

一八一八年五月、ジェームズ・マディソン前大統領がバージニアのアルベマール郡農業組合で演説すると、全国の農業新聞はその発言を一面に掲載した。マディソンは、アメリカが西へと拡張することは必ずしも発展を意味しないと警告した。未来のある国を築くには、土地を大切にし、改良することが必要である。肥料を与えず、連作したり斜面を上下に真っすぐに耕したりして土地を酷使すれば、土地の肥沃さは奪われる。マディソンは、農業の拡大が節度をもって行なわれるように戒めた。土壌改良はただ単に西への進出に代わるものではない。長い目で見れば、それは唯一の選択なのだ。

ペンシルベニアの農民ジョン・ロレイン(その著書『農場管理において調和される自然と理性』は、彼の死後一八二五年に出版された)は、侵食は天然の植生のもとでは有益であると主張した。失われるのと同じ量の土壌が増加するからだ。谷床は斜面から侵食された土壌で肥沃になる。斜面では風化によって新しい土壌が生成され、侵食された物質と入れ替わる。農民がこのシステムを変え、鋤の不注意な使用と、土壌が雨にさらされたことで、土壌と土地を耕す人間の両方が貧しくなった。

急傾斜地では牧草を永年作物とし、農地が疲弊する前に放牧場にすることをロレインは提案した。牧草の被覆は雨滴の衝撃を遮断、吸収して侵食を防止し、降雨が表面を流れず地中にしみ込むように十分な孔隙を地面に保つ。侵食を防ぎ土壌肥沃度を保つ鍵は、できるだけ多くの植物性および動物性の物質を土壌に混ぜ込むことである。貧しい農民でも取り入れることができる安価な侵食防止策の提唱者として、ロレインが主張したのは、細心の注意を払って等高線に沿って耕し、表面流去水が壊滅的なガリーに集中することを防げば、土壌を保全できるということだった。

止まらない土地の浪費

ロレインはまた、小作制度を土壌保全の大きな障害と見ていた。ワシントンやジェファソンのようなジェントルマン・ファーマーの斬新な取り組みは、費用が払えない小農のやる気を失わせた。むしろ、土地に既得権益を持たない小作農は土壌を損ない、潜在的には有益な保全対策を無視した。ロレインの解決策は、奴隷を解放し、すべての借地権の条件として土壌改良を義務づけることであった。多くの農民が抱いていた、どこかで無尽蔵の土が見つかるだろうという考えを、ロレインは軽蔑していた。「太平洋が彼らの前進を止めるとき、そのような土が存在しないことに納得するかもしれない」。

他にも多くの同時代の評者が、土壌疲弊の問題を検討し、厩肥の不足が地域の土壌が急速に疲弊している原因だと結論している。奴隷を使って家畜の飼料を栽培するのは、その労働力を綿花やタバコの栽培に充てるのに比べて、はるかに儲けにならない。十分に厩肥を与えた農地が、与えていない農地に比べ二～三倍の収穫を生むことは知られていたが、南部人は一年中森の中で家畜を放牧していた。大部分のプランテーションでは、畜糞を集めて畑にまこうともしていなかった。多くの歴史的報告が、南部の家畜の惨めな境遇に言及している。

一八二七年一〇月一一日付『ジョージア・クーリア』紙に掲載された記事は、ジョージアを通過したある旅行者からの手紙を引用していた。土地の疲弊が、絶えず西へと人間が流出するありふれた動機となっていることに、その旅行者は言及している。「私はオーガスタを発ち、綿花農民の大群を追い越しました。彼らはノースカロライナ、サウスカロライナ、ジョージアから来た人々で、大勢の黒人を連れてアラバマ、ミシシッピ、ルイジアナなど『綿花畑が使い古されていない土地』を目指しています」。南部は西部へ向かっていた。

一八二〇年代までに、奴隷制は東部沿岸では経済的に引きあわなくなっていた。ジョン・テイラーは、多くのプランテーション主が採算ぎりぎりのタバコ栽培でさえ放棄しようとしないのは、そうすることで奴隷の冬の仕事がなくなってしまうからだと述べている。ノースカロライナでは耕作されているのと同じ広さの土地が放棄されていた。西部の新しい土を耕作する農場との競争によって、タバコと綿の価格が下がり、ピードモント高原と沿岸部の劣化した土地では利益が低く抑えられていた。奴隷は主人にとって重荷になり始めた。一八二七年三月二四日付の『ナイルズ・レジスター』紙は情勢をこう憂いている。「賢明な農場経営者のほとんどは、メリーランドでのタバコ栽培ではもはや利益が上がらないと考えており、奴隷をどうすればいいかがわかれば、ほとんどすべて放棄してしまうだろう」。

移住した農場経営者は、昔からの習慣が原因で向かうことを余儀なくされた西部の新天地でも、破壊的なやり方を続けた。『ファーマーズ・レジスター』一八三三年八月号への寄稿で、あるアラバマ住民は、同じことのくり返しに落胆を表明している。「この州の農業が改善されることを私はあまり期待していない。農場経営者は、土地を破壊する浪費的な方法を採るという過ちを犯している。それはかつてジョージア、カロライナ、バージニアでの彼らの先祖を特徴づけるものと同じだ。彼らは森と土の両方を相手に仮借ない戦争を遂行している――前には破壊をもたらし、後には貧困を残して」。一九世紀のアメリカでは、土地の酷使と経済不振の関係についての議論はなかった。農民の国なら自ら徴候を読むこともできそうなものだが。

ラフィンの爆発的な成功

『カルティベーター』の編集者ジェシー・ビューエルは、保守的農民を代表する、自己の信じるところをはっきりと述べる人物であり、西への移住よりも農業の改良を支持していた。独立戦争の火蓋が切られた二年後にコネティカットで生まれたビューエルは、印刷工の見習となり、その後一八二〇年代に農場を購入した。一〇年後、ビューエルは、土地を慎重に管理すれば必ずしも疲弊しないと信じ、厩肥を農村繁栄の鍵と推奨するようになった。損なうことなく後代に引き渡す預かり物として土地を扱うことが農民の義務だと彼は考えていた。

ビューエルの見解は、ペンシルベニアに移民してきたドイツ人やオランダ人の農民に共通していた。彼らが持ち込んだヨーロッパの革新的な農業慣行は、一般的な植民地の慣行とは対照的だった。彼らは小規模な農地を非常に大きな家畜小屋の周りに配置した。小屋では牛が飼料作物を牛乳と肥料に変えた。大部分のアメリカの農民とは違い、移民は泥を黄金のように扱った。その土地は繁栄し、豊かな実りをもたらした。それは一八三二年にエドマンド・ラフィンの著書『炭酸カルシウム肥料に関する論文』によってアメリカ農業革命が始まった南部からの訪問者を唖然とさせるほどであった。

歴史上では初期の南部独立活動家としてのほうが有名なラフィンは、農芸化学の力が土壌肥沃度を――そして南部を――復活させると信じていた。ラフィンは一八一〇年に一家の荒れたプランテーションを一六歳で相続した。すでに一世紀半耕作された土地から利益を出そうと奮闘したラフィンは、農業改革者ジョン・テイラーが提唱した深耕、輪作、放牧の中止などを採用した。結果に満足せず、すでに西への移住にほとんど加わるつもりでいたラフィンだったが、試しに土地にマールを与えてみた。

結果は目を見張るものだった。砕いた貝の化石を畑にすき込むと、トウモロコシの収量がほぼ五割増しになった。ラフィンは他の畑にもマールを加えだした。するとコムギの収穫高が約二倍となった。

バージニアの土壌は耕作を続けるには酸性が強すぎるという結論に達したラフィンは、炭酸カルシウムを加えて酸を中和すれば、土壌肥沃度を保つ養分を与えることができるのではないかと考えた。ラフィンの論文は各方面から注目を浴び、有力な農学雑誌から好意的に評された。

ラフィンに倣って、バージニアの農家は収穫を増やし始めた。南部社会の名士に押し上げられたラフィンは、農業の改善を主題とする月刊新聞『ファーマーズ・レジスター』を発刊した。この新聞には広告は掲載されず、農民が書いた実用的な記事を扱った。数年のうちに定期購読者は一〇〇〇人を超えた。西部に出現した新しい綿花王国と競争する気まんまんのサウスカロライナ州新任知事ジェームズ・ハモンドは、一八四二年にラフィンを雇って州のマール層の位置特定と地図作製を任せた。一〇年後、ラフィンは新たに組織されたバージニア農業組合の会長職を引き受けた。

ラフィンは一八五〇年代、世間の注目を集めようとして南部独立を主張することに心を向け、それにより名を知られ、高く評価された。連邦脱退を唯一の選択肢と考え、ラフィンは奴隷労働が古代ギリシアやローマのような進んだ文明を支えたと主張した。リンカーンの大統領選出を知ると、ラフィンは脱退の布告を採択する会議に急いで出席した。ラフィンが六〇代にしてサムター要塞での第一弾を撃つ栄誉を授かった一八六一年四月には、彼はすでに土壌の化学的性質を操作すれば農業生産性を向上できることを実証し、農芸化学革命の始まりに力を貸していた。

土壌は主に三種類の土から構成されているとラフィンは考えた。珪質土は水を自由に通し、したがって、水はけのよい土壌の鍵となる造岩鉱物である。アルミナ質土は小さな貯水池として機能するひび割れの網状組織を作って水を吸収、保持する。石灰質土は酸性土壌を中和することができる。土壌肥沃度は有機物が三種類の土と混ざっている土壌の上部数センチに存在すると、ラフィンは考えた。生産力の高い耕土とは、珪質土、アルミナ質土、石灰質土が適切に配合されてできたものである。

表土の侵食は土壌肥沃度を浪費することをラフィンは認識していた。「三ないし四インチの深さまで洗い流されると、不毛の下層土が露出し……そこからすべての植生が次々とはがれてしまう」。彼はまた、厩肥が南部の復興に役立つとする農学の権威者に同意していた。しかし彼は、厩肥が土壌を肥やす能力は土壌の自然の肥沃度に依存すると考えた。まず酸を中和してやらなければ、厩肥が酸性土壌の収穫を向上させることはない。ラフィンは、石灰質土が直接植物の養分になるとは思っていなかった。石灰質土を補うことで厩肥の隠れた肥沃度が解き放たれ、不毛の土地を再び沃野に変えるのだ。

さらにラフィンは、奴隷制度によって南部が、プランテーション生まれの奴隷の市場拡大に依存するようになったと見ていた。農業生産が増加した人口を養えるだけ拡大しないかぎり、余剰の奴隷は輸出されなければならないと彼は考えた。農業改革と政策についてのラフィンの見解は、南北戦争の現実と衝突した。リー将軍の降服の直後、ラフィンは自殺した。

嵐に流される土

土壌疲弊の問題は南部に限ったものではなかった。一八四〇年代には、ケンタッキー州とテネシー州の農業組合での講演で、これら新しい州はメリーランドやバージニアを真似て、肥沃な土壌を急速に浪費しているとの警告がなされていた。一九世紀半ばに農業の機械化が到来する頃には、ニューヨーク州の単位面積あたりのコムギ収量は、農法の進歩にもかかわらず植民地時代のわずか半分になっていた。それでも、北部経済は多様化されていたため、北部諸州では土壌の枯渇の影響が南部ほどには目立たなかった。

一八四〇年代にイギリスの地質学者チャールズ・ライエルは南北戦争前の南部をめぐり、アラバマ州やジョージア州の開墾されたばかりの農地で足を止め、深くえぐられたガリーを調査した。当初、土壌の下にある風化の進んだ岩を覗く手段としてガリーに興味を持っていたライエルは、森林が伐採された後、表層の土壌が侵食され

図14　チャールズ・ライエルによるジョージア州ミレッジビルのガリー（岩溝）の図。1840年代（Lyell 1849, fig. 7）。

る速さに目を留めた。地域一帯に、以前にもガリーが形成されていた証拠が一貫して存在しないことは、景観が根本から変化していることを暗示していた。「森林の伐採、除去後に流水が引き起こす削剥の速さから、この土地は初めて海から現れた太古より、常に深い森に覆われていたと私は推測する」。丘の連なりを農業のために切り開いたことで、昔からのバランスが変わってしまったとライエルは考えた。土地は文字通り崩壊していたのだ。

一つのガリーが特にライエルの関心を引いた。それがミレッジビルの五・五キロ西方、メーコンへ向かう道路上に形成され始めたのは一八二〇年代、森林皆伐によって地面が風雨の攻撃に直接さらされるようになってからだ。深さ一メートルの奇怪な割れ目が、粘土質に富む土壌に夏の間に口を開けた。割れ目は雨水を集め、侵食力の強い表面流去水を集中させ、深い峡谷を刻んだ。ライエルが訪れた一八四六年には、ガリーは深さ一五メートル以上、幅約六〇メートル、長さ三〇〇メートルの大きな裂け目に成長していた。アラバマでは深さ二五メートルに達する同様のガリーが、少し前に開墾されたばかりの土地を壊滅させてしまった。ガリーの大量発生が南部の農業には深刻な脅威だと、ライエルは考えた。土壌は、どうにか生産されるよりはるかに速く洗い流されてしまうのだ。

モンゴメリーへ向かう途中、低い丘陵地帯を通過しながら、ライエルは伐採されて間もないモミの大木の切り株に目を見張った。これだけの森が再生するのに何年かかるか興味を覚え、ライエルは切り株の直径を測り、年輪を数えてみた。もっとも小さいもので直径約八〇センチ、年輪の数は一二〇本あった。もっとも大きなものは直径一二〇センチ、年輪は三二〇本だった。このように立派な古木は変り果てた景観の中で二度と再生しないだろうと、ライエルは確信した。「上記の直径になるまでにかかる時間から考えて、土地を切り開いてしまえば、このような木を後世の人々が見ることはないと断言できるだろう。たまたま観賞用に保護されたところは別にして」。タバコ、綿花、トウモロコシが、長年景観を覆っていた大樹に取って代わっていった。剝き出しにされた未耕作の土壌は、嵐が来るたびに景観から流されていった。

印象深いガリーの他に、ライエルは農場を捨ててテキサスかアーカンソーへ引っ越そうとしている家族に出会った。西へ移住する何千もの人々を追い抜いたライエルは、会う人からいつも「引っ越しですか?」と訊かれたと報告している。この高名な地質学者に化石をいくつか披露した後で、とある年配の紳士は、自分の農園を丸ごと買わないかとライエルに持ちかけた。なぜ自分の手で開拓して二〇年間住んだ土地をそんなに売りたがるのか、ライエルはしつこく尋ねた。男は答えた。「テキサスの方が住み慣れた感じがするんじゃないかと思いましてね。昔からのご近所さんは、みんな向こうへ行っちゃったから」。

南部の広い範囲をカヌーでめぐったライエルは、道中の川を観察し、森林皆伐と耕作によって土壌侵食が大幅に加速されることが、注意してみれば誰の目にも明らかであることを描写している。

壊滅的な侵食の徴候を読み取るのに地質学の専門的訓練は不要だった。彼が会ったジョージア州のアラタマハ川沿いの人々は、上流が開拓されて農地になるまで、洪水のときでも川の水は澄んでいたと言った。一八四一年にもなると地元住民は、嵐のたびに洪水の源を特定できるようになっていた。森林が伐採された支流は泥で赤くなった水が流れるが、まだ森のある支流の水は大嵐の間も透き通っているからだ。ライエルが訪れた頃は、アメリカ先住民は追い出され、土地が農業のために伐採された後で、以前は澄んでいた支流にも泥水が流れるようになっていた。

土に有害な農法を取らせてしまう社会

現代農法が土壌と社会にもたらした被害は秘密でも何でもない。一八四九年の特許局長の報告書は、国の損失を計算しようとしている。

一〇億ドルを慎重に費やしても、一億エーカーの部分的に疲弊した連邦の土地が、当初あった……あの土の豊かさ、永久に耕作できる肥沃な力を取り戻すことはほとんどない。七〇年前には二五ないし三五ブッシェルの小麦を産出したニューヨーク州の土地で、現在では一エーカーあたり六ないし九ブッシェルしか収穫できない。そして、昔から農業を営んできた州すべてで、土地の疲弊の結果はより広く見られ、いっそう壊滅的になっている。

東部一三州全域で収穫高の低下が明らかであったため、土壌肥沃度をいかに守るかは根本的な課題だった。「土地を発見したときより実りの少ない状態で放置しないという、すべての耕作者が子孫に負っている義務を肝に銘じさせること……によって『公共の福祉を増進する』任務を自覚している政府はないように思われる」。南北戦争開始前、国中の農業紙誌が土壌侵食と疲弊という二つの悪を非難した。新しい土地の不足が深刻になるにつれ、土壌保全および改良技術の採用を求める声は普通のものになっていった。

南北戦争前の南部における土壌疲弊の直接的な原因は、不可解なものではない。真っ先に挙がるのは、輪作をせず植え付けたこと、厩肥を供給する家畜の不足、不用意に丘の斜面を上下に真っすぐ耕して、剝き出しの土壌を降雨にさらしたことだ。しかし、これらの有害な慣行には、それをもたらした社会的原因が根本にあった。

短期間で最大の利益をあげようとする欲求が、プランテーション農業を動かしていることに疑う余地はない。土地は安く豊富にある。数年ごとに内陸へと移動すれば、農場経営者は永久に未開拓地を耕作するという利益を享受することができた――手に入る新しい土地があるかぎり。

新たな農地を開墾することは、使い古した土地を丁寧に耕作し、ひな段を作り、肥料を与えるのに比べて安上がりだった。それでも、未開拓地を探すには家族と財産すべて（奴隷を含む）を、新しく開かれた西部の州へと移動させねばならない。引っ越しの高いコスト――社会的にも金銭的にも――を考えると、土地を荒廃させているという圧倒的な証拠を前にしてなお、何がこのようなやり方を続けさせていたのか疑問である。

ひとつには、大プランテーション所有者——土壌疲弊の問題をもっとも認識してしかるべき人々——が自分の土地を耕していなかったことだ。二〇〇〇年前の古代ローマと同じように、不在地主制度が土壌を浪費するシステムを助長したのだ。監督と小作人は作物の出来高で給料を支払われるので、土壌肥沃度を維持して地主の投資を守るよりも、各年の収穫を最大にするほうに関心がある。等高線に沿っての耕作、できかけたガリーの修復、畑への肥料の運搬に時間をかけることは、彼らの目先の収入を減らす。監督は、一つの農場に一年以上留まることはめったにないので、大急ぎで肥沃な農地のおいしいところを持っていった。

もうひとつの農業改革の根本的な障害は、奴隷制が土壌劣化を元に戻す手立てと相性が悪いことである。ある意味で、南部で土壌侵食が激化したことが南北戦争勃発に手を貸したとも言える。南北戦争は奴隷制度をめぐる戦いだったと誰もが教わるが、南部の経済を特徴づけるタバコと綿花のモノカルチャーが、利益をあげるために奴隷労働を必要としたことは習わない。文化的因習というだけでなく、奴隷制度は南部の富を支えるものとして不可欠だったのだ。それは南部が農業地域だったからというだけではない。北部の多くも農業地帯だった。奴隷制度は、南部一帯で一般的だった輸出志向の換金作物のモノカルチャーに重要な役割を果たしていたのだ。

奴隷制度をめぐる北部と南部の争い

無論、南北戦争に対するいかなる総合的な説明も、戦争勃発に先立つ一連の複雑な状況や事件を検討していなければならない。南北戦争の主要な原因は、通常、関税と中央銀行の設立をめぐる争い、議会と北部全般での奴隷制度廃止論者による扇動、逃亡奴隷法の制定とされる。明らかに、奴隷制度を非合法化しようとする動きは、奴隷制度が南部で現に行なわれていたから起きたものだ。しかし南北戦争前の時期、もっとも一触即発の問題は、新しい西部諸州での奴隷制度の地位がどうなるかであった。

緊張が頂点に達したのは、最高裁判所が一八五七年に、奴隷は市民ではないので自由を要求して訴訟を起こす資格を欠くとする悪名高いドレッド・スコット判決を下した後のことだ。九人中五人の最高裁判事が奴隷を持つ家の出身だった。南部出身の奴隷制支持派の大統領が七人を任命していた。判決は、連邦政府には新しい準州で奴隷制度を規制する権限がないとし、一八二〇年のミズーリ妥協（訳註：ミズーリの州昇格にあたり、同州では奴隷制を認めるが、北緯三六度三〇分以北については奴隷州としないとしたもの）を違憲と宣告した。南部人は自分たちの主張がはっきりと通ったことを歓迎した。

憤激した北部の奴隷制廃止論者は、創設されたばかりの共和党を支持し、あまたの政治活動の末、奴隷制度をこれ以上拡散させてはならないとする公約に基づいて、イチかバチか、エイブラハム・リンカーンを大統領候補に指名した。民主党は、北部がスティーブン・ダグラスを支持し、南部が造反してケンタッキー州のジョン・ブレッキンリッジ副大統領を指名したことで分裂した。境界諸州の強固なホイッグ党員で構成される立憲統一党はテネシー州のジョン・ベルを指名した。

対立候補の分裂は、まさしくリンカーンが必要としていたものだった。地理的な分裂選挙で、南部諸州はブレッキンリッジを選んだ。ケンタッキー、バージニア、テネシーの境界諸州はベルに投票した。ダグラスはミズーリとニュージャージーで勝った。リンカーンは一般投票の四〇パーセントを獲得したに過ぎなかったが、選挙人投票では過半数――すべての北部諸州および新興州のカリフォルニアとオレゴン――を取った。

リンカーンが大統領に就任すると、戦争の可能性はますます高まった。戦争に至る北部の視点はわかりやすかった。奴隷制廃止論者は奴隷制度を不道徳と考えていた。多くの北部人は、万人が平等に創造されたという教えを基礎とする国にとって、合法的奴隷制度などとんでもないことだと見なしていた。しかし、圧倒的な北部人が奴隷制度の即時廃止を願っていたものの、大部分は現実的に、奴隷制が新興の準州に拡大するのを防ぐことで満足していた。

迫り来る戦争に対する南部の視点はより複雑で、同じように現実的であり、より柔軟性を欠いていた。ほとんどの南部人は、リンカーンの当選が奴隷制の終わりを――あるいは少なくとも西部への拡大の終わりを――意味すると考えていた。多くは北部が自分たちの生活様式に干渉することや、自分たちの財産の問題と考えているものを侵害することに怒っていた。中には南部の名誉に対する侮辱を感じて憤慨する者もいた。しかしリンカーンの当選が意味するものは単なる制限にすぎず――南北戦争まで全面的廃止は検討されることがなかった――実際に奴隷を所有する南部人は四分の一に満たなかったことを考えると、なぜこの問題が国を真っ二つにするような政治的摩擦を生んだのだろうか?

たいていの場合、金の動きを追うとものが見えてくる。奴隷制拡大の制限が経済的に重大なのは、土壌疲弊がプランテーション農業と南部経済の形成に中心的役割を果たしていたからだ。

一〇代の子どもを持つ親はたいてい、強制労働がよい結果を生むことはめったにないことを知っている。一般にもっとも優秀な奴隷であっても、独創力、気配り、技能を示さないことは、さほど意外ではない。むしろ、奴隷は鞭打ちをまぬかれる程度の能力を維持しようとするのが普通だ。彼らは仕事を首になることはなく、したがっていい仕事をしようというインセンティブもない。奴隷労働というものの性質が、仕事にあたって創造性の発揮や専門的技術を阻害するのだ。

その土地の要求に合わせた農業は、細かな配慮と柔軟性を農場運営に持たせるように細心の注意を払うことを必要とする。不在地主、雇われ監督、強制労働にはそれができない。さらに、力によって維持される敵対的な労働体制は、必然的に労働者を一カ所に集中させる。単作プランテーション農業はこのように、奴隷労働の法則と機械的な手順にちょうど向いていた。同時に、毎年決まりきった単純労働に従事させる場合に、奴隷は最大の利益を生んだ。

一七九〇年代まで、奴隷労働で耕作されるプランテーションは、タバコ以外ほとんど栽培していなかった。一八世紀末に南部のプランテーションが多様な作物を栽培し、より多くの家畜を飼うようになるにつれ、奴隷労働の収益は減っていった。綿花栽培の隆盛で奴隷売買が再び活性化するまで、南部住民の多くは、奴隷制度は経済的に忘れ去られるだろうと思っていた。綿花はタバコと同じくらい土地に負担をかけ、タバコに輪をかけて奴隷労働に依存した。

奴隷労働には単作農業が必要と言ってもいい。そのため一年の大半、土地は裸のまま放置され、侵食されやすくなる。単作への依存は輪作と厩肥の安定供給源の増加を共に妨げる。タバコか綿花以外に何も栽培されなければ、餌となる穀物や牧草が不足し、家畜を飼うことはできないからだ。いったん定着してしまうと、奴隷制度はモノカルチャーを経済的に不可欠なものとした――そして逆もまた同様であった。南北戦争までの半世紀、南部の農業は奴隷労働に依存した結果、土壌保全策の普及を阻害した。それは土壌の疲弊を保証したも同然だった。

南部とは対照的に、ニューイングランドの農業は、儲けの大きい輸出作物が栽培できなかったために、初めから多様性に富んでいた。北部諸州で奴隷制度が一八世紀後半まで存続しなかったことは、万人の自由や人間の尊厳などという抽象的な理想とはあまり関係なく、北ではタバコが育たなかったという単純な事実のためかもしれない。大規模なモノカルチャーの支配が続かなかったら、奴隷制は北部で廃れてからすぐに、南部でも同じ道をたどっただろう。

拡大か、崩壊か

しかしこれだけでは、奴隷制の拡大に地域的な制限を設けようとするリンカーンの提案に、南部が激しく反対したことの説明がつかない。結局、南部の奴隷制度は、それ自体で一八六〇年の大統領選挙の直接的な争点になったわけではないのだ。奴隷が主人とともに西へ移動したとする。一七九〇年の最初の国勢調査の時点で、メリーランド、バージニア、ノースカロライナ、サウスカロライナに、南部の奴隷の九二パーセントがいた。二〇年後、奴隷輸入が禁止されたあとで、沿岸部諸州は依然南部の奴隷の七五パーセントを保有していた。一八三〇年代から四〇年代になると、大西洋沿岸諸州の奴隷所有者の多くは、西部の市場向けに奴隷の繁殖を行なっていた。居残って疲弊した農地を耕作するプランテーション主にとって、奴隷売買は経済的な救済手段だったのだ。一八三六年には、一〇万人を超える奴隷がバージニアから送りだされた。当時のある資料は、奴隷の繁殖が一八五〇年代後半のジョージアではもっとも大きな繁栄の源泉だったと評価している。一八六〇年代の国勢調査のデータは、南部では奴隷の価値が、土地を含めた全個人資産の価値の約半分をまさに占めていることを示す。南北戦争開戦までに、南部の奴隷の約七〇パーセントがジョージアの西で酷使されていた。

ミズーリ、テキサス、カリフォルニアが奴隷州になるかどうかは、西へ移住するプランテーション主にとって死活問題だった。南部の労働集約的なプランテーション経済は、労働力の徴用を必要とする。そして事実上、奴隷を基礎にした農業が生んだ急速な土壌侵食と土壌疲弊は、奴隷制度に絶え間のない拡大か崩壊かの二者択一を運命づけた。したがって奴隷制度が西部で禁止されれば、奴隷は価値を失う。つまり南部の富の半分が消え去る。リンカーンの当選は奴隷所有者を破産の危機にさらしたのだ。
プランテーション主は、新しい州が奴隷とその子孫の新しい市場となりうることに気づいていた。テキサス州で奴隷所有が認められれば、奴隷の価値が二倍になることが広く期待されていた。奴隷制度の領域拡大が南北戦争の引き金だった。その経済的重要性が南部の地主階級にとってあまりに大きかったからである。倫理問題をめぐって激しい論争が行なわれてはいたが、州間の摩擦は、奴隷制度拡大の規制を公約した大統領が選出されて初めて火がついたのだ。

泥から読み取れる侵食の証拠

この主張を信じるにせよ信じないにせよ、植民地農業が東海岸で甚大な土壌侵食を引き起こしたという説を鵜呑みにするには及ばない。その証拠は泥から読み取ることができる。土壌断面と谷床の堆積物から、北米東部における植民地時代の土壌侵食の程度、時期、範囲を再現することができるのだ。ヨーロッパから最初に到着した者たちが描写した厚く黒い表土の代わりに、現代のA層位は薄く、粘土質を呈している。ところによっては表土が完全に失われ、下層土が地表に露出している。ピードモントのかつては耕作されていた一部地域では、表土がすべてなくなり、風化した岩が地表に現れてさえいる。植民地時代の土壌侵食は、ヨーロッパ式土地利用の少なくとも一〇倍に加速した。

植民地時代の土壌侵食の証拠は、東海岸沿岸の全域ではっきりと見て取れる。ピードモント高原における土壌侵食は、植民地時代に森林が伐採されて以来、平均して深さ八センチから三〇センチにわたると推定される。切り取った高地の土壌はA層位の上部を欠いており、植民地時代の農民が内陸へと移動を始めてから一〇～二〇セ

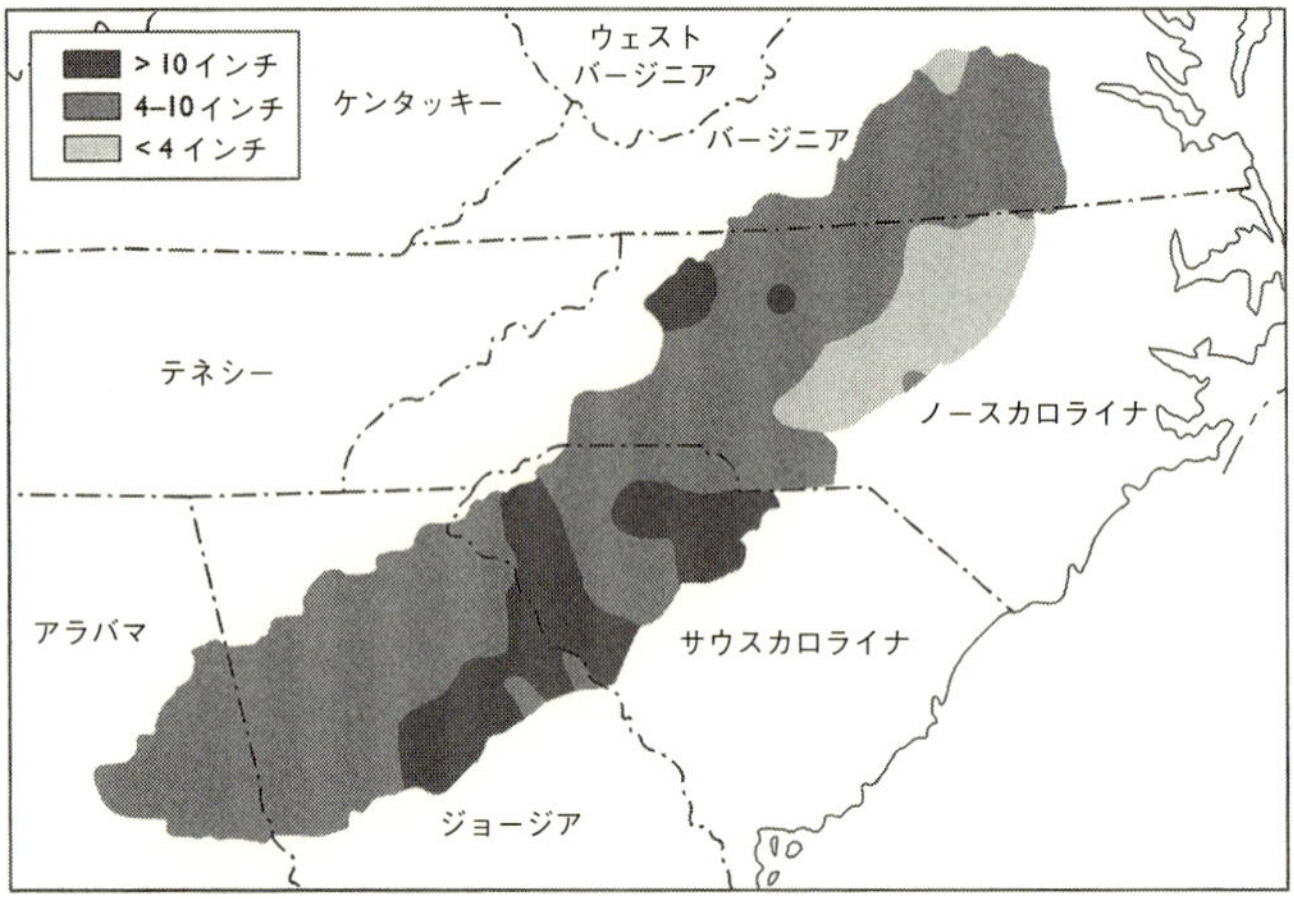

図15　植民地時代から1980年までに侵食された表土の正味の深さを示すアメリカ南東部ピードモント地域の地図（Meade 1982, 241, fig. 4を一部修正）。

ンチの表土が失われたことを示す。バージニアからアラバマにかけてのピードモント南部の土壌は、平均一八センチ消失している。ジョージア・ピードモントの三分の二にわたる高地の土壌は、八～二〇センチ失われた。一世紀半に及ぶ耕作で、カロライナ・ピードモントの土壌は表土を一五センチから三〇センチはぎ取られた。侵食の加速は植民地の土地利用のもとで特にひどく、問題は現在もなお深刻である。アメリカ東部の森林地と農地の土砂流出から、農地は今でも森林地の四倍の速さで土壌を失っていることがわかる。

　植民地時代の土壌侵食が社会と経済に与えた影響は、タバコ栽培のための新たな土地を探して移住を続けた農民へのものだけではない。古代ギリシアやローマと同様、沿岸の港が堆積物で埋まった。植民地の港町のほとんどは、タバコを陸路で運ぶ距離をなるべく短くするために、できるかぎり内陸に造られていた。しかし、これらの立地は斜面からはがれた物質が河口に到達するようになると、土壌侵食のあおりをまともに受けた。半世紀

図16　1911年頃のノースカロライナのガリー系（Glenn 1911, pl. iiib）。

にわたる上流の農業が、多くの優良な港を干潟に変えてしまったのだ。上流の農業で斜面から流れ出たシルトが沿岸部の河川に溜まり、河口をふさいでいるとジョン・テイラーは述べている。川がこの国のハイウェイだった時代、山腹から川と港に流れ込む土砂は誰にとっても悩みの種だった。

ボルティモアの対岸に位置するメリーランドの植民地時代の港、ジョッパタウンとエルクリッジは、外洋航行船を収容できなくなったために放棄された。一七〇七年にメリーランド制定法により設置されたジョッパタウンは急成長し、植民地でもっとも重要な港町となった。高地での伐採により侵食のサイクルが始まり、湾が埋まりだすまでは、最大の外洋航行商船がこの埠頭で荷物を積み込んでいた。一七六八年までに郡の首都は港が堆積物の影響を受けていないボルティモアに移っていた。一九四〇年代になると、かつて大きな船が錨を下ろした港の先まで、木に覆われた陸地が延び、古い埠頭の名残は三〇メートル内陸に立っていた。

チェサピーク湾の湾奥は、周囲の農場からの土砂堆積で、一八四六年から一九三八年の間に、少なくとも八〇センチ浅くなった。ポトマック川の遡上限界点でも湾が土砂でふさがれた。一七五一年のジョージタウン設立から一〇年後、町は川の水深が深いところまで二〇メートル伸びる公共埠頭を建設した。一七五五年にはイギリスの重装艦隊がジョージタウン上流に投錨したが、一八〇四年には土砂が可航水路をふさいでいた。

原因をめぐる論争で、数十年にわたって議会でのポトマック川の土砂堆積対策に関する議論は紛糾した。一八三七年には、ロング・ブリッジ上流で川の深さが一メートルを切っていた。ある者は橋を建設したからだと言い、ある者はジョージタウンの砂利道のせいだと言った。一八五七年にポトマックにかかる橋の調査を指導した技師のアルフレッド・リーブズは、真の原因は周辺の土地で斜面を集中的に耕作したために起きた、急激な土壌侵食だと認識した。今日、一八世紀に船が出入りしていた場所にはリンカーン記念館が建ち、インディアンに布教したアンドリュー・ホワイト神父が澄みきったポトマック川と描写したのが嘘のようだ。「これは今までに見た中でもっとも美しく、もっとも偉大な川で、テムズ川などこの川の小指にすぎない。まわりは沼地や湿地ではなく……固い地面だ。土は……すばらしく……だいたい表面は黒い沃土で……地中一フィートでは赤っぽい色をしている。たおやかな泉がたくさんあり、飲み水には最適である」。

サスケハナ川河口のすぐ東にあるチェサピーク湾の支湾、ファーニス湾の土砂堆積速度は、ヨーロッパ人が移住してから約二〇倍に上がった。メリーランドのオッター・ポイント・クリークでは、チェサピーク湾上流の感潮淡水デルタの土砂堆積速度が、一七三〇年以降、六倍に増大し、一八〇〇年代半ばまでにさらに六倍加速した。ノースカロライナのブルーリッジ山脈にあるフラット・ローレル峡谷の湿原では、土砂堆積は三〇〇〇年間比較的安定していたが、一八八〇年ごろ山頂にまで開拓が進むと、四～五倍に増加した。

終わることのない南部の荒廃

南部で北部よりも侵食の問題が大きかったことの理由は奴隷制度だけではない。南部では裸の農地が著しく侵食に弱かった。降雨強度が最大一時間に四〇ミリに達することもあり、一方北部では冬の間地面が凍結して雪に覆われるため、嵐による侵食がほとんどないからだ。さらに南部の地形は、氷河に削られたニューイングランドのなだらかな輪郭に比べて、斜面が荒々しく切り立っている。

南北戦争後も侵食による南部の荒廃は続いた。一九〇四年から一九〇七年にかけて、連邦地質調査部のためにアパラチア南部の地域的な侵食問題を調査したレオニダス・チャルマーズ・グレンは、農業慣行が植民地時代からほとんど変わっていないと述べた。

初めて開墾された土地では、普通はトウモロコシを二、三年間栽培し、次に二、三年小粒穀物を植え……それから再びトウモロコシを数年間栽培する。適切な手入れをしなければ、本来の腐植が失われているので、土地はこのときにはすでに劣化している。土壌の孔隙は減少し、降雨を吸収する能力が低下し、侵食が始まる。この侵食を防ぎあるいは遅らせる手段が取られることはまれであり、したがって侵食は急速に進み農地はまもなく放棄され、新しい土地が開墾される……。開墾地に包囲された木がすべて倒されるよりも先に、多くの農地が疲弊し放棄される。それから新しい土地が通常放棄された農地の隣に開かれ、同じ破壊的な工程がくり返される。

数百年はかかったが、農業目的の皆伐は、ちょうどギリシア、イタリア、フランスで起きたような過程を経て山地の最深部まで達した。「ところによっては大雨のたびに薄い物質の層あるいは面が剥がれ、地表全体が摩滅しているのが見られた。そのため肥沃な土壌の層は徐々に薄くなり養分を失って、農地はしまいに疲弊して放棄される……。面状侵食は非常に速度が遅く少しずつ進行するので、農民はそれを認識せず、土は養分を使い果たして劣化してしまったと思い込む。実はゆっくりと、そしてほとんど気づかぬうちに下層土まで摩滅してしまったのだが」。

一九〇〇年代初頭には、南部では二〇〇〇万ヘクタールのかつての耕作地が、土壌侵食の影響で遊休化されていた。

政府が積極的な土壌保全策への支援を始めた一九三〇年代、新しく誕生した連邦土壌保全部は抜本的な新しい案を提示しなかった。「現在使われている侵食抑制策のほとんど、例えばマメ科植物や牧草の利用、深耕、斜面の排水溝、近代的な段々畑の原型は、バージニアの農民が開発したか、一九世紀の前半に彼らに知られるようになったものである」。実際には、これらの技術や類似した慣行の大部分は、何世紀もヨーロッパで使われてきたものや、ローマ時代に知られていたものであった。このような案がそれほど優れていて昔から利用されていたのなら、なぜ普及するまでにこれほど長くかかったのだろうか？　トーマス・ジェファソンとジョージ・ワシントンは原因と解決策のどちらにも同意しないかもしれないが、旧世界と植民地時代のアメリカの教訓は、同じような事態が起きているアマゾン流域で活かされていない。そこにはブラジル政府が、土地改革の要求をなだめるた

図17　アラバマ州ウォーカー郡の侵食された小作地。1937年2月（Library of Congress, LC-USF346-025121-D）。

めに、熱帯雨林の伐採を小農に奨励してきた長い歴史があるのだ。

テラ・プレタの教訓

皮肉にも、アマゾン川それ自体が解決の鍵を握っている。考古学者は最近、カラジャス台地からそう遠くないところで、信じられないほど肥沃な黒土のある地域を発見した。テラ・プレタ（黒い土）と呼ばれるこの肥沃な泥は、アマゾン川流域の一〇分の一もの面積を覆っているらしいのだ。この明らかに非熱帯性の土壌は、大きな集落を数千年にわたり維持したというだけでなく、集中的に人間が居住することでそれが生産されたのだ。養分に乏しい土壌で生計を立てようとするにあたり、アマゾン住民は集中的な堆肥の使用と土壌管理によって土を改良したのである。

川を見下ろす低い丘で見つかったテラ・プレタは、陶器片と有機物の残骸に富み、多量の木炭、排泄物、有機廃棄物、魚、動物の骨を含んでいる。多数の骨壷が埋められていることから、住民は自らをリサイクルしていたことがわかる。最古の堆積物は二〇〇〇年以上前のものだ。テラ・プレタを作る習慣は約一〇〇〇年間にわたって上流へと広まり、それまでは散在する移動性の高い希薄な人口しか支えられなかった環境で、定住民が繁栄するほどにうまく働いた。

一般には厚さ三〇〜六〇センチだが、テラ・プレタの堆積は深さ二メートル以上にまで達することがある。典型的な熱帯地域の焼き畑農業とは対照的に、アマゾン住民は木炭を土壌に混ぜ込み、それからその土地を堆肥作りの場所として利用した。付近の土壌の約二倍有機物を含むことから、テラ・プレタには養分がよく保持され、より多くの微生物が棲息する。土壌生態学者の中には、パンを焼くときにイーストを加えるように、堆肥作りのプロセスを始める際、アマゾン住民は微生物に富む土壌を加えたと考える者もいる。

アマゾン川とリオ・ネグロ川の合流点に近いアストゥーバのテラ・プレタを放射性炭素年代測定法にかけたところ、遺跡は黒土の生成が始まった紀元前三六〇年ごろから少なくとも紀元一四四〇年まで、ほぼ二〇〇〇年にわたって居住されたことがわかった。一五四二年にアマゾン川を遡行したフランシスコ・デ・オレリャーナは、互いに「石弓の射程距離」しか離れていない複数の大きな集落を見た。部下のコンキスタドールたちは、タパジョス川の合流点近くの大集落で、川に殺到してきた群集から逃げだした。そこは数平方キロがテラ・プレタに覆われ、数十万人を支えているとも思われた。

耕作地を二年から四年ごとに移動する焼き畑農業はアマゾンでは比較的最近発達したものだと、地理学者のウィリアム・デネバンは述べている。石器で硬い大木を皆伐するのは難しいので、新しい農地を頻繁に開墾するのは非現実的だというのがその主張である。代わりに、アマゾン住民は低木層や樹木作物を含む集約的なアグロフォレストリーを実行しており、それらが農地を侵食から守って、長い時間のうちに肥沃な黒土を蓄積したとデネバンは考える。

村全体で作る堆肥の山のように、テラ・プレタは、かまどの灰と腐ったゴミを土壌に混ぜ込んでできたと考えられている。これに類似した土壌の暗色化と肥沃化は、タイ北東部のジャングルの村で確認されている。先住民の集落は常に火を絶やさずにおくことが多く、またテラ・プレタの堆積はレンズ型をしており、村の周囲ではなく内側に積み上げたことを示している。テラ・プレタに比較的高濃度のリンとカルシウムが含まれていることは、灰、魚、動物の骨、尿の寄与も示す。一二五年で三センチ発達したと推定されることから、二メートルのテラ・プレタは数千年にわたる継続的な定住で堆積したものであろう。今日、テラ・プレタは掘り起こされ、ブラジルの都市化が進む地域で庭に敷くために一トンいくらで売られている。

破局的なほど急速に進むにせよ、数世紀かけてのろのろと続くにせよ、土壌侵食の加速は土壌に生活を依存する人間に打撃を与える。他のすべて――文化、芸術、科学――は十分な農業生産があればこそなのだ。順調な時代にはわかりにくいが、農業が揺らぐときにそうした関係が露骨に明らかになる。近年、土壌侵食の影響を逃れた環境難民の問題が、政治難民と並んで世界でもっとも重大な人道問題となり始めた。通常、自然災害として描かれがちだが、不作と飢饉は天災だけでなく、誤った土地利用によっても引き起こされるのだ。

第七章 砂塵の平原

砂嵐を一人で止めることはできないが、一人で引き起こすことはできる。
——農業安定局

土地、労働力、資本

ある晴れた日、初めてシアトルからロンドンまで北極まわりで飛んだ私は、カナダ北部の光景に魅了された。他の乗客がハリウッドの大作映画を楽しんでいる間、私は一万メートル下を過ぎていく露岩の平原や浅い湖に見とれていた。氷河時代が始まるまでの数千万年の間、深い土と風化した岩がカナダ北部を覆っていた。アカスギの木々が北極に生えていた。その後、二五〇万年前に地球が冷えて凍りつくと、氷の川がカナダ北部を硬い岩まで削り、太古の土壌をアイオワ、オハイオ、果ては南のミズーリにまで積もらせた。大陸氷河から吹き下ろす強風が、細かい泥を吹き散らし、カンザス、ネブラスカ、ノースダコタ、サウスダコタを形作った。今日、極度の侵食が生み出したこうした地質学的な砂埃が、地球上で最良の農地を形成している。

氷河は北ヨーロッパとアジアでも土壌を削り、細かくすりつぶされた泥——レス——の分厚い層を地表の五分の一以上に再分配した。シルトを主成分に、いくぶんかの粘土とわずかな砂が加わったレスは、理想的な耕土となる。北極から氷河が削り取り強風が温帯に落とした、世界の穀倉地帯の深いレス土壌は、新しいミネラル分に富むため、驚くほど肥沃である。石が混ざっていないので、レスは比較的耕しやすい。しかし自然の接着力が小さいために、植生を取り去られて風雨にさらされると、レスは急速に侵食される。

少なくとも二〇万年の間バッファローが草を食《は》んでいた大平原《グレートプレーンズ》には、強い草の被覆があり、脆弱なレスを守っていた。平原を歩き回るバッファローの大群が草地に肥料を与え、土壌を肥やした。バイオマス（訳註：一地域内の生物の現存量）の多くは、草原《プレーリー》の草を支える根の長大なネットワークとして地下に存在した。旧式の鋤は平原を保持しているこの分厚いマットを切ることができなかった。だから最初の移民はひたすら西部を目指し続けたのだ。

その後一八三八年にジョン・ディアと共同経営者が、プレーリーの厚い芝土を掘り返すことができる鋼鉄製の鋤を発明した。無敵の鋤を売りだしたとき、ディアは人的・生態学的災害の発端を作っていた。一度すき起こされてしまうと半乾燥地の平原のレスは、雨の少ない年に吹き去られてしまうからだ。ディアは新型の鋤を一八四六年に一〇〇〇台売った。数年後、彼の鋤は一万台売れた。馬か牛一頭とディアの鋤があれば、農民が一人でプレーリーの芝土をすき起こすだけでなく、より広い農地を耕作することができた。農業生産の制限因子は、労働力から資本へと移り始めた。

もう一つの新型の省力化機械、サイラス・マコーミックの自動刈り取り機は農業革命を助け、アメリカにおける土地、労働力、資本の関係を変えた。マコーミックの刈り取り機は歯車で前後に動く刃からできており、この仕掛けが前進しながらコムギを刈り、まとめる。マコーミックは一八三一年に設計の試験を始めた。一八六〇年代には、シカゴの工場で年間数千台の機械が組み立てられていた。ディアの鋤とマコーミックの刈り取り機があれば、農民は先祖よりもはるかに広い農地を耕作することができた。

労働力の増大

一八〇〇年代初めのアメリカの農家は、手で種をばらまき、馬かラバが引く鋤のあとを歩くというローマ時代の農家に似た方法に頼っていた。標準的な世帯が利用できる労働力の量が農場の規模を限定した。二〇世紀初頭、トラクターが馬とラバに代わった。第一次世界大戦の終わりには、八万五〇〇〇台のトラクターがアメリカの農場で稼働していた。わずか二年後、その数は三倍の約二五万台となった。鋼の鋤と鉄の馬を得た二〇世紀の農家は、一九世紀の祖父が耕した土地の一五倍を耕すことができた。現代の農民は、ローマ時代の農民はもちろんジョン・ディアでさえ想像もできなかった、巨大なトラクターのエアコンが効いた運転台で、ラジオを聴きながら一日に三〇〇ヘクタールを耕すことができる。

西へと広まるにつれ、ディアの魔法の鋤はそれまで農業に向かなかった土地を投機家の天国に変えた。オクラホマ（チョクトー語でインディアンの領土の意）準州は一八五四年にチェロキー、チカソー、チョクトー、クリーク、セミノールの各部族の保留地として取り置かれていた。ほどなくして、開けたプレーリーをそのままにしておくインディアンのやり方は、土地に飢えた入植者の目に無駄と映るようになった。一八七八年から一八八九年にかけてアメリカ陸軍は、インディアンの土地を不法占拠した白人入植者を強制退去させた。商業的利益と、肥沃な土地を耕作したいという市民の熱狂が、インディアンに対する条約義務を徐々に脅かしだした。わずか数十年前、東海岸の土地に対する先祖伝来の所有権を譲り渡したインディアン部族は、引き換えにオクラホマの土地と不干渉の権利を得ていた。やがて世論の圧力に屈して、政府は一八八九年春に準州への移民を許す計画を発表した。

三月半ばから四月にかけて、数千人がオクラホマ州境に押し寄せた。見込み移住者はインディアンの土地を、州境が開かれる前日に調べることを許された。土地の略奪は四月二二日（現在のアースデイ）正午に始まった。騎兵隊が監視する中、群集は大急ぎで自分の縄張りに杭を立てた。州境の警備をすりぬけた抜け駆け移住者が、町と農場の最高の土地の所有権を主張する書類に書き込み始めた。日暮れまでに町全体が区画されていた。一つの自作農場に権利を主張する者が複数いるという事態が多発した。一週間のうちに、インディアンの領土では五万人を超える新住民が人口の大多数を占めた。

翌年、移住者の作物は枯れ、議会の援助によって災難が防がれた。年間わずか二五〇ミリの平均降水量は、渇水に適応した自生の草を支えるのがやっとで、作物など育つはずがなかった。プレーリーの草は雨の降らない年を乗りきって肥沃なレス土壌を保持するが、一面の枯れた作物は、緩い土壌を強風と雷雨時の表面流去にさらした。

土地ブームに浮かれた農民たち

グランド・キャニオンの探検家であり、新しくできた地質調査部の長であるジョン・ウェズリー・パウエルは、農業が壊滅する可能性を認識し、西部の半乾燥地帯の移民には一〇〇〇ヘクタールの土地をホームステッドとして与え、ただし灌漑用水の割り当ては八ヘクタール分だけとすることを勧告した。こうすることで水の使いすぎを防ぎ、地域の脆弱な土壌を保護することができるとパウエルは考えた。ところが議会は、移住地がどこであろうと各入植者に六五ヘクタールの割り当てを維持した。カリフォルニアなら、それだけの土地でひと財産作ることができるだろう。平原地帯では、勤勉な世帯が倍の土地を耕作しようとしても飢え死にしかねない。

否定的な悲観論者をものともせず、土地ブームの推進者たちは、平原地帯に農業の可能性が無限にあることを宣伝し、「雨は鋤に続く」という考えを広めた。入植者がグレートプレーンズの耕作を始めたのが雨の多い時期だったことが、間違いなく売り込みの助けになった。一八七〇年から一九〇〇年にかけて、アメリカの農民が耕作に着手した未開拓地は、それまでの二世紀と同じ面積だった。おおむね当初の収穫は良好だった。それから旱魃がやってきた。

一九世紀末、銀行からの貸し付けが普及し始めたため、オクラホマの新興農民は盛大に借りて、貸付金の利子を支払うために輸出市場向けの作物を精力的に栽培し、土壌を搾取するように仕向けられた。オクラホマの土地ブームから二〇年と少しあと、農家は第一次世界大戦中の穀物価格高騰に乗じて儲けを得ようと、一六〇〇万ヘクタールの未開拓の平原を耕作した。一九〇〇年代初頭には平均を超える降雨があったため、広大な平原は黄金色の穀物畑となった。必ずやってくるであろう次の旱魃に強風が伴えばどうなるか、立ち止まって考える者はどちらかと言えば少数だった。

土壌を守る義務

一九〇二年、地質調査部の第二二回年次報告書は、ネブラスカからテキサスにかけての半乾燥気候のハイプレーンズを耕作した場合、急速な侵食に致命的な弱点を持つと結論している。「ハイプレーンズは、端的に言えば、芝によって保持されている」。作物を安定的に保つには降水量が低すぎるため、牧草地がこの「絶望的に農業に向かない」地域に適した唯一の長期的な利用法だった。芝草をはぎ取ってしまえば、レス土壌は開けた平原の強風と豪雨のもとで留まってはいないだろう。地質調査部の答申は、土地投機と第一次大戦中の高い作物価格には太刀打ちできなかった。一世紀後の現代、この地域を大規模な牧草地に戻してバッファローの餌場にするという案があるが、これは地質調査部の先を見通した勧告をまねたものである。

一九世紀末のアメリカでは農業が可能な土地の半分が耕作されていた。技術の大きな進歩にもかかわらず収量が停滞していることは、土壌肥沃度の低下を意味すると、保守的な教本も書いていた。土壌侵食はアメリカが直面するもっとも根本的かつ重大な資源保全問題の一つとして認識されていた。ハーバード大学の地質学教授ナサニエル・サウスゲート・シェイラーは、急速な土壌の破壊によって文明衰退の怖れがあるとまで警告した。

土壌という社会の基本的利益を守ることは政府の単なる職務でなく、その主目的の一つであるとシェイラーは記している。「土壌は、生物が地球から養分を得られるようにする一種の胎盤である。岩に存在する状態では植物を養うのにまったく適さない物質が、土壌中では水溶性の形になり、そこから生命体に吸い上げられるのだ。こうした過程はすべて岩が崩壊する速度と……土壌が更新される速度との調和に依存する」。農業慣行が形成されるより速く土壌を侵食させて、土壌肥沃度を枯渇させていることに、シェイラーは気づいていた。「堅実な農業の……真の目標は……岩の崩壊と侵食の過程のバランスをとり、それを維持すること……である。わずかな例外を除いて、すべての国の農地は、将来の世代の利益に全く関係なく収穫を生み出すために作られている」。シェイラーは、土地を粗末に扱う者は犯罪者の中でも最低の部類に属すると考えた。

耕作が土壌の生成と侵食のバランスを変えてしまうことをシェイラーは理解していた。「その基本状態において、土壌は毎年栄養物質の一部を失っているが、そうした物質が失われる速度は、通常、その層が基岩に向けて下向きに移動する速度よりは速くない……。しかし、耕起が行なわれると、土壌が消える速度が増すという傾向がその過程に不可避的に発生する」。このようなバランスの攪乱は予想通りの結果につながる。

国家的な問題となった土壌侵食

近年の事実が自分の考えを証明していることに満足したシェイラーは、土壌侵食が旧世界全土で古代の歴史を形成したと結論した。いったん土壌が失われると、歴史的な時間枠では回復しない。「本当に肥沃な層と同時に下層土も押し流されたところでは、農地はあたかも海中に沈んでしまったかのように、もはや人間の利用に耐えないとみなされるだろうし、また実際にそうなのだ。表土が元通りに回復するまでには、通常数千年かかるからである」。それまでにバージニア、テネシー、ケンタッキーでは一万五〇〇〇平方キロの農地が侵食のために放棄され、アメリカが旧世界の過ちをくり返そうとしていることを証明していた。

シェイラーは、崩れかけた基岩を砕くために下層土の下まで耕すことを勧めながらも、傾斜が五度を超える土地では鋤の使用を控えることを主張した。肥料が岩の風化の代わりになりうることをシェイラーは予言していたが、農業の機械化がアメリカの農地で侵食をさらに加速させることは見通せなかった。

それでもなお、土壌侵食は国家的問題となり続けた。一九〇九年、全米自然保護会議は、四五〇万ヘクタール近いアメリカの農地が侵食被害のために放棄されたと報告した。四年後、連邦農務省は、国内の農地から一年間に失われる表土は、パナマ運河掘削のために動かした土の二倍以上の量になると試算した。その三年後、農業試験所の研究者は、ウィスコンシン州の耕作可能な土地の半分が経済活動に悪影響をもたらすような土壌侵食の被害を受けているとの試算を示した。

第一次世界大戦が始まった頃、農務省の年鑑は土壌侵食による経済的損失を嘆いていた。雨は「土を叩く無数のハンマー」のように降り、小川となってむき出しの地面を流れ、国の未来をゆっくりと奪っていく。「本来の自然のプロセスでは、土壌は絶えず地表から摩滅しているが、より多くが生成され、生成は流失よりいくぶん速い。斜面の土壌の層は、生成と流失の量の差を示す。伐採の後、流失の速度は大幅に増大するが、生成の速度は変わらないままである」。すでに一二〇万ヘクタール以上の農地が侵食によって荒廃していた。さらに三〇〇万ヘクタールが、耕作しても利益が出ないほどに劣化していた。

侵食被害を止めるインセンティブがない

もっとも被害のひどい農地以外は、すべて再生が可能だったが、それには新しい農業慣行と態度が必要だった。

多くの農民は侵食の話題を持ちかけると関心を示し、損害が大きいことに同意する。彼らはこう言う。「そりゃあ、もう。うちの畑はひどくえぐられてしまっているが、何をしようにも採算が合わないよ」。彼らは、もしできるものなら、そして政府が引き受けてくれるなら、再生を期待する。そして、侵食の被害を食い止める努力をするように彼らに説得することは、なかなかうまくいかない。これまでは新しい土地に移るほうが安上がりだったからだ。

土壌の喪失は非常にゆっくりと起きるので、農民は問題を他人事と見ていた。一方で、機械化によって土壌の喪失を気にしなくてもいいだけの土地を耕作することは、いっそう簡単になっていた。機械は高価であり、元を

図18　ディスクハローによる新しい土地の開拓。1925年、カンザス州グリーリー郡（写真提供:カンザス州歴史協会）。

取る必要があった。泥は安いので、そこかしこで少しずつなくなったところで無視できた。あるいはそれが至るところで起きていようと。

開けた平原はトラクターには理想的な場所となった。機関車に似た最初のトラクターは一九〇〇年ごろに登場した。一九一七年になると、数百社がもっと小さくて実用的な型を次から次へと生産していた。インターナショナル・ハーベスターやジョン・ディアのような農業機械専門メーカーに市場を明け渡す以前、ヘンリー・フォードは、トラクターが鋤、ディスクハロー、スクレーパー、その他の掘削機器を農場で牽引するための後部連結器を発明していた。これら優秀な機械を備えて、農家は牛や馬の後を追っていたときよりもはるかに広い土地を耕作できるようになった。そして、牧草地をすき起こしてさらに多くの作物を栽培できるようにもなった。

新型機械のコストは、多くの小規模農家には賄いきれないほどに及んだ。一九一〇年から一九二〇年の間に、代表的なカンザスの農家の農機具価格は三倍になった。次の一〇年でコストはさらに三倍になった。より多くの農家がトラクターやトラックやコンバインを購入したためだ。穀物価格が高いときには、機械を動かしても利益が出る。第一次大戦後のように価格が下がると、多くの農家は手に余る負債を負った。農業を続けた農家は、より広い土地を耕すより大きな機械を、安定した将来を得る道だと考えた。一七世紀から一八世紀のイギリスの囲い込みが、貧しい小農を追いだしたように、トラクターの普及はパーティーに参加する資本を持たない者たちを追いだした。

ヒュー・ベネットとW・R・チャプリンが初の全国的な土壌侵食アセスメントを発表した一九二八年には、表土の喪失は年間五〇億トンに達していた——一九世紀の土壌喪失の数倍の速さであり、土壌形成より一〇倍早い。全国で、サウスカロライナに優に匹敵する面積の農地から、ほとんどすべての表土がすでに侵食されていた。六年後になると、ベネットとチャプリンの報告は過小に思われた。旱魃と恐慌の間も、オクラホマの農場で働くトラクターの数は一九二九年から一九三六年にかけて増え続けた。支柱に沿って中央のくぼんだ円盤を並べた新式のディスクハローが土壌の上層を切り刻み、粉砕された層を後に残す。それは乾燥した状態では簡単に吹き飛ばされる。

暴風が飛ばす砂塵の害

一九三三年の最初の大きな暴風は、一一月一一日にサウスダコタを一掃した。たった一日で表土をすべて失った農地もあった。翌日、空は昼まで暗かった——空気一に対して砂塵が三の割合で混ざっていたのだ。これが小手調べに過ぎないとは誰にもわからなかった。

一九三四年五月九日、モンタナとワイオミングの農地が強風に引き裂かれた。南北ダコタを横断した風は土砂を巻き上げ続け、三億トン以上の表土が時速一五〇キロで東へ飛んでいった。シカゴでは住民一人あたり二キログラムの砂埃が空から落ちてきた。翌日、ニューヨーク州北東部のバッファローは真昼だというのに暗くなった。五月一一日の明け方には、砂塵はニューヨーク市、ボストン、ワシントンに積もっていた。大きな茶色の雲は大西洋のはるか彼方から見えた。

常に植生に覆われ、数百万のバッファローが草を食んで（そして肥料を与えて）いたときには回復力を持っていたプレーリーも、すき起こされ長引く旱魃に乾ききると粉々に崩れてしまった。土壌を固定する草とその根がないため、数十年前なら何事もなく吹いていた風は、田園地帯を砂混じりのハリケーンのように引き裂いた。しおれた作物の刈り株の根元から、むき出しの乾燥した土壌が強風に飛ばされ、広大な地域で流された土砂が吹きだまった。強風が巻き上げた大量の砂塵は、人間を窒息させ、作物を切り裂き、家畜を殺し、遠く離れたニューヨーク市を不気味に覆い隠した。

国家資源委員会は、一九三四年末までに、砂嵐はバージニア州よりも広い面積を破壊したと報告した。加えて四〇〇〇万ヘクタールが深刻な被害を受けた。

一九三五年の春、強風はまたしてもカンザス、テキサス、コロラド、オクラホマ、ネブラスカの乾ききった農地を引き裂いた。鋤を入れたばかりの畑には、乾燥したレスを保持する植生がない。もっとも細かくもっとも肥沃な土は黒い吹雪となって三〇〇〇メートルの高さに舞い上がり、真昼の太陽を隠した。荒い砂は地面近くを吹き巻いて、柵の支柱を削った。街灯は一日中ついたままだった。強風がサハラ砂漠のような砂丘を作り、列車を阻み飛行機を麻痺させた。

図19　テキサス州ストラットフォードに接近する砂嵐。1935年4月18日（アメリカ海洋大気局、ジョージ・E・マーシュ・アルバム、www.photolib.noaa.gov/historic/c&gs/theb1365.htm）。

農地拡大の終焉

一九三五年四月二日、ヒュー・ベネットは上院公有地委員会で、全国的な土壌保全プログラムの必要性について証言した。平原地帯で発生した大規模な砂塵嵐がワシントンを襲いつつあることをベネットは知っていた。現場職員に電話で砂煙の進行状況を知らせてもらい、ベネットは自分が話している最中に空が暗くなってくるように証言の時間を調節した。十分に印象づけられた議会は、ベネットを新設された土壌保全部の長に任命した。

土壌保全部は手ごわい課題に直面した。移民の開始から二〇～三〇年で、短茎草本のプレーリーは不毛の砂漠に変わっていた。フランクリン・D・ルーズベルト大統領は一九三四年一一月、残った公有地への入植を停止し、開拓移民の時代を終わらせた。アメリカにおける農地拡大は正式に終了した。難民となった黄塵地帯《ダスト・ボウル》の農民は他人の農地に仕事を見つけなければならなくなった。一九三〇年代、三〇〇万人以上が平原を去った。その

図20　納屋の前に埋もれた機械。サウスダコタ州ダラス、1936年5月13日（USDA image No: 00di0971 CD8151-971; www.usda.gov/oc/photo/00di0971.htm）。

すべてが砂塵から逃れてきたわけではないが、およそ七五万人の難民化した農民が西を目指した。最初の抜け駆け移住者の孫は環境難民となり、大陸の果て、カリフォルニアの労働力不足に悩む新しい農場にたどり着くまで、どこでも歓迎されなかった。

アメリカはどれだけの泥をなくしたのか

土壌侵食の問題はダスト・ボウルだけではなかった。一九三五年、農務省は、荒廃し放棄された農地は二〇〇〇万ヘクタールに上ると推定した。その二〜三倍の土地が四年から二〇年ごとに三センチの表土を失っていた。アイオワ州で放棄された八万ヘクタールの農地は、救済不可能なまでに侵食されていた。翌年、新設された土壌保全部は、ミズーリ州の四分の三以上が、少なくとも本来の土壌の四分の一、二〇〇億トンを超える土を、同州で耕作が始まって以来失っていることを報告した。一部の畑では、元々あった四〇センチの表土のうち一〇センチしか残っていなかった。連邦農業工業局の報告によれば、南東部の農場では一五センチ以上の土壌が一世代で失われるのが普通だという。救済に一〇億ドルを費やしたダスト・ボウルの余波の中で、連邦政府は土壌保全が国家存続に関わる問題だと認識し始めた。

州および連邦の委員会は、一九三〇年代の砂嵐の深刻度を、耕地面積のとてつもない拡大（その多くは限界耕作地だった）まで遡って調査した。カンザス州農業委員会は、例えば、災害の原因は低劣な農業慣行であるとした。「土壌がきわめて乾燥しているときに耕作され、ほとんどの場合、有機物を土壌に戻すことがなされていなかった……。乾いた条件下で耕作されると、このような土壌は崩れて粉末状になる。この地域一帯には、優れた土壌管理法に従い、隣接する農場から飛ばされてきた土が侵入してくるところ以外では、土が自分の畑に吹き込むのを防げることを知っている農民が存在する」。一九三六年に下院が召集したグレートプレーンズ委員会の報告では、経済的圧力を災害の主要な原因と特定した。

［第一次］世界大戦とそれに続くインフレーションが小麦価格をかつてない高水準に押し上げ、この作物の栽培面積が著しく拡大した。戦後、価格が暴落しても、グレートプレーンズの農家は広大な作付面積を減らさなかった。それは負債、税金、その他避けられない出費を払う金を得るための必死の試みであった。この件で彼らに他に選択肢はなかった。金がなければ借金を返すことも農業を続けることもできないからである。しかし金を得るために、彼らはもろともに破滅するような農業慣行を拡張することを余儀なくされたのだ。

土壌保全部副部長になっていたウォルター・ラウダーミルクは、攪乱されていない土地の侵食速度を侵食の地質学的基準として用い、人為的な侵食を計測する際の基準とすることを提案した。土壌保全部は郡レベルの土壌侵食地図をまとめて全国的な地図を作ったので、ラウダーミルクの懸念が正しいことが認められたのだろう。結果は驚くべきものだった。調査地域の約一〇分の一に相当する八〇〇〇万ヘクタール近い土地から、元あった表土の四分の三以上がはがされていた。調査地域の三分の一以上に当たる二億五〇〇〇万ヘクタールを超える土地から、四分の一～四分の三の表土が失われていた。約四億ヘクタールの土地から少なくとも四分の一の土壌が消えた。アメリカは泥をなくしつつあった。

五〇年で表土を裸にした綿花栽培

一九四〇年七月に行なわれた教育協会の年次総会における講演で、ヒュー・ベネットは、六年前の五月に起きた砂塵嵐を「国民意識の転機」とくり返し表現した。「わが国の東海岸の住民の多くは、三〇〇〇キロ離れた平原から飛んできたばかりの土を味わったとき、どこかで何か土地におかしなことが起きていると初めて気がついたのではないかと考えます」。

土壌侵食は国家的な脅威であると議会が宣言し、連邦の活動を単一の機関のもとに統合するため、土壌保全部を設置したのは一九三五年四月二七日のことだった。一年後、ルーズベルト大統領の命令で開催された会議の開会の辞で、新たに部長に任命されたヒュー・ベネットは、アメリカの農地からの急速な土壌喪失と、ゆっくりとしたペースの土壌生成を対比した。

連邦の研究結果を挙げて、ベネットはどれほどの速さでアメリカが消えつつあるかを示した。テキサス州タイラーにある侵食研究所では、その地域で最高の農業慣行が、土壌喪失を土壌が回復する速度の約二〇〇倍にまで増やしたことを発見した。低劣な管理法は侵食を八〇〇倍に加速した。ミズーリ州ベサニーの研究所は、平均的なトウモロコシ畑からの土壌喪失は、アルファルファに覆われた同等の土地の三〇〇倍であることを明らかにした。

緩い表土が侵食されたあとでは、地中にしみ込まず、表面を流れる雨水の量が増えることも明らかになった。これが表面流去を増やし、それからさらに多くの土壌を取り去って、さらに多量の表面流去が作られる。この過程が始まると、表土が失われるのに長くはかからない。

降雨によって一五センチの表土がオハイオ州の自然の草地から失われるには、五〇〇〇年以上がかかるとベネットは計算した。これは理屈が通っている。この速度は彼が考える土壌生成の速度——一〇〇〇年に約三センチ——に近かったのだ。それとは対照的に、農地は耕作を続けると三〇年強で一五センチほどの表土を失った。オクラホマ州ガスリーの侵食研究所は、平原を覆っている細かい砂質のロームは、綿花栽培を行なうと天然の草地よりも一万倍速く侵食されることを確認した。綿花栽培は、この地域の平均二〇センチの表土を五〇年足らずで丸裸にしてしまうこともあった。牧草に覆われた同じ表土は、二五万年以上存続する。その含意は明白だった。ベネットは、丘陵地や非常に侵食されやすい土地を耕作しないことを勧告した。

機械化の進展と農業の大規模化

ラウダーミルクは一九五三年にベネットの警告をくり返して、アメリカの農地の四分の三で土壌が生成されるよりも速く失われていることを説明した。特にラウダーミルクは、古代文明の滅亡への道をアメリカがたどって

図21　急斜面の耕作。
1935年ごろ（National Archives, photo RG-083-G-36711）。

いることを強調した。七〇〇〇年の歴史は斜面をすき起こしてはならないと警告していると、彼は主張した。

ひと言で言えば、我々は根本的な文明の危機を抱えているようなものだ。傾斜地を伐採し耕作することで――ほとんどの土地は多かれ少なかれ傾斜しているのだが――土壌は水と風による侵食の加速にさらされる……。こうすることで我々は、自滅的な農業体制を開始した……。土壌保全策を全国的に実施しないかぎり、人口が増えるにつれて土壌資源の枯渇から農業生産は低下するだろう。

ラウダーミルクはこれを数世紀も先の

遠い脅威とは考えていなかった。彼は二〇世紀の戦争を、土地の支配をめぐる戦いと見ていたのだ。

第二次世界大戦後、軍需品の組立ラインが民生用に転用されると、トラクターの生産台数が増え、アメリカ農業の機械化が完了し、先進国における高収量の工業的農業への道を開いた。数百万台のトラクターが一九五〇年代にはアメリカの農場で稼働していた。実に一九二〇年代の一〇倍である。アメリカの農民の数は、農地面積が増える一方で急減し、膨張する都市に移る者が増えた。土地に残った少数の農民は、新しく手に入れた省力設備のローンを払うために換金作物を栽培した。機械化は、南部の奴隷労働のように、耕作方法を土地に合わせるのでなく、どこでも同じことをすることを要求した。

グレートプレーンズの旱魃はおよそ二〇年ごとに起きる。雨が多かった一九四〇年代には、耕作面積が倍増し、コムギの生産量は四倍になった――戦中のヨーロッパへの記録的な輸出を支えるに十分な量だ。一九五六年には旱魃で、コムギが再び不作になりかけた。一九五〇年代の旱魃は一九三〇年代のものと同じくらい長く続き、一八九〇年代と同じくらい厳しかった（しかし今回は土壌保全プログラムにダスト・ボウルの再発を防ぐ力があると広く信じられていた）。小農が破産する一方、周期的な乾燥により耐えることができる大規模農家は、さらに大型の機械を増やした。

企業経営の工場式農業の支配

アメリカ政府は一九三三年に農業補助金制度を始めていた。一年と経たずに、大部分のグレートプレーンズの農家は土壌保全、作物の多品種化、農家所得の安定化、柔軟な農業信用制度の創設などを目的としたプログラムに参加していた。何にもまして最後の要素は、農家がより多くの借金を抱えられるようにし、アメリカの農業経営を変えた。一〇年で農家の負債は二倍以上になったが、農家所得は三分の一しか増えなかった。政府の補助金が上がり続けたにもかかわらず、一九三三年から一九六八年の間にアメリカの農家の四割が消えた。上がり続ける農業機械と農薬の費用を容易にまかなうことができる企業経営の工場式農場が、一九六〇年代末にはアメリカの農業を支配し始めていた。

ローマや南部と細部は違えど、大企業農場の経済は土壌侵食への懸念を同様に度外視していた。

企業は、本質的に、一時的な土地所有者である……。企業所有地の借地人には、農場に一年以上留まるという保証が一切ない……。企業所有地の割合が高まると、企業の大多数に自社の土地で確実な土壌保全プログラムを採用させられないかぎり、借地制度が不安定になり侵食を助長する傾向がある。重い不動産ローンは土にある種の経済的な締めつけをかける。農家は債務を払うために、できるかぎりのものを土から搾り取らざるを得なくなるからだ。

機械化された工業的農業の発達は急速な土壌喪失を促進した。農家は機械と化学肥料のローンの利子を支払うために自分の自然資本を費やしたからだ。

二〇世紀の農耕方法の失敗

ロンドンから北へ約四〇キロのところに英国農業協会が一八七六年に設立したウーバン農業試験場の記録は、農業慣行の変化が土壌侵食に及ぼす影響を意図せずして立証している。収穫量実験の前半世紀には、侵食はほとんど記録されていない。第二次大戦後、除草剤と大型農業機械の導入がそれを変えた。

土壌侵食問題の最初の報告は一九五〇年五月二一日の嵐の後にもたらされた。豪雨が深さ一〇センチ、幅一メートルのガリーを裸の農地に刻み、サトウダイコンの区画を泥で埋めてジャガイモを掘り起こしたのだ。一九六〇年代の深刻な侵食は、試験農地の有機窒素含有量を急減させた。一九八〇年代には、その農場は土壌侵食のモデルを実証するものとして機能していた。毎年十数件の侵食による事象が、特にもっとも急な斜面で発生していたのだ。しかし一八八二年から一九四七年までの試験場職員による詳細な日誌は、作物の微妙な出来栄え、耕作技術、土壌のpH、害虫被害を中心としており、大型機械と農薬の導入以前に侵食についての記述はなかった。二〇世紀の農耕方法の採用が土壌侵食を大幅に加速したのだ。

アメリカ農業の神話

農業にまつわるもっとも根強い神話の一つが、大規模な機械化された農家は小規模な旧来の農家よりも効率的で利益が大きいというものだ。しかし大規模農家は高価な機材、化学肥料、農薬を買うために、単位生産量あたりの出費がより多い。規模の経済が生産を特徴づける工業とは違い、小規模な農家のほうが効率的でありうる──健康、環境、社会のコストを考慮しなくても──のだ。一九八九年の米国学術研究会議による調査は、大きいほど効率的というアメリカ農業の神話をきっぱりと否定している。「うまく運営された代替農業制度は、ほとんどの場合、単位生産量あたりの化学合成の農薬、肥料、抗生物質使用量が慣行農業より少ない。これらの資材の利用量を減らすことで、面積あたりの収量を低下させることなく──場合によっては増加させながら──生産コストを下げ、農業が環境や健康に悪影響を及ぼす可能性を低くすることができる」。

小規模農家は同じ面積の土地からより多くの食糧を生産することもできる。一九九二年の米国農業センサスの報告で、小規模農家は大規模農家に比べて単位面積あたり二倍から一〇倍の作物を栽培していることがわかった。二四〇〇ヘクタールを超える規模の農家と比較すると、一一ヘクタール未満の農家は一〇倍以上生産性が高い。ごく小さな農家——一・六ヘクタール未満——の中には一〇〇倍以上生産性が高いものもあった。世界銀行は現在、開発途上国（ほとんどの土地所有者は四ヘクタール以下しか持っていない）で小農に農業生産性を高めることを奨励している。

小規模農家と大規模な工業的農業の慣行の主な違いは、後者が一般にモノカルチャーを行なっていることである。多様な作物を栽培するにしても、それは別個の農地で行なわれる。単作の農地は大型機械と農薬や化学肥料の集中的使用には理想的である。モノカルチャーは一般に単一の作物について面積あたり最大の収量を生むが、多角的な混作は、数種の作物の総生産量を基準にすれば、面積あたりでより多くの食糧を生産する。

消え続ける自営農場

総合的には小規模農家の効率が高いにもかかわらず、趨勢は農業の大規模化、工業化へと向かっている。一九三〇年代、アメリカには七〇〇〇万人の農民がいた。今日の農業人口は二〇〇万に満たない。一九九〇年代初めになっても、アメリカからは一年に二万五〇〇〇の自営農場が姿を消していた。アメリカでは平均して、過去五〇年間で毎日二〇〇を超える農場が破産してきたのだ。二〇世紀後半、平均的な農場の規模は一〇〇ヘクタール未満からほぼ二〇〇ヘクタールへと二倍になっている。二〇パーセントに満たない農家が、現在アメリカで栽培される食糧の約九〇パーセントを作っているのだ。

一九五〇年から一九九〇年代の間に収量が二〜三倍に増えるにしたがい、機械、化学肥料、農薬のコストが農家所得に占める割合は、約半分から四分の三を超えるまでに上昇した。生き残ったのは二種類の農家、産業化から身を引いたものと、単位面積あたりの純収益が低下しても耕作面積を拡大して成長したものだった。一九八〇年代には、農務省がスーパーファームと呼ぶ最大規模の農家が、全農家所得の半分近くを占めるようになっていた。

工業化された農業、商品化された土

小規模農業がそれほど効率的だとすれば、なぜアメリカの小農は破産していくのだろうか? 機械化に伴う高い資本コストが、小規模な経営には経済的惨事となりうる。労働集約的手法の代わりに技術集約的手法を有利に用いるには、農家は大きくなければならない。近代化とは機械化を意味するという思想を受け入れた小農は、借り入れ超過になって負債に沈んでいった。すると大企業がその土地を買い上げる。このプロセスは、小さな農場を家族の手にとどめておくには役に立たないかもしれないが、農機具と備品を生産する——そしてその製品の使い方を農民に助言する——企業に現金を送り込む役割は果たしている。

機械化を推進する経済と社会の流れは、農業を工業に変え、土壌の喪失を加速した。新しい機器は土地をより集約的に、より深く頻繁に耕作することを容易にした。古代ローマと同じように、土地は剝き出しにされ、一年の大半は荒れたままだった。農業が機械化されると、段々畑や生け垣、防風林のような土壌保全措置は大型機械の操縦の妨げとなった。等高線耕作のやり方は、斜面で急な方向転換ができない大型機械に合わせて修正された。今や土壌は商品だった——それも農業関連製造業への多くの投入資本の中でもっとも安価な市民と政府の双方で意識は相当に高まり、土壌喪失の速度は遅くなったが、止まるには至らなかった。地域によっては他所ほどうまくいっていないところもあった。中西部の中心地では、天然の草原が周囲の鋤を入れた地面から最大一・八メートル高い島になって、移民以来、年間一センチの土が失われたことを明らかにしていた。アイオワはこの一世紀半で表土の半分を失った。比較的幸運だったワシントン州東部地域のパルースでは、過去一〇〇年で肥沃な表土を三分の一失うに留まった。

侵食防止への無策が表土を奪った

最初の移民がパルース地域に到着したのは一八六九年の夏だった。彼らは谷床で穀物を栽培し、近隣のアイダホの鉱山労働者に売るウシやブタを飼った。この地域の深いレス土壌は、もっと多くの生産が可能だったが、収穫を市場に届ける手段がなかった。鉄道が一八八〇年代に開通すると、遠く離れた市場、新型の農機具、新参の農民に道が開かれた。一八九〇年代にはパルースの大部分が耕作されていた。

レスが切り開かれ鋤が入れられると、土壌侵食はたちまち大きな問題となった。一九〇〇年代初め、ワシントン州立農業大学のウィリアム・スピルマンはこの地域を回り、毎年夏には耕した畑に何も植えずにおくという普通の習慣が引き起こす土壌侵食の脅威を講演した。毎年の厄介なガリーがやがて深刻な問題になるという若い大学教授の警告を、気に留める者はほとんどいなかった。

一九三〇年代になるとパルースでもどこでも、トラクターがウマの引く鋤に取って代わり、たった一人の運転手で、はるかに広い土地を耕せるようになった。

高まった労働能率を十分に活用しようと、土地所有者は昔から行なわれていた借地料の物納契約を変えた。これまで自分たちが作ったものの三分の二を取っていた小作人は、半分と少ししか手元に残せなくなった。そこで小作人はさらに懸命に働き、侵食防止のような贅沢への出費を減らした。農民は以前より広い土地を耕すようになったが、必ずしも多く稼ぐようになったわけではなかった。

一九五〇年の農務省の調査は、パルースの農地の一〇パーセントで、本来あった表土がすべて失われていることを報告した。さらに八〇パーセントの土地では二五パーセントから七五パーセントの表土が失われていた。この地域で七五パーセント以上、本来の土壌を維持している土地は一〇パーセントに過ぎなかった。一九三九年から一九六〇年にかけて毎年行なった土壌喪失の調査は、平均して一〇年で一センチの土壌が失われたことを示した。約一五度以上の急斜面では、土壌喪失は平均五年で三センチになった。

ソーントン近くの農場に一九一一年に設置された貯水タンクは、斜面の畑を耕作することの影響を生々しく物語っている。元々は隣の丘の頂上より約五〇センチ突き出していたタンクは、一九四二年には周囲の農地から一メートル二〇センチ近く飛びだしていた。一九五九年になると同じタンクが農地より一メートル八〇センチ高いところにあった。五〇年足らずのうちに一三〇センチ——一年に約二・五センチ——の土壌が斜面から掘り返されて消えてしまったのだ。二〇世紀初頭には三〇センチ以上の厚さがあったアイダホ州東部の一部の土壌は、一九六〇年代には基岩の上にわずか一五センチ残っているだけで、何とか耕せるほどの深さしかなかった。

風食被害

一九三九年から一九七九年にパルースの耕作地で起きた侵食の総量は、平均して年に一エーカー（〇・四ヘクタール）あたり九トン以上であり、急斜面では年間一エーカーあたり一〇〇トン以上に達した。未耕作の放牧地

図22　1970年代、ワシントン州東部のパルース地方。表土がはがされ、リル（水の侵食による細溝）が刻まれている（USDA 1979, 6）。

と森林の侵食速度は、平均して一エーカーあたり一年に一トン未満だった。レスの耕作は侵食速度を一〇倍から一〇〇倍に増加させ、ほとんどの土壌喪失は新たに鋤を入れた地表を表面流去が侵食することで起きている。簡単な土壌保全策を採れば、農家所得を減らすことなく侵食を半分にできただろう。しかしそのためには農業慣行の根本的な変更が必要である。

一九七九年、土壌保全部は、三〇年間の耕作で農地は未耕作の草地よりも一メートルも低くなると報告した。傾斜した耕作地の下側には高さ一・二メートルから三メートルに土が盛り上がっていた。典型的な四〇センチの鋤板がついた鋤を等高線に沿って引く実験を行なったところ、すき起こされた土は、一般に斜面の下側に三〇センチ以上押されることが明らかになった。青銅器時代にギリシアの斜面を裸にしたプロセスがパルースでくり返されていたのだ。

土地をただ耕すと、土壌は斜面の下へと押しやられる。それは自然の作用で起りうるよりもはるかに速いが、それでもこのプロセスは鋤が通過するたびにごくわずかずつしか起きないので、気づきにくいことにほとんど変わりはない。数世代続けるうちに、耕起を基本とする農業は、古代ヨーロッパや中東でのように、土壌を土地からはぎ取ってしまう。近代的農業技術によって、しかし、私たちはそれをもっと速くできるようになった。

風食が問題をさらに大きくする。ワシントン州東部にあるフォース・オブ・ジュライ湖の湖底から採取されたコアは、この地域に近代的農業が導入されたために、湖への砂塵の降下が四倍に増えたことを記録している。自然条件での風食の信頼できる測定結果はほとんどないが、条件がそろえば激烈なものとなりうる。土壌保全策が採用される以前、ダスト・ボウルの時代には、カンザスの一部の農地では一年に最大一〇センチの土壌が風で剥がされた。むき出しの乾いた農地から吹き飛ばされる砂塵は、今もワシントン州東部では問題になっている。一九九九年九月、オレゴン州ペンドルトンの州間高速道路八四号線で、農地から飛ばされた砂埃がドライバーの視界を奪い、死亡事故のきっかけとなった。

植物に守られる前の地面を嵐が襲えば、耕作によってかき乱されたむき出しの土壌は激しい侵食にさらされる。アメリカ中西部では、トウモロコシを植えた土地からの侵食の半分以上は五月と六月、作物が十分地面を覆うまで成長する前に発生している。

表土が失われ、農民が有機質、養分、保水能力に乏しい下層土まで耕すようになると、収穫高は低下する。ジョージア州とテネシー州西部の土地から表土が一五センチ失われると、収量がほぼ半減した。ケンタッキー、イリノイ、インディアナ、ミシガン州の侵食が激しい地域では、トウモロコシの生産がすでに往時から四分の一ほど減っている。わずか四〇~五〇センチの侵食が土壌生産性を大幅に減らしうるのだ——ときにはすべての農業ポテンシャルを失うまでに。アメリカの耕地で傾斜が二パーセントより小さく、したがって、侵食が加速する心配が少ないものは五〇パーセントに満たない。上位三三パーセントに属する急傾斜の耕地は、この先一世紀のうちに生産ができなくなると推定されている。一九八五年以来、草地保全計画は、土壌侵食の被害を受けやすい地域で農家に草原の回復と保全の費用を払い続けている。

社会主義経済でも存在した土壌侵食という問題

土壌侵食は資本主義農業だけの問題ではない。ロシアのステップの肥沃な黒土は、自然の植生を取り払われると急速に侵食された。早くも一六世紀には、ロシア人の集落は深いガリーに囲まれていたが、このような土壌が脆弱だからといって、二〇世紀におけるソビエト農業の産業化の取り組みは留まることがなかった。一九二九年に策定された第一次五カ年計画には、ステップを工場式農場に変えることを単刀直入に求める文言がある。「わが国のステップは、トラクターと鋤が列を連ねて、数千年来の処女地を開墾して初めて我々のものになる」。計画とは裏腹に、鋤が草地を掘り起こしたあとには砂嵐が猛威を振るった。

一九五〇年代から六〇年代のソ連の未開拓地開発計画は、四〇〇〇万ヘクタールの限界耕作地で農業生産を開始した。アメリカのダスト・ボウルを認識していた著名な科学者の進言を無視して、ニキータ・フルシチョフ首相は、一九五四年から一九六五年にかけて一五〇〇万ヘクタールの未開拓地の耕作をコルホーズに命じた。食糧生産は戦後の消費需要に追いついていなかった。

休耕の期間に地面が裸のまま放置されたために、新しく開拓された土地の多くでは、数年のうちに激しい侵食で収量が減少した。計画のピーク時、ソ連の農業は年間一二〇万ヘクタール以上を失った――五カ年計画を履行するためにはうまいやり方ではない。続く一九六〇年代の旱魃の時期、ひどい侵食は新たに耕作された土地の約半分を損ない、ほとんど公表されていないソビエト版ダスト・ボウルを引き起こしてフルシチョフの失脚に一役買った。

一九八六年以前、ソ連は検閲によって著しい環境問題を隠していた。中でも重大な問題が、アラル海の悲劇だった。一九五〇年、ソ連政府は地域をモノカルチャーのプランテーションに改造し、「綿花の独立」を達成する大規模な取り組みに着手した。ソビエトは栽培技術の改良、積極的な化学肥料と農薬の使用、灌漑と農業の機械化の拡大を通じて収量を大幅に増大させた。一九六〇年から一九九〇年の間に、数千キロの新しい水路と六〇〇を超えるダムで、アラル海に注ぐ川から分水された。当然、湖の縮小が始まった。

アラル海が干上がるにつれ、周囲の陸地も干上がった。一九九三年には、数十年来続く分水で水位が一七メートル近く下がり、むき出しの湖底が新たな砂漠となった。一九九〇年代の大きな砂塵嵐は、一五〇〇キロ離れたロシアの農地に一億トンのアラル海の塩類と土砂を落とした。漁業と農業が共に衰退し、大量の人口流出を招いた。

砂の海と化したカルムイク

情報公開《グラスノスチ》後の地域のアセスメントで、カザフスタン、ウズベキスタン、トルクメニスタンの乾燥地の三分の二が砂漠化の影響を受けていることが判明した。この増大する脅威への対処を求める声は、ソ連崩壊前には行き場がなかった。独立は輸出用の換金作物栽培継続の要求を増やし、土壌侵食との戦いを政治的課題の一番後回しにしただけだった。長期的な脅威は明らかだったが、目先の利害はそれに勝っていた。

同じような事態がボルガ川とカスピ海に挟まれたロシア南部の小国、カルムイク共和国で起きていた。第二次世界大戦から一九九〇年代までに、放牧地の強引な耕作によって、同国の大部分は砂漠化した。国土の一〇分の一近くが不毛の荒れ地と化していた。

カルムイクの天然の草地は牧畜に理想的だった。早くも一二世紀には、ウマが首を曲げずに草を食めると言われたこの地に、カルムイク人はウシを導入した。伝統的な土地利用法は、ウマの繁殖とヒツジかウシの放牧だった。ドイツに協力したかどで、カルムイク人は一九四三年にシベリアへ集団で追放された。一五年後に彼らが帰還するころには、ソビエト政府がヨーロッパで最初の砂漠を作りだすために忙しく働いていた。

冷戦期を通じて、カルムイクの牧草地を耕作して、穀物とメロンを生産することをソ連の政策は奨励した。残った草地で、ヒツジの数はほぼ二倍になった。一九六〇年代から一九九〇年代の間に、飼料作物の収穫は半減した。毎年五万ヘクタールのむき出しの農地と過放牧の牧草地を砂漠がのみ込んだ。一九七〇年代には同国の三分の一以上が部分的に砂漠化していた。

このような半乾燥地帯で天然の草地を耕作すると、ダスト・ボウルを思わせる問題が発生する。かつて今より広大だったカスピ海の湖底に堆積した土砂の上に発達したカルムイクの肥沃な土壌は、豊かな天然の草の根によって保持されている。数十年の耕作で、三〇万ヘクタールを超える草地が動く砂の海に変貌した。一九六九年、集中的な農業開発の末に、大規模な砂塵嵐が土壌をポーランドまで吹き飛ばした。一五年後、再び発生した砂塵嵐は、カルムイクの泥をはるかフランスまで運び去った。同共和国の大統領は一九九三年八月一日、環境上の非常事態を宣言した——土壌侵食に関連して一国の政府がこのような宣言をしたのは初めてのことである。

世界的な土壌侵食

二〇世紀後半、自然が作るよりも速く土壌を失っていたのは、米ソ二大国だけのことではなかった。ヨーロッパでは侵食が土壌生成を一〇倍から二〇倍上回った。一九八〇年代半ばには、オーストラリアの耕土のほぼ半分が侵食で荒廃していた。フィリピンとジャマイカの急斜面の土壌侵食は、年間一ヘクタール当たり四〇〇トンに達する——これは一年に約四センチの土が運び去られているのに匹敵する。トルコの半分は深刻な表土の侵食の影響を受けている。一度起きてしまえば、被害は数世代にわたって続く。

一九七〇年代にサハラ砂漠以南のアフリカもダスト・ボウルを経験した。二〇世紀になるまで、西アフリカの農民は、畑を長期間休耕にする移動耕作を営んでいた。遊牧民は毎年長距離を移動するため、過放牧にはならなかった。二〇世紀になると、人口増加と伝統的な牧草地を農地が蚕食したことが重なって、農民と牧畜業者の双方による土地利用が集中化した。広範囲にわたる土地の開拓と劣化は、極度の土壌喪失を引き起こし、大量の環境難民を生み出した。

アフリカのサヘル地域は、赤道の森林とサハラ砂漠に挟まれた半乾燥地帯である。この地域の年平均降水量は一五〇ミリから五〇〇ミリである。しかし毎年の雨量の変動は大きい。よい年には、セネガル北部で一年に一〇〇日以上雨が降る。悪い年には五〇日に満たない。古代の湖の水位を調査したところ、過去数千年の間に長い渇水がくり返し起きていたことが明らかになっている。サヘルのすぐ北に位置するアトラス山脈での樹木の年輪調査からは、二〇年から五〇年続く旱魃が紀元一一〇〇年から一八五〇年の間に少なくとも六回あったことが判明している。西アフリカの森林が一世紀で約一三〇万平方キロ伐採された結果、その次に来た渇水期は破局的なものとなった。

一九七三年の西アフリカの飢饉では一〇〇万人以上が死亡し、七〇〇万人が食糧援助に頼りきりになった。発端は旱魃だったが、危機の根は人間と土地の関係の変化にあった。地表を保護する植物を広い範囲で取り去ったことが、次に平年より雨の少ない期間が来たときに、深刻な土壌侵食と人的な災害をもたらしたのだ。

サヘルの遊牧民と定住農民は伝統的に、遊牧民のウシが作物の刈り株を食べ、収穫後の農地に肥料を与えるという共生関係を結んでいた。雨季が来ると群れは草の成長を追って通り過ぎた。北へと移動を続け、もはやその先に緑の草がなくなると、遊牧民は南へと引き返し、彼らが通り過ぎたあとに伸びた草をウシは食んだ。そして南に戻ると、収穫が済んだ畑で刈り株を食べさせ、肥料を施す。さらに、サヘルの農民は多種多様な作物を栽培し、耕作と耕作の間に数十年の休耕期間を置いた。サヘルが別個の国家に分割されたことで、この制度が阻害された。

一九世紀末にフランスはサヘルで急速に植民地支配を拡大し、そのために過放牧を防ぎ、農地に肥料を与えていた社会的慣習が変わった。植民地当局は消費を刺激するために、新たに商業を植民地経営の中心に置いた。納税者名簿と動物への課税は、自給自足農家と遊牧民の両方に、フランス市場向けの商品を生産することを強いた。新たな政治的境界線にとらえられ、何百年にもわたり地域一帯の放牧地を移動していた遊牧民族は、税金を払うために家畜の密度を増やした。農民はヨーロッパへ輸出する作物を栽培するために、北方の限界耕作地へ移動した。牧畜民は南へと拡大したが、そこは水が当てにできず、また安全でないためにそれまでウシやヒツジの数が限られていた地域だった。新しく掘った井戸のまわりに多くの家畜が集中したことで、牧草地が破壊され、土壌は激しい夏の嵐の際に侵食力の強い表面流去と強風に対して無防備となった。

ますます集約化する牧畜と耕作のために、サヘルは一様に絶え間なく利用されるようになっていった。一九三〇年から七〇年の間に、放牧される動物の数は倍増し、人口は三倍になった。綿花と落花生を換金作物として栽培する新しいフランスのプランテーションは、自給自足農家を限界耕作地の狭い土地へと追いやった。休耕期は短縮されるか廃止され、収量は低下し始めた。しおれた作物の根元にむき出しになった土地は乾ききり、風に吹き飛ばされた。

NASAが撮影した緑の五角形

そして一九七二年、雨は降らず、草は生えなかった。過放牧が続き、前年の草がほとんど残っていなかったところで、家畜の斃死率は高かった。わずかに生き残った果樹もほとんど実を結ばなかった。大量の難民が巨大な貧民街に流入した。一〇万ないし二五万人が餓死した。災害の直接的原因は旱魃だったが、植民地時代の文化的経済的変化がサヘルの開発につながり、渇水時に土地が支えることのできる限度を超えた人口増を可能にしたのだ。大規模プランテーションで栽培される作物は、飢饉の間にも止まることなく輸出されていた。

過放牧による多年性の植被の破壊は、地表を風雨による侵食にさらし、砂漠化を招いた。年間一センチから二センチの侵食速度が、天然の多年性植物が失われた半乾燥地域で報告されている。このプロセスは一般に不可逆である。保水性のある表土がなければ植物は生存できない。土壌がなくなれば、人間を支える能力も失われる。

飢饉の最中にNASAの人工衛星が撮影した映像は、人間の手で危機が作られたことをはっきりと証明している。旱魃で荒廃した地域の真ん中にある不思議な緑の五角形は、簡単な有刺鉄線のフェンスで周囲の砂漠から隔てられた、一〇万ヘクタールに及ぶ牧場であった。牧場は、旱魃が始まったのと同じ年に設立されたもので、五つの区画に分かれており、ウシは年ごとに一区画で放牧された。放牧の集中を制限することで、周囲の農村に飢饉をもたらしたような問題を防いでいたのだ。

砂漠化はサヘルと北アフリカでともに一九五〇年代から六〇年代にかけて始まったが、この時期北アフリカでは平均より降水量が多かった。一九六〇年代に設立された大規模な国営牧場では、推定される長期的な放牧地の収容能力内で家畜を放しているかぎりでは、砂漠化の徴候は見られなかった。旱魃は土地劣化の影響を強めるものの、気候不順は根本的原因ではない。旱魃は半乾燥地域では当然のようにくり返す。渇水に適応した生態系と社会は、過去においてはそれを切り抜けてきた。伝統的なアフリカの牧畜民は、乾燥すれば不足し、雨が多ければ豊かになることをくり返す数百年の間に発達した社会構造と習慣を通じて、事実上の人口抑制策を実行していた。

西アフリカの農地における土壌侵食速度は、サバンナの耕地での一世紀に二センチから、かつて森林だった急傾斜地を耕してむき出しにした農地での一年に二五センチ以上という極端な事例までさまざまである。サヘルの耕地の平均侵食速度を一年に約三センチとする試算もある。西アフリカの多くの地域では、表土の厚さが一五から二〇センチしかない。森林を伐採し、あとを耕作するとそれが急速にはぎ取られる。ナイジェリア南西部のトウモロコシとササゲの収量は、一二センチに満たない表土が失われると三〇から九〇パーセント低下した。ナイジェリアの人口増加にともない、自給自足農民は持続的な農業を維持できない急傾斜地に移動した。斜度が八度を超える土地にあるキャッサバ農場では、傾斜が一度未満の農地の七〇倍の速さで土壌が失われる。キャッサバを栽培するナイジェリアの斜面の侵食速度は、年間三センチ以上に達し、考えうるあらゆる土壌再生の速度をはるかに上回る。

社会慣習が土壌保全の妨げとなった。自給自足農民は侵食防止に投資することに消極的だった。彼らは農地を数年ごとに移すからだ。侵食問題は、共有地制度が個人による土壌保全の取り組みの妨げになる地域で、もっとも深刻だった。西アフリカ諸国の多くでは、トラクター賃貸計画に多額の補助金が投入されており、農民は自分の農地を、傾斜、土壌型、作付体系に関係なく耕されてしまう。サハラ以南のアフリカにおける土壌侵食速度は、過去三〇年で二〇倍に増した。西アフリカに広く見られる急速な土壌侵食は、わずか二～三年の耕作が土壌を荒廃させることを示している。これが今度は、新たな土地の開拓へと駆り立てる原動力となった。

土地の回復は可能である

一九七〇年代後半、ワシントン大学教授トム・ダンと二人の大学院生――そのうち一人は著者の指導教員である――は、ケニアの半乾燥地帯にある放牧地の緩斜面で、目下の侵食速度と長期的なそれを比較した。比較のために使ったのは、地質時代がわかっている地表に入った切れ込みの量の他、年代がわかっている（あるいは合理的に推定できる）植生が剝き出しになった斜面の土壌をまだ保持しているところでは、土の塚の高さだった。樹齢一五～三〇年の矮性灌木の根元に、一般的な地表より二〇センチ高く残された土の小山は、現代の侵食速度が年間およそ六ミリから一・三センチであることを示す。

ダンのチームは、恐竜の時代からの平均侵食速度を、三〇〇〇年に二・五センチと断定した。過去数百万年の平均侵食速度は九〇〇年に約二・五センチで、彼らが推定した土壌形成速度、およそ二五〇〇年にわずか二・五センチよりも少し高かった。現代の侵食速度は、しかし、一〇年に二・五センチから年に一センチまでの範囲にあった。土壌生成速度と現代の侵食速度の差をもとに、ケニアの緩斜面が岩盤までむき出しになるまでに二～一〇世紀かかるだろうと彼らは推定した。

土壌侵食は土地の活力を破壊する――しかし土地を回復させることも可能だ。ナイジェリアの自給自足農民の中には、ちょっとした修正で農地を一変させた人々がいる――それも費用をかけずに。ヒツジを勝手にうろつかせず、つないで作物の刈り株を食べさせることで、翌年の作付のための肥料を集めることができるようになった。輪作の一環としてササゲを植えることも、土壌肥沃度の向上に役立った。農地のまわりに土と石で築いた低い壁は、大雨のときに土壌が流されるのを防いだ。化学肥料を使わなくとも、収量は二倍から三倍にまでなった。必要なのは労力――まさしく自給自足農が提供できるものだ。土壌肥沃度を回復させる労働集約的技術は、高い人口密度という不利益を利点に変えたのだ。

エチオピアも、人間社会がひんぱんに土壌侵食をもたらすようになっていったことの実例を示す。中世に行なわれたエチオピア王国北部の森林伐採は、ティグレとエリトリアでの大規模な侵食の引き金となり、山腹ではもはや草食動物が育たなくなった。紀元一〇〇〇年ごろには、土壌侵食の経済的影響で、王国は南のよりよい土地へと遷都を余儀なくされた。そこでもこのプロセスはくり返された。広範囲にわたって森林を伐採したところ、大規模な土壌侵食が起きたのだ。この地域は今も貧しく、天候が悪いと食糧を自給できない。

環境難民という巨大な問題

一九八〇年代半ばに旱魃によって起きた不作で、一〇〇〇万人近いエチオピア人が飢餓に陥った。歴史上最大規模の国際的な飢餓救済策がとられたものの、数十万人が死亡した。二〇世紀になるはるか前に、農業は最高の耕作地から侵食されやすい斜面へと拡大していた。一九三〇年代以来、森林伐採によってエチオピアの森林被覆は当初のわずか三パーセントとなり、青ナイル川のシルト濃度は五倍に増えた。西部高地の農地からの平均的な土壌喪失速度は、天然の表土を一世紀と少しで削り取ってしまうだろう。侵食による直接的な土壌喪失に加え、必死になった農民が徹底的に耕作し続けるため、土壌肥沃度が年に一パーセントも低下すると見込まれている。

エチオピアの環境難民問題は、長い目で見れば、土壌の安全は国の安全に他ならないことを示す。環境難民は現在、政治難民を数でしのぐ勢いで浮上中の国際問題であると、エチオピアの農村での環境回復活動に対して二〇〇四年にノーベル平和賞を授与されたワンガリ・マータイは認識している。人々は当面の旱魃を切り抜けるかもしれない。だが、いったん土地が放牧も農耕も維持できなくなれば、砂漠化した土地から出ていくしかないのだ。

砂漠化はアフリカだけで起きていることではない。地球上の陸地面積の一〇分の一以上――乾燥地の約三分の一――が砂漠化しているのだ。年間降水量一二五ミリから五〇〇ミリの地域での砂漠化が、このペースで続けば、半乾燥地帯の大部分が今世紀中に砂漠となることを過去五〇年の研究は報告している。一〇年前、一九九六年にローマで開催された世界食糧サミットでは、土壌を地球規模で保全し持続可能な管理をすることが、将来の世代のために不可欠であると強調された。

第二次世界大戦前、西ヨーロッパは世界で唯一の穀物輸入地域であった。ラテンアメリカの穀物輸出量は、一九三〇年代末には北アメリカからの輸出の二倍近かった。ソ連の新規開拓地からの輸出は北米のグレートプレーンズに匹敵した。第二次大戦前には自給していたアジア、ラテンアメリカ、東ヨーロッパ、アフリカが、現在すべて穀物を輸入している。一九八〇年代初めには、一〇〇カ国以上が北米の穀物に依存していた。今日、世界で北米、オーストラリア、ニュージーランドだけが大規模な穀物輸出国である。

不安定な穀物価格

戦後、空前の繁栄が数十年続いたあとで、飢饉が世界に戻ってきた。降水量の不順に土地の荒廃の激化が重なり、地域的な不作が発生したのだ。一九六〇年代半ば、二年続きの不作よる飢饉を防ぐため、アメリカはコムギの収穫の二〇パーセントをインドに送った。一九七二年にインドは再び不作に陥り、八〇万人を超えるインド人が餓死した。今度はアメリカによる緊急援助はなかった。ソ連の輸入量増加で、供給できるコムギが抑えられてしまったからだ。さらに、一九七二年にソ連が穀物を購入したことは、アメリカの農民に限界耕作地での耕作を煽り、数十年にわたる土壌保全の取り組みは損なわれた。今日、地域的な不作が世界の穀物価格に及ぼす影響は、世界的な食糧の需要と供給の密接なバランスを反映している。

全世界で、一八六〇年以降、八億ヘクタールを超える未開拓地が耕作され、農業用途に供されてきた。二〇世紀の最後の数十年までは、新しい土地の開墾が農地の喪失を埋め合わせていた。一九八〇年代には、耕作されている土地の総面積が、チグリス川とユーフラテス川の間に農耕がもたらされて以来、初めて減少に転じた。先進諸国では、新しい（そしてたいてい収益限界の）土地が耕作に供される速度が、土地が疲弊する速度を下回った。我々は陸地面積の一〇分の一強の土地を作物生産に利用し、さらに四分の一の地面を放牧に使っているが、いずれの適地もほとんど残っていない。農業に利用できる残されたほとんど唯一の場所は熱帯林だが、そこは薄く侵食されやすい土壌がごく短い間しか農業を支えることができない。

温暖化が農業システムに及ぼす影響

人類はすでに地球上の持続的に耕作できる土地をほとんど耕作しているので、地球温暖化が農業システムに影響を及ぼす可能性が気にかかる。気温上昇の直接の影響だけでも十分に心配である。『米国科学アカデミー紀要』に掲載された最近の研究は、生育期の平均日最低気温がわずか一℃上昇すれば、コメの収量が一〇パーセント減少すると報告している。類似の予測がコムギとオオムギにも出ている。収量への直接的影響にとどまらず、今後一世紀で一℃から五℃の気温上昇を予測した地球温暖化のシナリオは、さらに大きな危険性をはらんでいる。世界の三大レス地帯――アメリカ中西部、ヨーロッパ北部、中国北部――は世界の穀物の大部分を生産する。現代農業の驚くべき生産性は、理想的な耕土が作物生産に適した状態に保たれた、これら広大な地域の気候にかかっている。カナダとアメリカのプレーリーは、西の区域では農地としてすでに限界地である。しかし地球温暖化により、この北米の中心部ではダスト・ボウルの時代がまだなまぬるいと思えるほどに渇水が激化すると予測されている。今世紀中に人口が倍増するという予想が正しいとすれば、人類が自給できるかどうかはまったく不明だ。

地球温暖化で水の循環が活発になり、雨が増えると予想される地域もある。ニューイングランド、中部大西洋岸諸州、南東部では、降雨の頻度と強さが増し、雨による侵食が相当に起こりやすくなると考えられている。土壌侵食のモデルは、二〇パーセントから三〇〇パーセントの増加――農民が降雨パターンの変化にどれほど対応するかによる――を予測している。

都市が農地を呑み込んでいく

農地が直面する問題は地球温暖化と侵食の加速だけではない。カリフォルニア州サンタクララ・バレーで育った私は、パロアルトからサンノゼにかけての果樹園と畑がシリコンバレーに変わるのを見てきた。基礎検査員としての私の最初の仕事から学んだ、より興味深いことの一つが、建設用地の準備とは表土を埋立地に運んでいくことを意味するということだ。良質の表土は他の事業に使う盛り土として売られることもあった。すっかり舗装されたシリコンバレーが再び食糧を生産することは、当分はありえない。

アメリカでは一九四五年から一九七五年の三〇年間に、ネブラスカ州に相当する広さの農地がコンクリートの下に消えた。一九六七年から一九七七年にかけて、都市化によって毎年四〇万ヘクタール近いアメリカの農地が、非農業用途に転用された。一九七〇年代と八〇年代には、一時間に四〇ヘクタールの農地が非農業用途に転用されていた。一九六〇年代には膨張する都市がヨーロッパ屈指の農地の数パーセントを呑み込んだ。すでに、都市化によってイギリスの農地の一五パーセント以上がコンクリートで固められている。都市部の成長は、都市に食糧を供給するために必要な農地を消滅させ続けている。

冷戦期に農務省は、さまざまな土壌が長期的な農業生産を維持する潜在能力を評価するために、土壌喪失の許容値を設定した。この数値は技術的および社会的資源、すなわち一九五〇年代に経済的および技術的に実現可能とされたものに基づいていた。このアプローチに基づく土壌保全計画策定は、許容できる土壌侵食の速度を通常年間一ヘクタールあたり五〜一三トンと規定した。これは二五年から一二五年で二・五センチ（年間〇・二〜一ミリ）の喪失に相当する。しかし、農学者は一般に、土壌生産性を維持するには侵食を年間一ヘクタールあたり一トン未満――二五〇年に二・五センチ未満――に保つ必要があると主張する。農務省が定めた土壌喪失許容値より二倍から一〇倍低い。

持続不可能な土地利用

土壌生成の速度に関する確かなデータが手に入るようになったのは、ここ数十年のことである。したがって、この問題を理解することがどれほど大変か、わかりにくかった。農場は土壌を望ましい速度より速く失っていたが、農民は過剰生産を何とかしようとやっきになっており、食糧は安価な時代にあって、大局は容易に見失われる。だが多様な手法を用いた近年の研究はすべて、土壌生成速度が農務省の土壌喪失許容値よりも大幅に低いことを指摘している。世界中の河川流域で土壌生成速度を調査したところ、年間一ヘクタールあたり〇・一トン未満から一・九トンという速度が判明した。これが示すのは、二・五センチの土壌ができるのにかかる時間が、ヒースに覆われたスコットランドの一六〇年から、メリーランドの落葉樹林の四〇〇〇年以上までさまざまであるということである。同様に、地殻、土壌、水中における七大主成分元素の量に基づく地球化学的物質収支が、地球全体の平均土壌生成速度を二四〇年に二・五センチから八二〇年に二・五センチ（年間一ヘクタールにつき〇・三七から一・二九トンの侵食速度に相当する）に固定している。グレートプレーンズのレス土壌については、五〇〇年に二・五センチの土壌再生速度が、農務省の許容土壌喪失速度よりも現実的である。したがって、現在「許容」されている土壌喪失速度は、土壌生成より四倍から二五倍速く土壌侵食が進行するのを放置してしまい、長期的には持続可能ではない。

一九五八年に農務省は、国内の農地の約三分の二が、壊滅的と考えられる速度で――土壌喪失許容値より速く

——侵食されていることを確認した。一〇年後に行なわれた同様の調査で進展は見られなかった。国内の農地の三分の二が依然として許容値より速く侵食されていた。ダスト・ボウル以後土壌保全策が推進されたにもかかわらず、約八〇〇〇万ヘクタールのアメリカの農地が、一九七〇年代には収益が上がらなくなったり作物が生産できなくなったりしていた。独立から二世紀で、土壌侵食はアメリカの表土を三分の一はぎ取ってしまった。このペースでいくと、コロンブスが新世界に到着してから今までよりも短い時間で、表土をすべて失ってしまうかもしれない。

あと一世紀で表土がなくなる？

一九七〇年代までに、それまで数十年間にわたり成果を上げていた土壌保全計画が廃止されていた。政府の方針転換で、より積極的な耕作が支援されるようになったのだ。アール・バッツ農務長官のもとで、アメリカの農業政策は、畑をすみずみまで余すことなく耕作して、ロシアに売る作物を栽培することを奨励した。トラクターが大型化し、等高線耕作や段々畑のような土壌保全策が面倒な厄介事になるにつれ、輪作の一環として牧草やマメ科植物に代わって換金作物が栽培されるようになった。

一九七〇年代後半、四〇年に及ぶ取り組みにもかかわらず、土壌侵食がアメリカ農業を蝕み続けていることを、議会の一部は危機感を抱いて見ていた。一九七七年の土壌水資源保護法は農務省に国内の土壌を徹底的に評価することを要求した。四年かかって完成した一九八一年の報告書は、アメリカの土壌はダスト・ボウルから四〇年以上を経てなお、恐るべき速度で侵食されていると結論していた。一九七〇年代にアメリカは毎年四〇億トンの土壌——一九三〇年代よりも年間一〇億トン多い——を失った。貨物列車に一度にそれだけの泥を積んだとすれば、地球を二四周する長さになるだろう。その速度ではアメリカの残された表土が失われるのに一世紀しかからない。

現実には、土壌を守るための出費を政治的に支援することと、可能なかぎり大量の海外輸出向け作物の精力的な栽培を公的に奨励することを両立させるのは難しい。インフレを調整すると、農業保全プログラムへの政府の支援額は一九七〇年代に半分以下に減っている。どれだけデータを積み上げても、本当に問題なのは生産過剰による安値だという議会の認識は変わらなかった。穀物貯蔵庫がはち切れようとしているのに、なぜ税金を使って土壌を保全しなければならないのか？

改善された農業慣行

数十年にわたる土壌保全プログラムへの相当な出費が、アメリカの農地から侵食を減らすうえで効果があったのか、信頼できる情報がほとんどなかったことに問題の一端はある。資料に裏付けられたそのような研究の数少ない例の一つは、一九三六年から一九七五年の期間に、ウィスコンシン州クーン・クリークで土壌侵食がかなり減ったことを示している。一九三三年にアメリカ初の保全実証地域に指定されたクーン・クリーク流域は侵食が激しかった。急斜面すら整然としたパターンで耕された農地には被覆作物がなく、施肥が不適当で、輪作が満足に行なわれていなかった。牧草地は過放牧で侵食が進んでいた。四〇年以上にわたって土壌保全部の指導を受けた農民は、等高線耕作、連作に被覆作物を加える、厩肥の使用量を増やす、作物残渣をすき込んで土壌に戻すというような方法を採用した。一九七五年には、改善された農業慣行が広く採用されたことで、流域での斜面の侵食は、一九三四年のわずか四分の一にまで減少した。

最近の農務省の評価によれば、アメリカの耕地からの土壌侵食は、一九八二年の約三〇億トンから二〇〇一年の二〇億トンを少し切るまでに減少した。確かに相当な進歩だが、まだ土壌生成をはるかに上回っている。一九九〇年代後半、インディアナ州の農場では依然として一トンの穀物を収穫するために一トンの土が失われていた。古代文明の土壌保全の努力がきわめて不十分で、いつも遅すぎたことを私たちは知っているが、それでも今もって先人の轍を踏もうとしているのだ。ただ今回、我々はそれを地球規模で行なっている。

地球全体で、中程度から極度の侵食により、一九四五年以来一二億ヘクタール——中国とインドを合わせた面積——の農地が劣化している。ある推定によれば、過去五〇年間に利用され、放棄された農地の面積は、現在耕作されているものに等しいとされる。国連は、全世界の耕地の三八パーセントが第二次世界大戦以降、ひどく劣化していると推定している。毎年世界中の農場から七五〇億トンの土壌が失われている。土壌侵食の世界的な影響に関する一九九五年のある調査は、土壌侵食と土地の劣化で毎年一二〇〇万ヘクタールの耕地が消えていると報告した。これは、年間の耕地の喪失が、利用可能な土地の総面積のほぼ一パーセントであるということだ。これは明らかに持続可能ではない。

世界的に見て、平均年間一ヘクタールあたり一〇ないし一〇〇トンの耕地の侵食で、土壌は生成されるより一〇倍から一〇〇倍速く失われる。農耕が始まってから現在までに、世界中で潜在的に耕作可能な土地の三分の一近くが侵食によって喪失し、そのほとんどが過去四〇年以内に起きている。一九八〇年代後半、オランダ主導で行なわれた世界規模の土壌侵食アセスメントにより、かつて農地だった約二〇億ヘクタールの土地で、もう作物が育たないことがわかった。それだけの土地があれば数十億人に食糧を供給できる。私たちは失うことのできない泥を使い果たそうとしている。

土を守るためのコスト

一九九〇年代半ばにコーネル大学のデイビッド・ピメンテルの研究グループは、土壌侵食の経済的コストと土壌保全策の潜在的な経済的利益を試算した。彼らは、侵食で失われた水分保持能力を補い、減った土壌の養分の代わりに化学肥料を使用した場合の、現場でのコストを考えた。また、洪水被害の増加、貯水量の減少、航路を維持するために土砂に埋まった河川を浚渫するなどの現場以外のコストを計算した。土壌侵食によって起きた損害を解消するために、アメリカでは年間四四〇億ドル、全世界では年間四〇〇〇億ドル、地球上の人間一人につき七〇ドル以上――大部分の人間の年収を超える――のコストがかかると彼らは試算した。

一方、ピメンテルのグループは、アメリカの耕地の侵食速度を土壌生成速度の水準に合わせるために必要な投資額を、年間約六〇億ドルと試算した。さらに年間二〇億ドルでアメリカの牧草地もそうすることができる。土壌保全に一ドル投資すれば社会は五ドル節約できるのだ。

しかし、短期的には、農民にとって土壌保全を無視するほうが安上がりなこともある。土壌侵食を減らすためのコストは、それによって直接得られる経済的利益の数倍になりうるからだ。大きな負債を抱えた、あるいは利幅が小さな（またはその両方の）農家は、土壌を守って破産するか土地が経済的な価値をなくすまで耕すか、どちらかを選ばざるを得ないかもしれない。経済的・政治的な動機は、長期的には土壌生産性を損なうような農業慣行を助長するが、加速する土壌侵食と別の用途への転換から土地を守ることが、文明の農業的基礎を維持するために必要である。

多くの土壌保全手段は証明済みの技術である。ダスト・ボウルの後で土壌侵食を抑制するために採用された手段は、新しい発想ではなかった――等高線耕作と被覆作物の栽培は一世紀以上前から知られていた。輪作、マルチング、被覆作物の利用は古代の知識だ。段々畑もそうだ。段々畑は侵食を九〇パーセント減少させ、耕作による一般的な侵食の増加分を十分に埋め合わせることができる。

テキサス州、ミズーリ州、イリノイ州の土壌保全試験は、侵食を二倍から一〇〇〇倍遅らせ、綿花、トウモロコシ、ダイズ、コムギなど作物の収量を最大二五パーセント増加させた。土壌保全は急進的な新しい分野ではない。もっとも効果的な方法の多くは、何世紀にもわたって認められてきたのだ。

土壌侵食は古代社会を破壊し、そして現代社会を根底から蝕みうるという無視できない証拠があるのは確かだが、地球規模の土壌危機と食糧不足の切迫を警告する声の中には、誇張されたものもある。一九八〇年代初頭、農業経済学者レスター・ブラウンは、現代文明は石油より先に泥を使い果たしてしまうだろうと警告した。こうした不安を煽る予言がこの数十年当たらなかったことから、土壌侵食が食糧安全保障を危うくする可能性を、頭の古い資源経済学者は軽視した。しかし、侵食は土壌を農地から生成されるよりも速く奪い去ってしまう以上、そのような考え方は先見性を欠いている。土壌喪失が重大な危機となるのは二〇一〇年か二一〇〇年かを議論するのは的はずれである。

世界の貧困撲滅が遅々として進まないことに対してはさまざまな理由づけがなされているが、貧困が深刻な地域はほとんどすべて、環境が悪化していることで共通している。土地の生産能力が衰えると、土地に直接依存して生計を立てている者たちがもっとも影響を受ける。土地の劣化は経済的、社会的、政治的作用を原因とするが、一方でそれらの作用の原動力でもある。開発途上国において、土地劣化はますます貧困の元凶となっている。現実的に考えて、貧困撲滅は土地劣化をさらに進めるような方法では達成できない。

社会的かつ長期的な利益を守る

しかし土壌喪失は避けられないわけではない。どの州にも——そしておそらくどの国にも——表土の純損失なしに運営されている生産性と利益の高い農場はある。過去半世紀で土壌保全に相当な発展と前進があったが、社会はいまだ生産量を長期的な土地管理より優先している。収量減という形で農民がこうむる、土壌侵食を原因とする直接的コストは、一般に短期的には無視しうる。つまり保全策は、長期的には経済的に引き合うとしても、採用されないかもしれないのだ。だから多くの非常に生産性の高い農地が、将来の生産性を枯渇させているという危うい状況から、我々は抜け出せないのだ。

ダスト・ボウルとサヘルの教訓は、政府が土壌保全について調整を行ない、優先順位を決定し、投資をすることを強く訴える。人類全体が土壌に対して投資したものを守るインセンティブを、個人は必ずしも持っているわけではない。個人の短期的な利益が、社会の長期的利益と一致するとは限らないからだ。そこで中心問題は、農業に対する見方となる。農業は他のあらゆる産業の基礎であるが、我々はそれを単なる産業プロセスの一部として扱うようになっているのだ。

一九世紀を通じて、耕地面積の拡大は人口増加の速度を上回っていた。開拓農民がグレートプレーンズ、カナダの平原、ロシアのステップ、南米やオーストラリアの広大な地域を開墾していたからだ。二〇世紀初めにおいてさえ、それ以上の人口増は耕地面積の増加ではなく収量の増大によってもたらされねばならないことは明らかだった。

ジョン・ディアの鋤とサイラス・マコーミックの刈り取り機により、一件の農家の家畜がしっかりと肥やすことができる面積よりはるかに広い土地を耕作することができるようになった。耕作範囲を拡大し、新型機械をフルに活用するために、農民は、新しい土地の開拓に頼るパターンを続けるか、クォーターセクション〈訳註：アメリカ西部の開拓者に払い下げられた四分の一平方マイル〈六五ヘクタール〉の土地〉に十分な肥料を与えるために必要な八〇頭のウシに代わるものを見つけるかの選択を迫られた。非常に広い面積を新型の省力機械で耕作する潜在能力は、化学肥料に格好の市場を与えた。農場経営の規模は、もはや農場が土壌肥沃度を再生する能力に制限されることはなくなるのだ。

第八章　ダーティ・ビジネス

土を損なう国は、国自体を損なうことになる。
——フランクリン・D・ルーズベルト

持続可能な旧来の農業システムの一例

アマゾン川下流で急速な土壌破壊を見てから数年後、東チベットで遠征チームを率いていた私は、それと対照的なものを見つけた。その地方の悪路を車で走っていると、ズアンボ川の河谷に沿って一〇〇〇年前からの農業システムが見られた。私たちは古代の氷河湖を研究するために来ていた。氷河期から流れ出た洪水はヒマラヤの峡谷に大変動を引き起こし、ズアンボ川はその峡谷をたどってガンジス川へと合流している。太古の湖底が露出した部分を探しながら、私たちはニワトリやヤクやブタであふれる村々を車で通過した。街の周囲では低いシルトの壁が、オオムギやマメ、種にたっぷりキャノーラ油を含んだ菜の花の畑に土壌を抑え込んでいた。

数日後、土留めは一〇世紀にわたる湖底での農業に隠された秘密の一部でしかないことが明らかになった。管理されていない毎日のリズムに従って、チベットの家畜は昼間は野原に向かい、勝手に草を食み、夜には帰ってくる。一日のフィールドワークを終え、街中を通って帰る私たちは、ブタやウシが居住区に戻ろうとして辛抱強く待っているのを見た。この自走肥料散布機たちは、生産力が高い。少しの雨でも、畑と道路には茶色い堆肥が流れる。

かつて湖を形成していた氷河ダムの痕跡を発見した夜、私たちは辺境の町パイの安宿に泊まった。寝室にしつらえた手製の寝台は、かろうじて無塗装の厚板で仕切られていた。部屋に向かう私たちに経営者は、トイレに行きたくなったら裏庭ですればいいと言った。ブタが裏庭を掃除していることが、豚肉の夕食を食べている間、気になっていた。それでも、ブタが廃棄物を食べ、土壌に肥料を与え、そして人間が作物とブタを食べることの効率のよさを認めないわけにはいかなかった。

明らかな公衆衛生上の問題には目をつぶるとして、このシステムは土壌肥沃度を維持していた。たまに衛星放送用のアンテナが家の脇から突き出していること以外は、ズアンボ川沿いの村は、湖の水が抜けた直後からあまり変わっていないように見えた。土壌侵食を制御し、家畜を使って土地に肥料を与えることで、何世代にもわたって同じ畑を耕作することができたのだ。

過度の耕作という問題は先送りにされる

しかしチベットの農業は変わりつつある。ラサへ向かう道路沿いでは、移住してきた中国人の農民と意欲的なチベット人が、灌漑農地と温室団地を設置している。最初の農耕民が種をまく前に棒で土をひっくり返し始めて以来、歴史を通じて技術革新は定期的に農業生産を増加させてきた。鋤はより大きな棒を引くために動物を利用したことから発達した。重い金属の鋤の登場で、農民は表土が侵食で失われても下層土を耕すことができるようになった。これは劣化した土地で作物を育てることができるだけでなく、より多くの土地を耕作に供することができるということだ。

土壌をすき起こすことには、植え付けのために地面をほぐし、雑草の駆除を助け、作物の発芽を促進する意味がある。それは望ましい植物の成長を助けるが、一方で耕起は地面を剝き出しにし、普通なら降雨の衝撃を吸収して侵食に抵抗してくれる植生の保護をなくしてしまう。耕起することによって農民はきわめて多くの食糧を生産し、より多くの人口を支えることができるようになった――肥沃な泥を少しずつ枯渇させるという犠牲を払って。

農法として発達した農業慣行は、試行錯誤をくり返して改良された。主要な技術革新には、経験によって得られた厩肥や地域に適合した輪作の知識などがある。農業の機械化以前、農民は多種多様な作物を多くの場合手作業で、小さな農地に栽培し、刈り株、畜糞、ときには人糞までも土壌肥沃度を維持するためにリサイクルしていた。エンドウマメ、レンズマメ、インゲンマメなどを主要作物とともに輪作することを農民が覚えると、新しい泥が自然の力で定期的に運ばれてくる氾濫原の外でも、農業定住地が存続できるようになった。

熱帯アジアにおいて、稲作は当初の数千年間、初期のコムギ栽培と同じように乾燥地農業で行なわれていた。その後、二五〇〇年ほど前に、人工の湿地すなわち水田でのイネの栽培が始まった。この新しい慣行は、熱帯地方の農民を悩ませていた窒素の減少を防いだ。淀んだ水は窒素固定作用を持つ藻を育て、それが生きた肥料として機能するからだ。水田は人間や動物の排泄物を分解、リサイクルするために理想的な環境でもあった。

驚くべき適応力で、水田での稲作はアジア一帯に広まり、従来の農業慣行に向いていなかった地域で目覚ましい人口増を触発した。だが新しいシステムがより多くの人口を支えるようになっても、大部分の人々はいまだに飢餓すれすれで生活していた。食糧生産の増加は、貧しい者たちがより多くの食べ物を手に入れられることを意味しない。それはたいてい食糧を与えるべき人間が増えるということだ。

一九二〇年代初めの中国の飢饉に対処するための構想が不足していたとは、地理学者のウォルター・マロリーには考えられなかった。土木技術者は、河川を調節して作物に被害を与える洪水を軽減することを提案した。農業技術者は、灌漑と土地改良によって耕作面積を増やすことを勧めた。経済学者は、都市の資本を農村に投資することを奨励するような新たな銀行制度を提唱した。あからさまに政治的思惑を持つ者たちは、人口密度の高い地域の住民を、大きな空きのあるモンゴルに移すことを望んだ。対症療法にばかり集中して、限界耕作地での過度な耕作という根本原因に取り組む者はほとんどいなかった。

中国の驚くべき習慣

一九二〇年代、中国では一人の人間を一年間養うのに約一エーカー（〇・四ヘクタール）の土地が必要だった。土地所有者の三分の一は〇・二ヘクタール未満しか持っておらず、人ひとり、まして一世帯を支えるには足りなかった。個々の所有地の半分以上は〇・六ヘクタールに満たず、この事実が中国を常に飢餓の危機にさらしていた。不作の年が一年あれば、あるいは一種類の作物が不作になれば、飢饉が発生した。中国は自給能力の限界にあった。

食糧を入手するために平均的世帯所得の七〇〜八〇パーセントが費やされた。それでもなお、一般的な食事は一日二食の米、パン、カブの塩漬けだった。人々は端境期をやっとのことで生きのびていた。

それでも、四〇〇〇年を超える集約的な耕作にもかかわらず、小規模農民が土壌肥沃度を維持していることに、マロリーは感心した。彼は中国農業の寿命の長さを、急速に疲弊しているアメリカの土壌と対比した。都市

図23　砂を耕す中国の農民（写真提供: Lu Tongjing）。

や町から出る下肥を畑に戻して、集約的に有機肥料を与えることが鍵のようであった。化学肥料が手に入らなかった中国の小農は、みずから土地を肥やしたのだ。マロリーの時代までに、土壌の養分は四〇世代以上にわたる農民とその畑の間で循環していた。

一九二〇年代の飢餓救済担当官のY・S・ジャンは、豊作の省の住民が必要以上の食物を食べていないかを調査した。近隣が飢えているのに一部の省が飽食しているというのは、国家的に由々しい問題だった。

ある驚くべき習慣にジャンは気づいた。それは、収穫が安定しており豊富な紹興で広く行なわれているものであった。住民は消化できる量の二倍以上の米を日常的に食べ、一日に「二人前」を三度も詰め込んでいたことをジャンは報告している。だからこの地方の人間の排泄物は優秀な肥料になり、しかもそれが大量にあった。豊作のときでも、住民は作物を外部のバイヤーに売ろうとしなかった。代わりに、老練な農民たちは瀟洒な公衆便所を作って維持した。これが米の回収施設の役割を果たしたのだ。彼らは日常的に余剰作物を食べ、半消化の食べ過ぎた米を土壌に戻すことで、自然資本のストックに再投資していたのである。

土壌化学の大いなる発展

今日、中国の耕地面積一億三〇〇〇万ヘクタールの約三分の一は、水や風に著しく侵食されている。黄土高原の侵食速度は二〇世紀中にほとんど倍増した。この地域は現在、平均して年間一五億トン以上の土壌を失っている。文化大革命時に労働力を集中して段々畑を作り、そのため黄河の土砂量は半分になったが、にもかかわらず黄土高原では丘陵地帯の優に半分が表土を失ってしまった。

一九五〇年代から七〇年代にかけて、中国は一〇〇〇万ヘクタールの耕地を侵食で失った。中国南部の土壌の二〇~四〇パーセントはA層位を喪失し、土壌有機物、窒素、リンを最大九〇パーセント減らしている。化学肥料の使用量が増えているにもかかわらず、中国の作物生産量は一九九九年から二〇〇三年の間に一〇パーセント以上低下した。中国で農地が払底し始め、一〇億の国民が食糧をめぐって隣人といさかいを始めたらどうなるか、考えると気が気ではない。より楽観的に見れば——農業が世界の人口増加に追いついていけるかどうかを考えると——二〇世紀に農業生産が驚くほど拡大したことに救いが見いだせるかもしれない。

化学肥料が普及するまで、農業生産性の拡大は比較的緩やかだった。伝統的な農業慣行は、一三世紀から一九世紀の間にヨーロッパと中国で共に収量を倍増させた。器具の改良、輪作、土地排水は、土壌養分を構成する元素が発見され農芸化学工業発展の下地ができると、時代遅れとして捨て去られた。

土壌化学の基礎となる科学の大きな進歩は、一八世紀末から一九世紀初めにかけて起きた。ダニエル・ラザフォードとアントワーヌ・ラボワジエが、アメリカ独立戦争の四年前にそれぞれ窒素とリンを発見した。ハンフリー・デービーが一八〇八年にカリウムとカルシウムを発見した。二〇年後にフリードリッヒ・ウェーラーがアンモニアとシアヌル酸から尿素を合成し、有機化合物を工業的に作れることを示した。

有機物が土壌肥沃度の源であり、厩肥は収量を維持するのに役立つという通説を、ハンフリー・デービーは支持した。その後一八四〇年にユストゥス・フォン・リービッヒは、植物が有機化合物なしでも育つことを証明した。それでもリービッヒは、厩肥を用いマメと牧草を栽培して土壌に有機物を蓄積することを奨励した。しかしリービッヒは、同じ必須構成物質を含む別の物質を畜糞の代わりにできるとも主張した。「土壌から奪われたそれらの物質は完全に土壌に戻されなければならないこと、そしてこの復旧が排泄物、灰、骨のいずれによって達成されるかはまったく問題ではないことは、農業の原理として認められるべきである。化学工場で調合された……溶液によって畑に施肥されるときがやがて来るであろう」。この最後の発想は革命的であった。

リービッヒの実験と理論は現代の農芸化学の基礎を築いた。リービッヒは、植物の成長がその植物の必要量に対してもっとも供給の少ない物質に制限されることを発見した。また土壌に適正な養分を加えれば、作物は休耕することなく続けて栽培できると確信した。リービッヒの発見は、土壌を作物の成長に必要なものを供給する化学物質の倉庫とする見方に扉を開いた。

窒素とリンの強い影響力

リービッヒに触発されたジョン・ベネット・ローズは一八四三年、ロンドンのすぐ北にある一家の農園ロサムステッド農場で、肥料を与えた畑と与えない畑での収穫量の比較実験を始めた。少年時代からアマチュア化学者だったローズは、オックスフォード大学で化学を学んだが、学位を取得することはなかった。それでも彼は農場を経営しながら農芸化学の実験を行なった。厩肥と植物栄養素が作物の成長に及ぼす影響を調べてから、ローズは化学者のジョセフ・ヘンリー・ギルバートを雇い、リービッヒの無機質栄養素が、畑を未処置のものに比べて長期間肥沃に保つかどうかを実験させた。一〇年もしないうちに、窒素とリンは、厩肥を効かせた畑に勝るとも劣らず収量を引き上げることが明らかになった。

ある企業心に富む友人から、動物の死骸と骨からなる産業廃棄物の有効利用法を知らないかと尋ねられたことで、ローズの好奇心と商魂に火がついた。廃棄物を黄金に変えることは、挫折した化学者にとってこの上なくやりがいのある課題だった。天然の燐鉱石はほとんど不溶性で、そのままでは肥料としての価値はなきに等しい——リンが風化して植物が利用できるようになるには、途方もなく長い年月が必要だ。しかし燐鉱石を硫酸で処理すると、すぐに植物が利用できる水溶性のリンが生成される。ローズは、窒素とカリウムを添加した過リン酸肥料の製造技術の特許を取得すると、一八四三年にテムズ川沿いに工場を建てた。ローズの製品は作物の収量増に目覚ましい効果を発揮し、一九世紀の終わりにはイギリスは年間一〇〇万トンの過リン酸肥料を生産するようになった。

相当な利益を手にしたローズは、ロンドンとロサムステッドで半分ずつ過ごし、ロサムステッドでは自分の農場を、作物がどのように空気、水、土から養分を取るかを調べる大実験場として利用した。ローズは、肥料や農業慣行の違いが収量に与える影響についての、体系的な野外実験を監督した。窒素は植物の成長に必要というだけにとどまらず、窒素を主成分とする肥料をふんだんに与えると、収穫が大幅に増加した。ローズは自分の研究が農業科学の根本原理を理解するうえでの基礎であると考えた。同輩たちも同意して、一八五四年、ローズを英国学士院の会員に選出し、一八六七年には叙勲した。一九世紀末には、ロサムステッドは政府支援による研究所のモデルとなり、新しい農芸化学の福音を広めていた。

グアノという肥料の分析

今や農民は、適当な化学製品を泥に混ぜ、種をまき、あとは作物が育つのを見ているだけでよかった。植物の成長を促進する化学物質の力への信頼が農場管理に取って代わり、輪作と、農法を土地に適応させるという思想の両方を古めかしいものにした。数千年かけて発達し洗練されてきた慣行と伝統を、農芸化学革命がひっくり返すと、大規模な農芸化学が慣行農業となり、伝統的慣行は代替農業となった——たとえ農芸化学の科学的基礎で伝統的慣行が説明できようと。

一九世紀の実験は、草食動物は摂取した植物に含まれる窒素の四分の一から三分の一しか処理していないことを明らかにした。したがってその糞には多量の窒素が含まれている。それでも、厩肥はすべての窒素を土壌に戻すわけではない。肥料以外では、定期的にマメ科植物を栽培することが土壌窒素を保持し、なお長期的に作物を収穫する唯一の方法である。世界中の地域文化はこの基本的な農学上の事実を独自に発見していた。

一八三八年、ジャン＝バティースト・ブサンゴーは、マメ科植物は土壌の窒素を回復させるが、コムギやオートムギにはそれができないことを証明した。ついに輪作の秘密が現れたのだ。それがどのような働きによるものか解明するには、さらに五〇年かかった。一八八八年に二人のドイツ人農学者、ヘルマン・ヘルリーゲルとヘルマン・ウィルファルトは、ある研究を発表した。それは、土壌中の窒素を消耗する穀物とは対照的に、マメ科植物は空気中の窒素を有機物に取り込む微生物と共生していることを明らかにしていた。二人のヘルマンがマメ、エンドウマメ、クローバーなどが持つ窒素回復能力の微生物学的根拠を解き明かすころには、ペルー沖に大量に堆積した鳥糞石《グアノ》が発見されたことで、農芸化学の哲学はすでに確立し、急速に発達していた。

ペルー人は、コンキスタドールがやってくる何世紀も前から、グアノに肥料としての効果があることを知っていた。科学者にして探検家のアレクサンダー・フォン・フンボルトが、一八〇四年にチンチャ諸島で採取したグアノのかけらをヨーロッパに持ち帰ると、この奇妙な白い岩は農芸化学に興味を持つ科学者たちの関心を集めた。ペルーの乾燥した海岸の沖合いに位置するチンチャ諸島は、営巣する海鳥の大きなコロニーが何トンものグアノを残し、雨の少ない気候でそれが保存されるという理想的な環境にあった。そしてそれは大量にあった――ところによってはグアノが六〇メートルの厚さに堆積し、厩肥よりも優れた物質の山ができていた。リンが豊富なグアノには、窒素も一般的な厩肥の最大三〇倍含まれている。

グアノの肥料としての性質が認識されると、ほとんど全部がその物質でできた小さな島で、一九世紀のゴールドラッシュが始まった。この新しいシステムはうまくいった――グアノが採りつくされるまでは。そのころになると化学肥料が広く採用され、農業慣行は土地管理と栄養循環から栄養の添加へと移行していた。

鳥の糞で土壌を蘇らせる

アメリカに持ち込まれた最初の化学肥料は、『アメリカン・ファーマー』の編集者ジョン・スキナーが一八二四年に輸入したペルー産のグアノの樽二本だった。これがアメリカ農業の新時代の幕開けとなった。二〇年と経たずして、定期的な積荷がニューヨークに到着するようになった。グアノ取引は盛況となった。一八五〇年代にはイギリスとアメリカは合わせて年間一〇〇万トンを輸入するようになっていた。一八七〇年までに五億ドル分以上に相当する白い黄金がチンチャ諸島から運び出された。

保守的な農業組合は鳥の糞で土壌を蘇らせることができるという考えを嘲笑ったが、試した農民はその効果に

図24　山のようなチンチャ諸島のグアノ鉱床のリトグラフ。1868年ごろ（*American Agriculturist* 1868 27: 20）。

絶大な信頼を寄せた。価格と入手の難しさを考えると、グアノがメリーランドからバージニアやカロライナに至るまで着実に広まったことが、それが収量に効果をもたらしたことを証明している。グアノの普及で化学肥料への扉が開かれ、土壌肥沃度を維持するために厩肥に依存することはなくなった。これは農業の基礎を変貌させた。栄養の再循環に頼ることはなくなり、栄養が消費者へと一方通行で移動するようになった。以来、何も農地には戻らなくなった。

南アメリカの島から採掘できるグアノにも結局は限りがあった。ペルーの輸出は一八五六年にピークを迎えた。一八七〇年には上質のグアノはすべてなくなっていた。一八八一年にボリビア――現在海軍を持つ唯一の内陸国――はグアノの島への経路をめぐる戦争に敗れ、チリに太平洋岸を奪われた。数年のうちにグアノ税はチリ政府を潤した。収穫を大幅に向上させることが証明されて、グアノはたちまち戦略資源になった。

ペルー政府はグアノの専売権を厳しく管理していた。アメリカの農民はチンチャ諸島産グアノの値上がりに不満を覚え、ペルーによる独占の打破を訴えた。ミラード・フィルモア大統領は一八五〇年に議会に対し、グアノが妥当な価格で取引されるように保証することが政府の責務であると勧告した。企業家は、グアノを自由に採掘できる所有権のないグアノ島を再発見するため、捕鯨記録を徹底的に調べた。一八五六年にフランクリン・ピアース大統領がグアノ島法に署名し、占有者のいないグアノ島をアメリカ市民が私有財産として領有することを合法化してから、数十に上る熱帯の小島がアメリカ初の海外領土となった。後に世界へと乗り出す道を開きながら、これら小領地は近代的な化学肥料産業の発達を促す役割を果たした。

化学肥料を作りだす

リンの鉱床を持たない工業化途上のヨーロッパ諸国も、グアノ島の獲得に奔走した。ドイツはリンが豊富なナウルを一八八八年に併合したが、第一次世界大戦後、国際連盟がイギリス統治下に置いたために、失うこととなった。一九〇一年、イギリスはオーシャン島――一四キロ四方のリンの山――を併合した。イギリス国有のパシフィック島会社は、グアノをオーストラリアとニュージーランドに売ることを望んでいた。いずれも安価なリンがなかったからだ。年間の支払い額五〇ポンドで同社は島全体の採掘権を、権限のはっきりしない現地の首長から買った。そのような手続きの面倒など問題にならないほど儲けは大きかった。オーシャン島のリン取引量は、一九〇五年には年間一〇万トンに達していた。

第一次大戦後、イギリスリン鉱委員会はパシフィック島会社を買収し、ナウルからのリン採掘を六倍に増やした。島民は、イギリスが島の植生と土壌をはぎ取って自分たちの土地を壊していると抗議した。それに応えて、イギリス政府は残された採掘可能な土地を没収した。その直後、島全体で深部採鉱が始まった。以降、毎年一〇〇万トンのリンが英連邦の農場に向けて送られた。ナウルは一九六八年に独立したが、リン鉱床は大部分が消え、政府はほぼ破産状態である。かつて豊かな天国だったこの島国――世界一小さな共和国――は完全に露天掘りされてしまった。わずかに残った島民は、掘りつくされて月面のような不毛の地となった内陸部を取り囲む沿岸に住んでいる。

オーシャン島も似たり寄ったりである。リン鉱床は一九八〇年までに枯渇し、外国の土をより肥やすために人が住めなくなった土地で、住民はなんとか暮らしを立てている状態だった。島は現在、タックスヘイブンを産業にしている。

大規模なリン鉱床がサウスカロライナで南北戦争前夜に発見された。二〇年と経たず、サウスカロライナは年間三〇万トンを超えるリンを産出するようになっていた。南部の農民は綿花地帯の土壌を蘇らせるために、ドイツのカリとリン酸とアンモニアを混ぜて、窒素、リン、カリウムをベースとする肥料を作りだすようになった。

奴隷の解放も化学肥料使用量の急増に拍車をかけた。そうしなければプランテーション主は、疲れ切った土地を賃金労働者に耕作させることができなかったからだ。また彼らには、課税対象となる広い地所を休耕地にしておく余裕もなかった。したがって、ほとんどのプランテーション主は、解放された奴隷や貧農に土地を貸し出し、収穫の分け前か定額の借地料を取った。南部の新しい小作人は、畑から取れるだけのものを取らねばならないプレッシャーに常に直面していた。

商人は、使い古しの農地を耕そうとする小作人を、新しい化学肥料の専属市場として見ていた。彼らは貧しくて家畜を飼えなかったが、その農地は厩肥なしには十分な収穫を生むことができなかった。商人が小規模農家に植え付けから収穫まで必要な資金を貸し付けるようになると、高金利で短期の融資を返済するために、化学肥料のふんだんな使用が必要になることが経験上すぐ明らかになった。都合のいいことに、そもそも資金を貸し付けた商人から肥料は大量に買うことができた。

ヒルガードの警告

南北戦争直前、新たにミシシッピ州に勤務した地質学者ユージン・ヒルガードは、天然資源の一覧表を作製するために五年をかけて州内を回った。一八六〇年に発表した『ミシシッピ州の地質および農業に関する報告書』

は、土壌とは崩れた岩でできた単なる残り物の泥ではなく、その起源、歴史、環境との関わりによって形成されたものであることを提示して、近代的土壌学の基礎となった。

未開拓地を探していたヒルガードは、それぞれの土壌は植物が根を下ろす深さに応じて、それぞれ独特の厚みを持つことにすぐに気づいた。彼は土壌の特性が深さでどのように変化するかを記述し、表土と下層土（現在土壌学者がA層位／B層位と呼ぶもの）を別個の性質として定義した。ヒルガードのもっとも先鋭的な点は、化学的および生物学的プロセスの相互作用によって変化し維持される動的な物体として土壌を捉えたことだ。

地質学と化学の両方の教育を受けたヒルガードは、肥沃な土壌の秘訣は土壌栄養分を保持することにあると主張した。「植物が吸い上げた無機質成分を、私たちが定期的に補ってやらないかぎり、土地は永久に肥沃であることはない」。人間の排泄物を畑に戻して養分を再循環させることで土壌肥沃度を維持するアジアの慣行を、ヒルガードは賞賛した。アメリカの下水道は土壌肥沃度を海に流してしまっていると彼は考えた。この問題に手を貸すことを拒否したヒルガードは、自分の裏庭の菜園に自分で肥料を与えた。

一八七二年一一月に開催されたミシシッピ州農業機械博覧会協会で講演したヒルガードは、土壌の疲弊がいかに帝国の運命を決したかについて述べた。「農耕社会において、繁栄を続けるための基本的な条件は……土壌の肥沃さを維持しなければならない……ことであります。土壌疲弊はそのまま人口減につながります。住民は故郷の不毛の土地で得られなくなった生存と安心のための手段を、移住か征服に求めるのです」。後先を考えない土壌の利用は、アメリカにローマと同じ最期をもたらすだろうとヒルガードは警告した。

よりよい農機具を手にしたために、初めて耕作された土が……「疲れる」までにわずかな時間しかかからなくなっています。チカソー族とチョクトー族は、美しい公園のような猟場を異人種（訳註：白人）に明け渡しました。彼らが創造主の意図されたように……土地を利用していないという口実によってですが、我々がこの遺産をもっと良識的に使わなければ、その行為の道徳的権利を彼らは問うことでしょう。彼らの制度では、これらの土地は永久に存続したことでしょう。我々の制度のもとでは、これまでのやり方では、一世紀とたたぬうちにこの州はより広範囲に、ローマのカンパーニャ平原のような状態に劣化するでしょう。

ヒルガードは信念と説得力のある演説で聴衆の心を捉えた――土壌肥沃度を維持するためには酸性土壌の農地にマールを施し、毎年厩肥を撒くことが必要だと説くまでは。それはおしなべて行なう価値以上に面倒なことに思われた。

土壌肥沃度は土中の有機物に依存するという俗説をヒルガードは正しく退けた。同時に、土壌肥沃度は土壌の構造と吸水力に基づくとする西欧の教義をも否定したヒルガードは、粘土が植物の成長に必要な栄養分を保持していると信じ、化学肥料に頼ることは土壌の疲弊を助長する危険な中毒だと考えた。

ある種の植物は生えている土壌の性質を示すことをヒルガードは認識していた。野生のリンゴ、野生のスモモ、ポプラはカルシウム豊富な土壌でよく育つ。マツはカルシウムに乏しい土壌でよく成長する。一八八〇年の国勢調査用に綿花生産の評価をするため連邦政府に雇われたヒルガードは、地域の土壌を物理的化学的な違いに基づいて個別の等級に分類した、二巻の書物を著した。ヒルガードが強調したのは、農業ポテンシャルを判断する前に、土壌の厚さや地下水の深さと同じように土壌の物理的性質を理解することだった。無機質中のリンとカリウム、土壌有機物中の窒素が土壌肥沃度を左右するとヒルガードは考えた。ヒルガードの国勢調査報告書は、肥料の積極的使用が南北カロライナで農業を復活させ始めたことを記述している。

画期的な土壌形成の報告

ヒルガードはまた、ミシシッピ州の丘陵地帯の農民が、谷底を集中的に耕作していることを報告している。そこには高台での綿花プランテーションからはぎ取られた黒い表土が堆積していた。打ち捨てられた高台の農場の真ん中にある無人の邸宅を、巨大なガリーが取り巻いていた。農業の永続のためには、毎年最大限の利益をあげることを目的とする大規模な商業プランテーションや小作農ではなく、小規模な自営農が必要だと彼は考えた。

深南部で形成された土壌観を抱いて、ヒルガードは四〇代初めでバークレーに移り、新しくできたカリフォルニア大学の教授職を得た。彼がやって来たのは、ちょうどカリフォルニア住民がゴールドラッシュの熱狂から覚め、セントラルバレーのアルカリ土壌——東部には例のない塩類を含んだ土地——をどのように耕作したらいいか悩み始めたころだった。新聞は、作物が奇妙にもしおれてしまったり、不十分な収穫しか得られなかったといった記事に満ちていた。

アルカリ土壌の区域は、灌漑がカリフォルニア州全土に普及するにつれて拡がった。新しい灌漑農地ができると、地域の地下水面が少し上昇する。毎年夏になると、蒸発の作用で塩類が土壌に吸い上げられる。ランプの芯のように、粘土質土壌は塩類を地表近くまで運ぶことにヒルガードは気づいた。水はけのよい砂質土には塩類が蓄積しにくかった。アルカリ土壌はすばらしい耕土にできることにもヒルガードは気づいた——塩類を取り除くことさえできれば。

塩分を含んだ土壌は、ノアの洪水のあとで蒸発した海水に由来するという当時の俗説と、ヒルガードは戦った。古代洪水説はまったく理屈に合わなかった。泥の中は関係のない物質でいっぱいだったのだ。カリフォルニアの土壌は硫酸ナトリウムと炭酸ナトリウムに富むが、海水には塩化ナトリウムが豊富に含まれる。土壌中の塩類は、岩の風化によってでき、土壌水分に溶け、水が蒸発したところに再び発生したものである。乾燥した地域で土壌の塩分が多いのは、雨が地面にしみ込み、土壌の中で蒸発するからだとヒルガードは推論した。だから、大雨が降ればアルカリ分が土壌から溶脱されるように、洪水がくり返されれば塩類を地面から洗い流せるかもしれない。

土地の改良を望んでいる農民と協力して、ヒルガードは土壌中の水分の蒸発を減らすためのマルチングを提唱した。また石膏を使ったアルカリ土壌の改良実験を行なった。一八九三年の大晦日、『サンフランシスコ・エグザミナー』紙は、ヒルガードが「アルカリ平原を麦の穂が揺れる沃野」に変えることに成功したと高らかに報じた。翌年の後半、八月一三日には『ウィークリー・コルーサ・サン』が、ヒルガードの研究は「大学の全費用」の価値があるとまで言い切った。

ヒルガードのミシシッピ州での研究は、土壌の発達に地質、地形、植生が重要な役割を果たすことを示していたが、カリフォルニアでの研究は気候の重要性に重点が置かれていた。一八九二年にヒルガードは、全国から集めたデータをまとめ、土壌がいかに形成されるかを説明した画期的な報告を発表した。西部で普通に見られる炭酸カルシウムに富む土壌が東部ではまれな理由や、熱帯の高い温度と湿度が栄養分を溶脱して、完全に分解された泥を作る過程を、ヒルガードは説明した。ヒルガードの報告は、土壌の物理化学的特性が、基岩を風化させる地域の気候と植生の働きの相互作用を反映しているという基本的な概念を明示した。土壌は動的な境界面——文字通り地球の皮膚だった。

ヒルガード vs ホイットニー

ヒルガードの総合的な報告以前、土壌学はヨーロッパとアメリカ東部の湿潤気候をもとにした認識が支配的だった。土壌同士の差異は単純に、異なる岩の分解物に由来する残留物の違いと考えられた。気候が地質と同様に重要であると明らかにすることで、ヒルガードは土壌がそれ自体として研究するに値するものであることを示した。またヒルガードはさまざまな炭素窒素比の観察に基づいて、窒素は土壌中の主要な制限養分であるという考えを支持し、一般に作物生産は窒素の施肥に大きく反応すると考えた。

今でこそヒルガードは土壌学の始祖の一人とされているが、その土壌形成と窒素不足に関する考えは、東部の農学部では無視された。とりわけサウスカロライナのミルトン・ホイットニー教授は、土壌水分と土性だけが土壌肥沃度を左右するという考えを支持し、土壌の化学的性質はさほど問題ではない、なぜならいかなる土壌も作物が必要とする以上の養分を持っているからだと主張した。重視されたのはシルト、砂、粘土の混合比だった。化学組成に基づけば、ホイットニーにも一理あった。しかし植物が土壌中にあるものすべてを利用できるわけではないことをヒルガードは知っていた。

一九〇一年、ホイットニーは農務省土壌局長に任命された。この新しい部署は全国の土壌と土地の調査を大々的に開始し、農民が利用できるように詳細な土壌調査地図を公開し、すべての土壌はいかなる作物を栽培するにも十分な無機質を含んでいると信じて、国中の泥に自信を持っていた。「土壌はわが国が持つただ一つの壊れることも変化することもない財産である。枯渇することのありえない唯一の資源である。それを使い果たすことはできないのだ」。激怒した老齢のヒルガードは、土壌局の調査には地質学的および化学的な情報が欠けていることに不満を述べた。

数年後の一九〇三年、ホイットニーは農務省公報を出版し、その中ですべての土壌は、比較的不溶性のミネラルが飽和した驚くほど類似の栄養分の溶液を含むと主張していた。ホイットニーによれば、土壌肥沃度は土壌が植物の成長を支える固有の能力よりも、単に作物を栽培するために用いられる耕作方法に依存するという。土壌肥沃度は事実上無限なのだ。憤慨したヒルガードは、政治的なコネを持つホイットニーの拡大する影響力と戦うことに晩年を費やした。

意見の分かれる公報を出版する一年前、ホイットニーは新設された土壌管理部の長としてフランクリン・キングを雇っていた。コーネル大学を卒業したキングは一八八八年、ウィスコンシン大学によって四〇歳でアメリカ初の農業物理学教授に任命された。アメリカ土壌物理学の父と尊敬されたキングも、やはり土壌肥沃度を研究していた。

キングがワシントンに留まった期間は短かった。新しいポストで、キングはバルク土壌組成、土壌溶液中の植物栄養素のレベル、収穫量の関係を研究した。土壌溶液中の養分の量は、土壌試料の全化学分析が示唆する量と異なっているが、収量と相関関係があった——新しい上司が発表したものと対立する結果である。この結果を認めることを拒否して、ホイットニーはキングに局を辞職させ、あまり邪魔にならない学究生活へ戻らせた。

戦略資源としてのリン

ヒルガードとホイットニーが学術誌上で争っている間に、地質、化学、気象、生物に影響を受ける生態系としての土壌という新しい概念が進化していた。特に窒素固定の生物学的根拠の認識は、地質学と生物学の接点としての土壌という現代的概念の基礎を築くうえで貢献した。発見されてから一世紀と経たずして、窒素、リン、カリウムは農学者にとって重要な元素となった。それらをいかにして十分に手に入れるかが問題であった。

窒素は大気の大部分を構成するが、植物は安定したN_2ガスとして結びついた窒素を利用することができない。有機体が利用するためには、原子が二つ結合した不活性の窒素分子をまず分解して、半分ずつ酸素か炭素か水素と化合させなければならない。これができる生命体はおよそ一〇〇属のバクテリアだけであり、マメ科植物の根に付いているものがもっとも重要である。ほとんどの作物は土壌中の窒素を減らしてしまうが、クローバー、アルファルファ、エンドウ、インゲンマメなどの根粒には、大気中の窒素から有機化合物を作るバクテリアが棲んでいる。このプロセスは植物にとってだけでなく、我々人間にとっても不可欠である。人間は体内で合成できない一〇種類のアミノ酸を、できあがった形で摂取する必要があるからだ。耕土中に高いレベルの窒素を維持するためには、窒素を消費する作物と窒素を補充する作物を輪作するか、あるいは絶えず窒素肥料を与えてやらなければならない。

リンは窒素のように豊富ではないが、やはり植物の成長に欠かせない。カリウム(地殻の平均二・五パーセントを占め、ほぼどこの岩にも天然の肥料としてすぐに利用できる形で存在する)と違い、リンは造岩鉱物の中では微量成分である。多くの土壌で、リンの供給がないことが植物の成長を制限している。したがって、リンをベースにした肥料は作物の生産性を大幅に向上させる。岩の風化以外の天然のリン供給源は、比較的まれなグアノの鉱床か、もっと普通に見られるが濃度は低い、リン酸カルシウム岩だけだ。一九〇八年には、アメリカは単独で世界最大のリン生産国となっており、サウスカロライナ、フロリダ、テネシーの鉱床から二五〇万トン以上を採掘していた。アメリカのリン産出量の約半分は主にヨーロッパへと輸出された。

第一次世界大戦まではアメリカの土壌で深刻なリン不足が明らかになっていた。

南部から東部の広い範囲でリンが非常に不足しており、リン化合物を肥料として使用せずに作物を育てようとすることはほとんどない……。ニューヨーク州西部とオハイオ州では、せいぜい五、六〇年前には国の生産力の中心とされていたというのに、この物質がきわめて深刻に減少しており、リン酸肥料の輸入が続けられている。

二〇世紀初めに試算された一般的な農業状況で失われるリンの量から、耕作を一世紀続けると、中西部の土壌から天然のリン供給源は枯渇してしまうと予測された。リンは戦略資源となっていたので、リン鉱床の国有化と輸出の禁止の要求がワシントンでは広まりだした。

農業生産、肥料に関するホイットニーの見解

一九〇一年三月一二日、産業委員会は土壌局長ミルトン・ホイットニーを召致し、ニューイングランドと南部の耕作放棄農地について証言させた。ホイットニーは、ニューイングランドで農地が放棄されたのは新たに開通した鉄道を使って中西部から作物が大量に流出し、価格が下落したせいだと言った。ニューイングランドの農家は西部産の安いコムギやウシと競争できなかっただけだというのが彼の見解だった。

ホイットニーは委員会で、地域の土壌や気候に合わない作物を栽培することが農地の放棄につながると述べた。二〇年前にカンザス、ネブラスカ、コロラドの半乾燥地帯に作られた農地が、数年間は好況だったが、その

後渇水の年が続くと不作となったことを彼は説明した。この地域の降水は予測できないので、同じことがまた起きるとホイットニーは確信していた。

またホイットニーは、社会情勢が農業生産に影響するとも考えていた。メリーランド南部の最高の農地は一エーカー約一〇ドルで売られていた。ペンシルベニア州ランカスター郡の同等の土地は、同じ面積で一〇倍以上で売られている。すべての土壌は同様の生産力を持つとホイットニーは信じていたので、地価の違いを説明するのに社会的要因を持ちだした。ペンシルベニアの農民は自分で農地を所有し、自分たちの食料の大部分を含めた多種多様な作物を栽培している。農民は余剰の作物を地元で売る。一方メリーランドの農場では、雇われた監督や小作人が離れた市場で売るためのタバコ、コムギ、トウモロコシを栽培している。輸出志向の換金作物のモノカルチャーがメリーランド、バージニア、その他南部諸州全般が貧しくなる原因だとホイットニーは考えた。

ホイットニーは化学肥料が収量を大幅に増加させると見ていた。自然の肥沃度は土壌を生成する岩の風化で維持されるとホイットニーは考えた。肥料はそこに余剰の生産性を付加する。「疑いもなく我々は肥沃度を、自然の限界をはるかに超え、通常の作物生産の限界をはるかに超えて高めることができる……。この意味で施肥の効果は、作物がすぐに利用できる形で土壌に植物の栄養を加えるというだけだ」。肥料は土壌鉱物の分解を速め、土壌生成を加速するとホイットニーは考えた。肥料によって強化され、すべての仕組みがより速く動けるようになるのだ。

実際問題、ホイットニーは高収量を維持するように調整すべき機械として土壌を捉えていた。彼の考えでは、農地が持つ特定の土壌型を無視するというアメリカ農民の有害な癖は、彼らが土地にそれほど長くとどまっていないという事実を反映していた。一九一〇年にはアメリカの農民の半数以上が五年未満しかその土地にとどまっておらず、土を知るには時間が不十分だった。

まだ解決していない飢餓問題

ここで土壌学者の出番となる。「土壌学者が人と土壌との共同に対して持つ関係は……化学者が鉄鋼業者や染料業者に対して持つ関係と同じである」。ホイットニーは文字通り土壌を作物工場として見ていた。「それぞれの土壌型は固有の、有機的な存在——工場や機械のような——であり、その中において部品は効率的に働くように正しく調整されていなければならない」。しかし彼は、アメリカの農民が国内の泥の工場をどのように運営しているかには関心を持たなかった。新しい技術と農業用化学製品の集中的使用がアメリカの未来を決めるというのがホイットニーの意見だった。それがドイツの技術で実現されたイギリスの思想となるであろうことは、土壌局長にはわからなかった。

一八九八年、英国学術協会会長サー・ウィリアム・クルックスは、協会の年次総会において講演するにあたり、彼が言うところのコムギ問題——いかにして世界を養うか——を論題に選んだ。クルックスは、グアノとリン鉱床を永久に掘り続けることはできない以上、肥料生産を根本的に改革する必要性があると考えていた。コムギの収量を上げるにはより多くの肥料の投入が必要であり、また窒素が主な制限養分となることに、クルックスは気づいていた。明らかな長期的解決策は、ほぼ無尽蔵な大気中の窒素を利用することだった。新世紀に増加する世界の人口を養うには、大気中の窒素を植物が利用できる形に効率よく変換する方法を探ることが必要だった。科学はマメ科植物を迂回する方法を見つけだすだろうとクルックスは信じていた。「英国をはじめすべての文明国は、食糧を十分に得られなくなるという危機にさらされています……。我々のコムギを生産する土壌は、そこにかかる負担に耐えるものではまったくありません……。化学者こそが救いの手を差し伸べなければなりません……。研究室こそが、飢えを究極的に豊かさへと変えるでしょう」。皮肉なことに、窒素の問題を解決することが世界の飢餓を根絶することにはならなかった。代わりに人口が膨れ上がり、今日では過去にないほど多くの人々が飢えるまでになった。

ハーバーボッシュ法の価値

天然の肥料であるだけでなく、硝酸塩は火薬の製造に不可欠なものだ。二〇世紀初頭には、工業国は国民に食糧を、兵器に弾薬を与えるためにますます硝酸塩に頼るようになっていた。イギリスとドイツは特に積極的に、硝酸塩の確実な供給源を求めていた。両国ともこれ以上耕作可能な土地はほとんどなく、自国の農地の収量が比較的高いにもかかわらず、すでに大量の穀物を輸入していた。

硝酸塩の供給を断つ海上封鎖に弱いことから、ドイツは大気中の窒素を捕える新たな方法を開発しようと相当な労力を費やした。一九〇九年七月二日、アンモニアの合成を数年にわたり試みた末に、フリッツ・ハーバーはカールスルーエの研究所で、五時間持続して液体のアンモニアを製造することに成功した。クルックスの掲げた目標はわずか一〇年で達成された。一世紀と経たず、世界中の人間の体内にある窒素の半分は、ハーバーが開発した工程で得られたものとなる。

バーディッシェ・アニリン・ウント・ゾーダファブリーク（ＢＡＳＦ）の化学者カール・ボッシュは、ハーバーの実験的な工程を驚くほど早く商業化した。現在ハーバーボッシュ法として知られるものだ。実験プラントは一年後には稼働しており、最初の商用プラントの建設開始が一九一二年、初めて工業用アンモニアが流れ出したのが翌年の九月だった。第一次大戦が始まるころには、この工場は一日に二〇トンの大気中の窒素を捕えていた。

ドイツ首脳部が怖れていたように、イギリスの海上封鎖は、戦争開始からチリ産硝酸塩のドイツへの供給を遮断した。塹壕戦という新しいスタイルの戦争に今までにない量の火薬が使用されるため、ドイツの軍需品は一年以内に底をつくであろうことが、すぐに明らかになった。海上封鎖によって、ＢＡＳＦもプライマリーマーケットと収入源から遮断された。開戦から数カ月で、同社の新しいアンモニア工場は肥料から軍需工場向けの硝酸塩の生産へと転換した。終戦のころには、ＢＡＳＦの製品はすべて軍需品に利用され、国防省とともに同社は、大工場をフランスの空襲を受けないドイツの深奥部に建設していた。しかし結局、ドイツ軍は弾薬よりもむしろ食糧がつきてしまった。

戦後、他の国々がドイツの注目すべき新しい硝酸塩製造法を採用した。連合国はただちにハーバーボッシュ法の戦略的価値に気づいた。ベルサイユ条約はＢＡＳＦに対し、フランスのアンモニア工場にライセンスを与えることを命じた。アメリカでは、国防法の規定に従ってテネシー川のマセル・ショールズにダムを建設し、発電した安価な電力を、肥料でも軍需品でも需要の大きなほうを生産できる合成窒素工場に送電した。一九二〇年代、ドイツの化学者はハーバーボッシュ法に手を加えて、メタンをアンモニア製造の供給原料として使えるようにした。ドイツには天然ガス田がなかったので、一九二九年にシェル化学がカリフォルニア州ピッツバーグに安価な天然ガスを安価な肥料に変える工場を開設するまで、このより高効率な製法は商業化されなかった。アンモニア合成を主な手段として大気中の窒素を固定する技術は、大恐慌の産業停滞にちょうど間に合った。

アンモニア生産量の増大

アンモニア工場の建設は、第二次世界大戦の前夜に再び本腰を入れて始められた。テネシー川流域開発公社（ＴＶＡ）のダム群が、火薬生産のために新しく建設されるアンモニア工場に格好の立地を提供した。日本がパールハーバーを攻撃したとき、稼働していた工場は一カ所だった。ベルリン陥落までに一〇カ所が稼働していた。

戦後、世界中の政府は、突然不要になった軍需工場からのアンモニアの市場を探したり育成したりしていた。ＴＶＡ対象地域の化学肥料使用量は、安価な硝酸塩が豊富に供給されたおかげで急速に伸びた。アメリカの肥料生産量は一九五〇年代、テキサス、ルイジアナ、オクラホマにある新しい天然ガスの供給原料工場が、北のトウモロコシ地帯《コーンベルト》へ液体アンモニアを送るパイプラインにつなげられると、爆発的に増加した。空襲の被害を受けたヨーロッパの工場も再建され、肥料生産に転用された。ロシアのアンモニア生産の拡大は、中央アジアとシベリアの天然ガス田を拠点としていた。全世界のアンモニア生産量は一九六〇年代に二倍以上となり、七〇年代にまた倍増した。一九九八年までに世界の化学工業が生産するアンモニアの量は、年間一億五〇〇〇万トンを超え、そのうちハーバーボッシュ法の供給量は九九パーセントを超えていた。天然ガスは依然として主要な供給原料であり、世界のアンモニア生産の約八〇パーセントはそこから作られている。

化学肥料の重要性の高まり

先進工業国の農業生産は二〇世紀後半でほぼ倍増した。この生産力向上の多くは化学肥料への依存が増したことに由来する。全世界の窒素肥料の使用量は第二次世界大戦から一九六〇年までの間で三倍に増え、七〇年までにまた三倍になり、八〇年代までにさらに倍増している。安価な窒素が簡単に入手できることで、農家は昔から行なわれてきた輪作や定期的な休耕をやめ、条播作物を連作することを選ぶようになった。一九六一年から二〇〇〇年の期間、完璧に近い相関関係が、世界的な化学肥料使用量と全世界の穀物生産高の間に存在する。

工業化された農芸化学が作物の収穫高を増加させるにつれ、土壌生産性は土地の条件と分離していった。大規模モノカルチャーへの移行と化学肥料への依存の高まりは、畜産と耕作を切り離した。化学肥料があれば、土壌肥沃度を保つために厩肥などもはやいらなかった。

窒素肥料の需要増は、大部分が増大する世界人口を養うために新しく開発された多産種のコムギやコメの採用を反映していた。一九七〇年、ノーベル平和賞受賞講演で、緑の革命の多産種のコメを先駆けて開発したノーマン・ボーローグは、化成肥料生産が作物生産を劇的に増やしたと賞賛した。「多産種の矮性コムギとコメが緑の革命に火をつけた触媒だとすれば、化学肥料はそれを前へと押しやる力となる燃料であります」。一九五〇年には高収入の先進諸国が、窒素肥料消費の九〇パーセント以上を占めていた。二〇世紀末になると、低収入の開発途上国が六六パーセントを占めた。

開発途上国では、植民地政策によって、もっともよい土地は輸出用作物に充てられたため、増加する人口を支えるために限界耕作地を集約的に耕作しなければならなくなっていった。新しい多産種の作物は、一九六〇年代にコムギとコメの収量を飛躍的に高めた。しかし収量の増加にともない、より集中的な化学肥料と農薬の使用が必要となった。一九六一年から一九八四年の間に化学肥料の使用量は開発途上国で一〇倍以上に増加した。裕福な農民は繁栄したが、多くの小農には革命に加わるゆとりがなかった。

緑の革命は、現代農業が依存する利益の大きな化学製品の世界市場を作りだすと同時に、この依存の道を選んだ国が現実的に方向転換することを、ほとんど不可能にした。個人の場合、このような行動を心理学者は依存症と呼ぶ。

それでもなお、緑の革命の作物は、現在アジアで栽培されるイネの四分の三以上を占める。第三世界の農民のほぼ半数が緑の革命の種子を使っており、それは窒素肥料の単位量あたりの収量を二倍にする。耕作面積の拡大と相まって、緑の革命は一九七〇年代半ばには第三世界の農業生産を三分の一以上増加させた。またしても、農業生産力の増大は飢餓を終わらせなかった。人口が並行して増えたからだ——今度は天然の土壌肥沃度が維持できるものを大幅に超える増加だった。

緑の革命とは何だったのか

一九五〇年から一九七〇年代前半の間に全世界の穀物生産量は二倍近くになったが、一人あたり穀物生産量は三分の一増えただけだった。一九七〇年代以降、穀物生産量の伸びは鈍くなり、アフリカでは一人あたり生産量が一〇パーセント以上減った。一九八〇年代前半には、農業生産の拡大による穀物の余剰を、増加した人口が消費していた。一九八〇年の世界の穀物備蓄は四〇日分に低下していた。一年分に満たない穀物の在庫しか持たずに、世界は端境期を生きていた。先進国では、近代的な食品流通ネットワークは通常、流通経路に数日分の供給量しか常備していない。

一九七〇年から一九九〇年にかけて、飢えた人々の総数は一六パーセント減った。これは一般には緑の革命の功績とされている。しかし、もっとも大幅な減少は緑の革命が届かなかった共産主義の中国で起きている。飢餓に苦しむ中国人の数は四億人以上から二億人未満へと五〇パーセント以上減少した。中国を除けば、飢えた人の数は一〇パーセント以上増えている。中国革命による土地の再分配が飢餓を減らすうえで効果的であったことは、経済的および文化的要素が、飢餓対策には重要であることを示す。マルサスの思想をどう考えるにせよ、人口増加は依然重大問題である――中国以外では、途方もない農業生産の増加を人口増加が上回っていたのだ。

緑の革命が世界の飢餓を終わらせなかったもう一つの重要な理由は、最貧層の農民には買うゆとりのない化学肥料の集約的な使用に、収量の増加がかかっていたことである。収量増は、新しい方法を取り入れる余裕のある農民にとっては利益になったが、それも作物の価格が肥料、農薬、機械のために増えたコストをまかなえばの話だ。第三世界の国々では、肥料と農薬の支出額が緑の革命の収穫量よりも早く上がった。貧しい人々が食料を買えないなら、収穫が増えてもその人たちを食べさせることができない。

さらに不穏なのは、緑の革命の新しい種子が、第三世界の化学肥料と石油への依存度を高めていることだ。インドでは肥料一トンあたりの農業生産が三分の二低下する一方で、肥料の使用量は六倍に増えた。ジャワ島西部では、一九八〇年代に肥料と農薬の費用が三分の二急騰したため、四分の一の収量増でもたらされた利益が帳消しになってしまった。アジア全域で、化学肥料の使用量はコメの収量の三〇～四〇倍速く伸びている。一九八〇年代以来のアジアで起きている収穫高低下は、灌漑と化学肥料の使用の集約度を増したために土壌が疲弊したことの現れだと考えられる。

石油に依存する農業の始まり

安価な化学肥料――そしてその製造に使われる安価な石油――なしには、この生産性は維持できない。今世紀に入って石油価格が上昇し続けているため、このサイクルは壊滅的な結果を伴って失速するかもしれない。私たちは過去数十年間で一兆バレルを超える石油を燃やしている。一日あたりにすれば八〇〇〇万バレルであり、ドラム缶を積み上げれば月と地球の間を優に二〇〇〇往復する。石油ができるには特定の地質学的偶然の積み重ねと、途方もなく長い時間が必要である。まず、有機質に富む堆積物が、分解するより早く埋もれなければならない。それからその物質が地殻の中に何キロも押し込まれ、ゆっくりと加熱されなければならない。深く埋まりすぎたり加熱が早すぎたりすれば、有機分子は燃えつきてしまう。浅いところにとどまっていたり時間が短すぎたりすれば、泥が石油になることはない。最後に、不浸透性の層が石油を掘り出せるような透過性の層に閉じ込める必要がある。それから誰かがそれを見つけて地中から取りださなければならない。一バレルの石油ができるには数百万年の年月がかかる。私たちは数百万バレルを一日で使っている。我々が石油を使い果たしてしまうだろうことに疑いはない――問題はいつかということだけだ。

石油生産がピークに達する時期の推定には、二〇二〇年以前から二〇四〇年ごろまで幅がある。このような推定には政治的あるいは環境的制約は考慮されていないので、世界の石油生産のピークは、もうまもなくだと考える専門家もいる。実際、世界の石油需要は少し前に初めて供給を上回った。正確にいつ石油を使い果たしてしまうかは中東の政治情勢の展開次第だが、細かいことはさておき、石油生産は今世紀末には現在の生産量の一〇パーセント以下に落ち込むと予想される。現在、農業は石油使用量の三〇パーセントを消費している。供給量が減るにつれ、石油や天然ガスは肥料生産に用いるには高価すぎるものになるだろう。石油を基礎とする工業的農業は、今世紀後半のいつかに終わりを迎える。

飢餓がなくならない理由

意外なことではないが、農薬と化学肥料を集約的に用いた農業が、世界の貧しい人々に食糧を与えるために必要だとアグリビジネスは言っている。しかし、約一〇億人が日々飢えていようとも、工業的農業は答えではないかもしれない。過去五〇〇〇年にわたり、人口は食糧供給能力と足並みを揃えてきた。ただ食糧生産量を増やすだけではこれまでうまくいかなかったし、人口増加が続くかぎりこれからもうまくいかないだろう。国連食糧農業機関は、すでに地球上の人間すべてに一日三五〇〇カロリーを与えられるだけの作物が生産されていると報告している。一人あたり食糧生産量は一九六〇年代以降、世界の人口よりも速く増加している。世界から飢餓がなくならないのは、農業生産能力の不足よりも、食料事情の不平等や分配の社会的問題、経済が原因なのだ。

世界の飢餓がこれほどまでになった理由の一つが、工業化された農業が地方の農民を追いだし、十分な食物を買う余裕のない都市の貧困層に加わらざるを得なくしていることだ。多くの国で、旧来の農地の多くが自給農場から付加価値の高い輸出作物を栽培するプランテーションへと転換された。自分の食糧を作る土地のない都市の貧困層は、食料が売られていても、たいていの場合十分に買う金がない。

アメリカ農務省は、国内で毎年使われる化学肥料の約半分が、表土の侵食で失われた土壌栄養分を補充しているだけだと推定している。このことは、化石燃料（今までに発見された中で地質学的にもっとも希少でもっとも便利な資源の一つ）を消費して、泥（考えうるもっとも安くどこにでもある農業資源）の代用品を供給するという異様な立場に私たちを立たせることになる。

伝統的な牧草、クローバーまたはアルファルファの輪作は、耕作を続けて失われた土壌有機物を補充するために用いられた。温帯では、数十年の耕作で一般に土壌有機物の半分が失われる。熱帯の土壌では、このような喪失が一〇年以下で起きることもある。それに対して、ロサムステッドで一八四三年から一九七五年まで行なわれた実験は、堆肥を施した区画は一〇〇年以上の間に土壌の窒素含有量が三倍になり、化学肥料で加えられた窒素はすべて土壌から失われた——作物に移動するか雨水に溶けるかして——ことを示す。

より最近、ペンシルベニア州クッツタウンにあるロデール研究所で、一五年間にわたって行なわれたトウモロコシとダイズ栽培の生産性の研究では、化成肥料と農薬の代わりにマメ科植物や堆肥を用いても、収量に顕著な違いは現れなかった。堆肥を施した区画とマメ科植物を輪作した区画の土壌炭素含有量は、慣行農法による区画のそれぞれ三倍と五倍に増加していた。有機農法と慣行農法の作付体系は同じような利益を生むが、工業的農業は土壌肥沃度を低下させる。マメ科植物を含めた輪作など古くからの慣行は土壌肥沃度を維持するために役立つ。厩肥の施肥は実際に土壌肥沃度を上昇させる。

健康な土壌は健康な植物を育てる

これは実はさほど不思議なことではない。健康な土壌は健康な植物を育て、それがまた土壌を健康にすることは、庭いじりをする人ならたいてい知っている。私はこのプロセスを自分自身の庭で見てきた。妻はガレージで調合した土壌スープと、近所の喫茶店の裏から持ってきたコーヒーかすを敷地にまき散らした。もともと土壌中の養分に乏しい熱帯から輸入したものをどのように使って、かつて分厚い森林土壌に覆われていた土地で土壌を再生するのか、私は不思議に思った。現在、実験開始から五年目になるが、わが家の庭の土壌には有機物に富む表層があり、雨の後は長く湿っており、コーヒー色のミミズがたくさん棲んでいる。

あるときから私たちのカフェイン入りのミミズは忙しくなった。私たちは小型ブルドーザーを持っている人を雇って、わが家に八二年前からある荒れ放題の芝生をはぎ取り、新たに四種類の異なる植物（イネ科の草を二種類と草花を二種類――白い小さな花と赤い小さな花）を庭に混植したのだ。古い芝生に代えて花を植えると、すっかり見栄えがよくなったし、水をやる必要もなくなった。さらにいいことには、別々の時期に成長し花が咲く四種類の植物を組み合わせたことで、雑草も生えなくなった。

わが家のエコ芝生は手間いらずと宣伝できそうだが、それでも草刈りはしなければならない。そこで私たちは草を刈ると、その場に残して腐るにまかせている。一週間としないうちに、刈った草は消えている――ミミズの穴に引きずり込まれるのだ。今では芝生に穴を掘ると、以前は乾いた泥しかなかったところに、太った大きなミミズが見つかる。ほんの二〜三年で芝生の縁の地面は、エコ芝生の種をまいたのと同時に作ったパティオの表面より五ミリ盛り上がっている。ミミズは庭を押し上げて（耕し、攪拌し、炭素を地面の中に押し込んで）泥を土壌に変えているのだ。有機物の再循環は文字通りわが家の庭に生命を戻した。規模を調整すれば、同じ原理が農場でも使えるはずだ。

ハワードとフォークナーが到達した結論

機械化が慣行農業を変貌させたのとほぼ時を同じくして、近代的な有機農業運動がサー・アルバート・ハワードとエドワード・フォークナーの思想を中心にまとまり始めた。まったく異なる背景を持つこの二人の紳士は、同じ結論に至った。土壌有機物を保つことが集約度の高い農業を維持する鍵である、ということだ。ハワードは、大きな農業プランテーションに対応する規模で堆肥を作る方法を開発し、フォークナーは有機物の表層を残すために耕さずに植え付ける方法を考案した。

集約的有機農業に希望を見たハワード

一九三〇年代末、ハワードは、農業生産性を持続させるために重要であるとして、土壌有機物を維持することの利点を説くようになった。無機肥料への依存が高まって土壌管理に取って代わり、土壌の健康を破壊することを彼は危ぶんだ。数十年に及ぶインドのプランテーションでの経験に基づいて、ハワードは土壌肥沃度を回復・維持するために大規模な堆肥作りを工業的農業に組み込むことを提唱した。

農業は最高の農民である自然を手本とすべきというのがハワードの考えであった。自然のシステムは土壌保全、すなわちあらゆる永続的な農業制度の第一条件の設計図を与えてくれる。「母なる地球は家畜なしに耕作しようとは決してしない。常に混作をする。土壌を保ち侵食を防ぐため大いに骨を折る。動植物性の廃物が混ざったものは腐植土に変わる。無駄なものはない。成長と腐朽の過程は互いに釣りあっている」。土壌を通じた絶え間のない有機物の循環は、下層土の風化と相まって土壌肥沃度を維持することができる。腐植の保全は持続的な農業の鍵である。

土壌とは、微生物が生きた掛け橋となって、腐植土と生きた植物をつなぐ生態系であるとハワードは考えた。腐植を維持することは、植物の栄養として必要な有機物と無機物を分解するために不可欠である。有機物を分解する土壌微生物は葉緑素を持たず、エネルギーを腐植土から取りだす。土壌有機物は、終わりを迎えた生命が分解されて新しい生命の成長の糧となる生命循環の後半にとって不可欠なものだ。

一九二〇年代にインドのインドールにある植物産業研究所で、ハワードは堆肥作りをプランテーション農業に組み込むシステムを開発した。彼の工程は、微生物の成長を促進するために動植物の廃物を混ぜるものだった。ハワードは微生物を、有機物を構成元素に分解して土壌を豊かにしてくれる小さな家畜と考えた。熱帯でハワード方式の野外実験を行なったところ、きわめて成功した。ハワードの収穫高増加と土作りの方法の噂が広まるにつれ、インド、アフリカ、中央アメリカのプランテーションがそのアプローチを採用するようになった。

ハワードは集約的有機農業を、工業的農業が世界中の土壌に与えている損害を復元する方法として見ていた。多くの植物や動物の病気は、その土地の土壌の複雑な生命現象を混乱させる化学肥料への依存から起きるとハワードは考えた。堆肥の集中的な使用によって有機物に富む表土を再建すれば、農薬と化学肥料の必要性は、なくならないまでも減少し、一方で作物の健康と回復力は高まるだろう。

第一次世界大戦後、軍需工場が安価な化学肥料を作り始め、さまざまな作物に必要なものが全部入っていると宣伝するのをハワードは見た。工場式農場で化学肥料が標準的技法として採用されれば、土壌の健康を犠牲にして利益を最大にすることが強調されるのではないかとハワードは心配した。「土壌肥沃度の回復と維持は普遍的な問題となっている……。土壌中の生物が人工肥料によって徐々に毒を盛られていることは、農業と人類に降りかかっている最大の災厄に数えられる」。第二次世界大戦はハワードの思想の採用を阻んだ。戦後、世界中の軍需会社は肥料を大量に、今回は土壌管理が廃れるほどの安い値段で生産するようになった。

フォークナーの偉大な実験

第二次世界大戦の最中、エドワード・フォークナーは『農夫の愚行』を著し、その中で耕起――農業でもっとも基本的な行為と長く考えられてきたこと――は逆効果であると主張した。その数十年前、ケンタッキー大学の土壌管理および農業機械学科に入学したフォークナーは、このような質問をして教授を悩ませていた。植え付けのために土をかき乱すことにどういう意味があるのか？　なぜ植物が自然に発芽する地面の有機質層に作物を植えないのか？　耕起については、苗床を準備する、作物残渣や堆肥や化学肥料を土と混ぜる、春には土を乾かし温めるといった説明が一般的にはなされている。それにもかかわらずフォークナーの教授たちは、実は自分たちも、まず最初に耕すことが必要な本当の科学的理由をはっきりとは知らないのだと、きまり悪そうに認めた。ケンタッキーとオハイオで二五年間、郡の農業機関職員として勤務した後、フォークナーは最終的に、畑を耕すことは解決するより多くの問題を引き起こすという結論に至った。

フォークナーは耕起の必要性を見直すように農学者に迫りながら、豊富な作物を育てる鍵は十分な有機物の表層を保ち、侵食力のある表面流去を防いで土壌の栄養分を維持することにあると主張した。これは異端の説であった。「我々は農民に、一人あたりトン数にして他のどの国よりも多くの機械を装備させてきた。わが国の農民は、その機械を使って、知られるかぎり有史以来いかなる民族よりも短い時間で土壌を破壊するという結末へと向かっている」。フォークナーはまた、無機肥料に頼ることは不必要であり持続不能であると考えた。

異端の説の例に漏れず、フォークナーの型破りな信念は経験に基づいていた。フォークナーは裏庭の農園でトウモロコシの栽培を始めた。その土はむしろレンガを作るのに向いているのではないかと思われた。そのときフォークナーは期せずして、耕すことなしに収穫を大幅に増やせることを発見した。一九三〇年から一九三七年にかけて、フォークナーは裏庭の一区画にシャベルで溝を掘り、前年の刈り株をすき込む通常の慣行をまねて溝の底に落ち葉を混ぜ込んだ。慣行農業と同じく、有機物に富む地表の物質は深さ一五～二〇センチに埋められた。一九三七年秋、フォークナーは違うことを試してみた。落ち葉を土壌の表面に混ぜたのだ。

翌年、フォークナーの土は変わった。それまでは硬い粘土で、育つのはパースニップ《アメリカボウフウ》くらいのものだった。それが今では土性が粒状になっている。砂のように熊手でかきならすことができる。パースニップの他に、ニンジン、レタス、マメなどがよく収穫できる――しかも化学肥料を与えず、水も最低限で。フォークナーのしたことといえば雑草をなぎ倒したくらいだった。

土壌保全局の局員が裏庭での実験に興味を示さなかったので、フォークナーは奮起して、本格的な実証のために畑を借りた。植え付け前に耕す代わりに、フォークナーは茂った植物をディスクハローで土壌の表層にすき込み、切り刻まれた草を地面に散らしておいた。近所の者たちは、ずぼらな素人にはろくな収穫があるまいと疑いの目で見ていた。フォークナーの収穫が自分たちを上回ると彼らは驚き感心したが、耕さず、肥料をやらず、農薬を使わないのに成功した不思議をどう考えればいいのかよくわからなかった。

借りた畑で何年か続けて成功を収めると、フォークナーは表層の有機質を回復させることを説き始めた。適切な方法と器具を用いれば、どのようなものであれ自然に存在したよい土壌を農民が再生させられると、フォークナーは自信を持っていた。「肥沃な土壌をつくるためには何世紀もかかると……人間は思うようになっている。実は、人間が集団になって、あるいはよいディスクハローを備えたトラクターを使って、十分な有機物を土に混ぜ込んでやれば、自然が数十年かかって成し遂げることに匹敵する結果が、ものの数時間で得られるのだ」。農民がすべきことは土を耕すのを止め、有機物を土に戻すようにすることだ。「かき乱されていない地面が、現在耕作されている場所よりも健康な植物を育むという証拠は至る所にある……。土地に肥料を施すことの究極的な効果は、したがって、見込み収穫高を高めることではなく、耕起の悪影響を減らすことにある」。ハワードと同様、フォークナーは健康な土を回復することが、病虫害を根絶しないまでも減らすと考えた。

土壌有機物が土壌肥沃度の維持に必要なのは、直接栄養源になるというよりも、栄養分の放出と摂取の促進を助ける土壌生態系を支えるからである。有機物は水分の保持を助け、土性を改良し、粘土からの栄養の遊離を促進し、それ自体が植物栄養素となる。土壌の有機物が失われると、土壌生物相の活性が下がり、したがって栄養分の循環も遅くなるため、収穫高が低下する。

肥料の追加なしで農業を維持できる期間は、土壌の種類と気候によって異なる。カナダのグレートプレーンズの有機物に富む土壌は、耕作を始めてから炭素が半減するまでに五〇年以上かかる。一方、アマゾンの熱帯雨林の土壌は五年以内で農業ポテンシャルを完全に失うことがある。中国北西部の二四年にわたる肥料の実験で、わらと厩肥を加えずに化学肥料を使用すると土壌肥沃度が低下することがわかっている。

バイオテクノロジーの可能性

バイオテクノロジーほど技術の応用の是非について議論が真っ二つに分かれる分野はない。人口抑制と土地改良を軽視しつつ、産業界の代弁者は、遺伝子工学が世界の飢餓を解決すると主張している。利他的な美辞麗句を使いながら、バイテク企業は農家が——大規模な農企業も自給農家も同じように——自社に特許権がある種子を買い続けねばならないように不稔化した作物を設計している。かつて先を見た農民はもっともよい種を翌年作付けするために取っておいた。今、それをすると訴えられるのだ。

業界は収量の劇的な向上を約束しているが、全米科学アカデミー農学委員会の元委員長による研究では、八〇〇〇を超える圃場試験を分析したところ、遺伝子組み換えのダイズの種子は、天然の種子に比べ収穫高が少ないことが判明した。害虫への抵抗力の増加が遺伝子組み換え作物の大きな利点として売り込まれているが、アメリカ農務省の研究は、遺伝子操作した作物に関して農薬使用の総量の減少は見られないことを示している。遺伝子組み換えによる大幅な収量増の約束があやふやなものであることがわかった一方、不稔性を伝える操作された遺伝子が特許権のない作物と交雑し、壊滅的な結果を生じることを懸念する者もいる。

現実のものにせよ可能性にせよ、生体工学と農芸化学に重大な欠点があることを考えると、代替的手法は仔細に検討してみる価値がある。長期的に見て、集約的な有機農業その他の非慣行農法は、人口増加と絶え間のない農地の減少を前にして、食糧生産を維持するための最大の希望となるかもしれない。原理的には、安価な化石燃料が過去のものとなったとき、集約的有機農法が化学肥料集約的農業と入れ替わる可能性すらある。

ジャクソンの考える農業システム

土を耕すことは生態学的な災厄であるとするウェス・ジャクソンの主張の核心はここにある。遺伝学教授を辞してカンザス州サライナにある土地研究所の所長に就任したジャクソンは、自分は弓矢の時代に戻ることを主張しているわけではないと言う。彼はただ、土壌の耕起が議論の余地なく有益であるという見方を疑問視し、鋤が未来の世代の選択肢を剣以上に壊したこと、そして、わずかな例外はあるが、耕起を基礎とした農業が持続可能であるとは証明されていないことを鋭く指摘しているのだ。今後二〇年間で深刻な土壌侵食によって、化学肥料や灌漑なしで作物を育てる、地球の持つ自然の農業ポテンシャルが二〇パーセント破壊されるとジャクソンは試算している。

しかし、ジャクソンは悲観論者でも技術革新に反対しているわけでもない。直接会って話すと、過激な環境派というより農民という印象を受ける。希望を捨てることなく、自然のシステムを支配したり置き換えたりする代わりに、それを模倣することを基礎とする農法をジャクソンは求めている。自然システムの農業を推進するジャクソンは、土地を農業に合わせるのではなく、農業を土地に合わせるというクセノフォンの哲学を現代に伝える預言者である。

アメリカの農業地帯での経験を頼りに、ジャクソンは元々のプレーリーの生態系を模倣することに基づいた農業システムを開発しようとしている。耕された裸の地面で育つ一年生の作物とは違い、自生する多年性植物の根は土壌をしっかりと保持して豪雨にも耐える。天然のプレーリーには、暖かい季節の草と寒い季節の草、またマメ科植物とキク科植物が混ざって生える。ある植物は雨の多い年によく育ち、またあるものは乾燥した年に茂る。この組み合わせが雑草や外来種を防いでいる。地面が通年植物で覆われているからだ――ちょうどわが家のエコ芝生のように。

生態学者なら知っているように、多様性は弾力性をもたらす。そして弾力性は、ジャクソンが言うには、農業を持続可能にするために役立つ。したがって、数種の作物を組み合わせ、年間を通じて地面が侵食力を持つ雨の衝撃から保護されるようにすることをジャクソンは主張している。モノカルチャーは一般に、春には地面を裸にして、落ちてくる雨を防げるほどに作物が成長するまでの数カ月、無防備な土壌をさらしてしまう。作物が葉を出す前に暴風雨が襲えば、地面が作物の下に守られる年の後半の嵐に比べ、二倍から一〇倍の侵食が起きる。モノカルチャーのもとでは、相当な大きさの嵐が悪いタイミングで襲えば、侵食が土壌生成より数十年先に進みかねない。

ジャクソンの方式の優れた効果は土地研究所で明らかにされた。同研究所で行なわれた研究で、年間を通じたポリカルチャーは害虫を抑え、自らすべての窒素を供給し、モノカルチャーに比べ単位面積あたり、より多くの収穫を生み出すことができる。ジャクソンのアプローチは特にプレーリー向きに立案したものだったが、その手法は土地の環境に適した種を混作することで、他の地域にも適合させることができた。当然ながら、農薬、肥料、バイテクの企業は、ジャクソンのローテクなアプローチにあまり興味を示さなかった。しかし、ジャクソンの声は人々に届いていないわけではない。この二〜三〇年で多くの農家が、フォークナーとハワードが提唱したような農法を採用しているのだ。

呼び方はともかく、今日の有機農業は環境保護を志向する農法をテクノロジーと両立させつつ、化成肥料と農薬を使用しない。代わりに有機農業は、多角的な作物の栽培、厩肥と緑肥の使用、自然の害虫抑制法と輪作によって土壌肥沃度を向上させることを基礎としている。しかし、市場経済において農家が生き残っていくうえで、それは利益を生むものでなくてはならない。

有機農業は無視できない

長年の研究で、有機農業はエネルギー効率と経済的利益を共に高めることが明らかになっている。問題は私たちが有機でやっていかれるかどうかではない、とだんだん思われるようになってきた。長期的に見れば、アグリビジネス関係者が言うこととは裏腹に、そうしなければやっていかれないのだ。有機農法の要素を取り入れることで、環境および経済の観点から、従来の農業慣行を大きく改善できる。近年のいくつもの研究は、有機農法が長期的に土壌肥沃度を維持するだけでなく、短期的にも費用効果を高められることを報告している。

一九七四年、生態学者バリー・コモナーの指導のもと、セントルイスにあるワシントン大学自然系生物学センターは、中西部の有機農場と慣行農場の効率の比較を始めた。規模が同等で、同種の土壌に類似した作物と家畜の組み合わせで営農している有機農場と慣行農場のペアを一四作り、二年間調査したところ、有機農場は単位面積あたり、慣行農地とほぼ同等の収入を生むことがわかった。この研究の予備段階の結果に懐疑的だった農学者は驚いたが、あとから行なわれた多くの研究により、有機農場では生産コストが相当低く、それがわずかに少ない収穫高を補って余りあることが確認された。工業的な農芸化学は社会的な慣習であって、経済的要請ではなかったのだ。

後続の研究は、有機農業システムでの収量はそれほど低くはないことも示している。同様に重要なのは、近代農業が必ずしも土壌を枯渇させるものではないことを実証したことだ。ジョン・ローズが化学肥料の効果を証明したロサムステッドの農園では、堆肥を中心にした有機農法と化学肥料を中心にした慣行農法を隣同士に置いて、有機農業と慣行農業のもっとも長い――一世紀半に及ぶ――比較が進行中である。慣行通り化学肥料を与えた区画と有機の区画のコムギの収量の差は二パーセント以内に収まっていたが、炭素と窒素の濃度を基準に測った土壌の質は、有機の区画では長い間に向上していた。

ロデール研究所がペンシルベニアの農場で行なった二二年間の研究では、慣行農法と有機による区画からの投入量と生産量を比較した。通常の降水量のもとでは、平均的な収量は同等だったが、もっとも雨の少ない五年間では、トウモロコシの平均収量は有機の区画が約三分の一高かった。有機の区画でエネルギー投入量は三分の一低く、人件費は三分の一高かった。全体的に見て、有機の区画は慣行農法の区画より利益が大きかった。総費用が約一五パーセント低く、有機作物は高額で売れたからだ。二〇年以上にわたる実験の間、有機の区画では土壌の炭素と窒素の含有量が増えていた。

持続可能な農法である有機農業

一九八〇年代半ば、ワシントン州立大学のジョン・レガノルドに指導された研究者が、ワシントン州東部のスポーケンに近い二つの農場で、土壌、侵食速度、コムギの収量の状況を比較した。一方の農場は一九〇九年に耕作が始まって以来、化学肥料を使用せずに営農されていた。隣の農場は一九〇八年に耕作が始まり、一九四八年以降定期的に化学肥料が施肥されていた。

驚いたことに、二つの農場で純収穫量にほとんど差はなかった。一九八二年から一九八六年にかけて有機農場からのコムギの収量は、近隣の二つの慣行農場の平均くらいだった。有機農場の純生産高が慣行農場よりも少なかったのは、単に有機農家が三年ごとに畑を休耕にして緑肥用の作物（主にアルファルファ）を栽培したからだ。肥料と農薬の出費が少ないことが純収量の低さを相殺した。さらに重要なのは、有機農場の生産性は時とともに低下しなかったことである。

レガノルドの研究チームは、有機農場の表土が慣行農場に比べて約一五センチ厚いことに気づいた。有機農場の土壌はより水分保持能力が大きく、生物が利用できる窒素とカリウムが多かった。また有機農場の土壌には、さまざまな微生物がより多く含まれていた。有機農場の表土には慣行農場の一・五倍の有機物が含まれていた。有機の畑は、土壌保全局が推定した土壌回復速度よりも侵食が遅かっただけではなく、有機農場は土壌を作っていた。一方、慣行農法による畑では、一九四八年から一九八五年の間に一五センチ以上の表土が流出していた。堆積物の産出量を直接測定すると、二つの農場で土壌の喪失に四倍の差が確認された。

結論は単純だった。有機農場は集約的耕作にもかかわらず肥沃度を維持していた。慣行農場の土壌は――そして察するに周囲のほとんどの農場も——土壌が薄くなるにつれ少しずつ生産能力を失っていた。慣行農業をあと五〇年続ければ、この地域の表土はなくなってしまうだろう。表土の侵食で慣行農家が粘土質の下層土を耕作することになれば、この地域からの収穫は半分に低下すると推定される。作物生産量を維持するためには、テクノロジー主導の場合、元の水準を保つだけでも収穫高を二倍に増やさなければならない。

ヨーロッパの研究者も、有機農場はより効率的で土壌肥沃度を損ないにくいと報告している。二一年にわたる収穫高と土壌肥沃度の比較では、有機の区画の収量は農薬と化成肥料を集約的に使用した区画より二〇パーセント収量が低かった。しかし、有機の区画は肥料とエネルギーの投入量が三分の一から半分で、農薬はほとんど使用していない。加えて、有機の区画には害虫を捕食する生物がはるかに多く棲息し、より活発な生物活動全般を支えていた。有機の区画では、ミミズのバイオマスは最大三倍多く、有益な根菌が定着した植物の根の総延長は四〇パーセント長かった。有機農法は土壌肥沃度を増すばかりでなく、有機農場からの利益は慣行農場と遜色がない。商業的に現実的である以上、有機農業が代替的な哲学であり続ける必然性はない。

慣行農法に対する有機農法の優位

他にもこの説を裏付ける最近の研究がある。ニュージーランドで、土壌が同一で有機農法と慣行農法をそれぞれ用いた隣接する農場を比較したところ、有機農場のほうが土壌の質がよく、土壌有機物を多く含み、ミミズが多く、そして一ヘクタールあたりの収益は同じだった。ワシントン州のリンゴ農園の比較では、慣行農法と有機農法の収量は同程度だった。五年間の研究で、有機農法はエネルギー消費が少なく、土壌の質を高く保ち、甘いリンゴができるほか、慣行農法よりも利益が大きいことがわかった。慣行農法で栽培すると、利益があがるまでに一五年ほどかかる果樹園が、有機農法なら一〇年以内で利益が出るのだ。

有機部門はアメリカの食糧市場でもっとも急速に伸びている分野だが、現在利益を出している慣行農法の多くは、その本当のコストが市場での価格決定に算入されれば経済的に引きあわなくなるだろう。直接的な補助金、そして土壌肥沃度の低下と汚染の輸出のコストが算入されていないことが、土地を劣化させる慣行を助長し続けているのだ。特に、大規模農業の経済性と有効性はしばしば表土の喪失を促進し、それを化学肥料と土壌改良材で補っている。有機農業では化学薬剤の使用が少なく——まさにそれが理由で——単位面積あたりの生産量に対して受け取る補助金も少ない。現時点では、健康的な食品を求める個々人が、長期的な農業キャパシティの維持に責任がある政府よりも、農業改革に貢献しているのだ。

この一〇年、アメリカの農業補助金は年間平均一〇〇億ドルを超えている。補助金制度はそもそも苦境にある自営農を支え、食糧の安定供給を確保することを目的としたものだったが、一九六〇年代には農業補助は大規模農家と、単一の作物を栽培することに主眼を置いたより集約的な農法を奨励するようになっていた。コムギ、トウモロコシ、綿花を偏重するアメリカの一次産品プログラムは、土地を買収してそれらの作物だけを栽培するインセンティブを農家に与えた。一九七〇年代と八〇年代には、補助金がアメリカの農家所得の約三分の一を占めた。農業生産者の一〇分の一（偶然にも最大級の農場）は、現在補助金の三分の二を受けている。ネブラスカ選出の共和党上院議員チャック・ハーゲルのように補助金制度に批判的な者たちは、それが大規模な企業農家を偏重し、自営農にはほとんど役立っていないと主張する。公的資金を大規模なモノカルチャーではなく土壌管理の——そして自営農の——奨励に使うことが優れた社会政策のあり方ではないかと彼らは言う。

現代の農業はどうあるべきか

土壌の健康を保つことが高収穫を維持するうえで不可欠であると農家が再認識するにつれて、有機農業は非主流派の運動としての地位を失い始めている。農芸化学的な手法離れの進行は、土壌改良法の流行が復活したのと時を同じくしている。今日、窒素を固定する作物を農閑期の被覆として、筋播作物の間に栽培し、窒素肥料や農薬の使用量が慣行農業に比べて非常に少ない中間的な方法が発達している。

現代農業に与えられた課題は、いかに伝統的な農業知識を現代の土壌生態学の知見と融合し、世界を養うために必要な集約的農業を推進・維持するか――すなわち工業的農業なしでいかに工業社会を維持するかである。合成肥料の使用はすぐにはなくならないだろうが、過去半世紀で成し遂げられた収穫量の増加を維持するためには、土壌自体はもちろん、土壌有機物や生物活動をこれ以上失わないような農業慣行が、広く採用される必要がある。

土壌保全方法は、土地の劣化を防ぎ収穫高を向上させるのに役立てることができる。土壌生産性を維持するための簡単な手段には、敷きわら（土壌生物相の量を三倍にできる）や堆肥の施肥（ミミズや土壌微生物を五倍に増やすことができる）などがある。作物の種類や条件によっては、土壌保全に一ドル投資すると、三ドル相当もの収量の増加が得られる。さらに、土壌と水の保全に一ドル投資すると、河川の浚渫、堤防の建設、下流域での洪水調節に伴う五倍から一〇倍のコストを節約できる。泥を黄金のように扱うことに政治的支持を集め、維持するのは難しいが、アメリカの農家は土壌保全において急速に世界をリードする立場になりつつある。一度失われた土壌を畑に戻すには途方もない費用がかかるので、最善の、そしてもっとも効率のいい戦略は、はじめから畑に土を保っておくことである。

長い間、鋤は世界中で農業の象徴であった。しかし農民は鋤を捨て、長い間拒まれてきた不耕起栽培法や、影響の少ない保全耕耘（土壌表面の少なくとも三〇パーセントを作物残渣で覆っておく方法を指す範囲の広い用語）を選ぶようになってきた。過去数十年の農業慣行の変化は、一世紀前の機械化と同じように近代農業に革命をもたらした――ただし今回、新しいやり方は土壌の保全につながっている。

不耕起栽培の意図は、土壌をむき出しにして侵食されやすくすることなく耕耘の利益を達成するところにある。鋤を使って土壌をすき起こし地面を切り開く代わりに、不耕起栽培ではディスクを用いて有機質の残渣を土壌表面に混ぜ、のみ刃鋤で前の作物が残した有機物の奥へ種を押し込み、できるだけ直接土壌をかき回さないようにする。地面に残った作物残渣はマルチの働きをし、水分の保持と侵食を遅らせるのに役立ち、最初に生産性の高い土壌が形成された自然の状態を模倣する。

不耕起農法の成長

一九六〇年代にはアメリカの耕地はほとんどすべて耕起されていたが、この三〇年、不耕起栽培は北米の農家の間で急速に採用が増えている。保全耕耘と不耕起技術は、一九九一年にはカナダの農場の三三パーセントで用いられていたが、二〇〇一年には六〇パーセントにまでなっていた。同じ時期、アメリカでは保全耕耘が耕地の二五パーセントから三三パーセント以上に増え、一八パーセントが不耕起栽培で運営していた。二〇〇四年までに、保全耕耘はアメリカの農地の四一パーセントで実行され、不耕起農法は二三パーセントで使用されていた。このペースが続くと、一〇年と少しで不耕起栽培はアメリカの農家の大多数で採用されるだろう。それでも、不耕起栽培が行なわれているのは全世界の農地の五パーセントほどにすぎない。それ以外がどうなるかで、文明の行く末が左右されることになるだろう。

不耕起栽培は土壌侵食を減少させるのに非常に効果的だ。地面を有機質の残渣で覆っておけば、土壌侵食速度を土壌生成速度近くまで落とすことができる――しかも収穫高をほとんど、あるいはまったく減らすことなく。一九七〇年代末、インディアナ州で行なわれた不耕起農法の効果に関する初期の実験では、トウモロコシ畑の土壌侵食が七五パーセント以上減少したと報告された。さらに最近では、テネシー大学の研究者が、不耕起栽培で土壌侵食が、従来のタバコ栽培に比べ九〇パーセント以上減ることを発見した。アラバマ州北部の綿花農場での土壌喪失を比較したところ、不耕起の区画は従来通りに耕起した区画より、土壌喪失が二倍から九倍少ないことが示されている。ケンタッキー州で行なわれたある研究では、不耕起農法によって九八パーセントという驚くほどの土壌侵食の減少が見られたことが報告された。侵食速度への影響はいくつかの地域的な条件、例えば土壌や作物の種類に左右されるが、一般的に一〇パーセント地表被覆が増えると侵食が二〇パーセント減る、つまり地面の三〇パーセントを覆っておけば侵食は五〇パーセント以上減少するのだ。

侵食速度の低下だけでは、不耕起農業の急成長は説明できない。不耕起農法は第一に経済的利益が農家にあることから採用されているのだ。一九八五年と一九九〇年の食糧安全保障法は、人気のある農務省のプログラム（例えば農業補助金）に参加する条件として、非常に侵食されやすい土地では保全耕耘に基づいた土壌保全計画を採用することを農家に義務づけた。しかし保全耕耘の費用効率が非常に高いことがわかると、それほど侵食されやすくない土地でも普及するようになった。耕さないことで燃料消費量が半分に減らせ、収量の低下を補って余りあるため、結果的に収入は増える。また土壌の質、有機物、生物相も向上させる。ミミズの個体数も不耕起農法のほうが多い。不耕起農法を採用すると、はじめのうち、除草剤と殺虫剤の使用を増やす結果になることがあるが、土壌生物相が復活するに従い必要は減る。不耕起農法と被覆作物、緑肥、生物農薬の使用を組み合わせた栽培の経験が積み上げられるにつれ、これらいわゆる代替農法が不耕起農法を補完するものとして実用的であることがわかってきた。農家が不耕起農法を採用しているのは、費用を節約しながら将来への投資になるからだ。土壌有機物が増えることは農地が肥沃になることを——そしてやがては化学肥料の出費が減ることを——意味する。不耕起農法の低コストぶりには、大規模農場の間でも関心が高まっている。

不耕起栽培にはもう一つ利点がある。それは地球温暖化を防ぐために比較的すぐに取れる数少ない対応の一つとなりうるのだ。土壌を耕して空気にさらすと、有機物が酸化して二酸化炭素が放出される。不耕起栽培には、上層の数インチの土壌に含まれる有機物を一〇年で一パーセント増加させる力がある。これは小さな数字に思えるかもしれないが、二〇年から三〇年の間に一エーカーあたり一〇トンの炭素を集めることができるのだ。過去一世紀半で農業が機械化されたために、アメリカの土壌は約四〇億トンの炭素を大気中に失ったと推定される。全世界では、土壌有機物として保持されていた七八〇億トンの炭素が大気中に放出されている。産業革命以降、大気中に蓄積した全二酸化炭素の三分の一は、化石燃料ではなく土壌有機物の分解に由来する。

耕土を改善することで、大量の二酸化炭素が隔離され、地球温暖化を遅らせる可能性が生まれる——その上、増加する人口への食糧供給の助けとなる。アメリカのすべての農家が不耕起農法を採用して被覆作物を栽培すれば、アメリカの農業は毎年三億トンもの炭素を土壌に蓄え、農地を温室効果ガスの発生源から炭素吸収源へと変えることができるだろう。これは地球温暖化問題の解決にはならない——土壌が保持できる炭素の量は限られている——が、土壌炭素が増加すれば、問題の根本に取り組むための時間稼ぎにはなる。不耕起農法が全世界の一五億ヘクタールの耕地で採用されれば、土壌有機物の回復に必要な数十年にわたり、世界の炭素放出量の九〇パーセント以上を吸収できると推定される。より現実的なシナリオでは、世界の農地の総炭素隔離能力を現在の炭素放出量の約二五パーセントと見積もっている。加えて、土壌中の炭素が増えれば化学肥料の必要量が減り、侵食も起きにくくなるので、炭素放出もいっそう緩やかになり、同時に土壌肥沃度は増加する。

不耕起農法の魅力は計りしれないが、広く採用されるためにはまだ障害がある。また、どこでもうまく働くわけではない。不耕起農法は水はけのよい砂質またはシルト質の土壌でもっとも効果が高い。耕さなければ圧密を受ける水はけが悪い重埴土ではうまく機能しない。変化に慎重な農民の姿勢と認識が、アメリカ国内でなかなか広まらない最大の原因である。アフリカやアジアでの採用の遅れは、それに加えて財源と政府の援助の欠如を反映している。特に小規模農家では、作物残渣を貫いて植え付ける専用の播種機が手に入らないことが多い。多くの自給農家は前年の作物残渣を燃料や家畜の飼料として使っている。これらの問題は重大だが、取り組む価値は十分にある。有機物が豊富な土壌の回復を通じた自然資本への再投資が、おそらく人類の未来の鍵を握っていると言えよう。

有毒廃棄物の不合理なリサイクル

農業が持続可能にならなければ他の何ものも持続できないというのは、秘密でも何でもない。それでもなお、土を泥のように——ときにはもっと粗雑に——扱う者がいる。ワシントン州東部の町クインシーは、わが国でもっとも汚い秘密の一つが暴露されるとは思いも寄らなかった土地だ。しかし一九九〇年代初めに町長が『シアトル・タイムズ』紙のダフ・ウィルソン記者に、有毒廃棄物が肥料に再生されて農地に撒かれていることを証言した。パティ・マーティンは、小さな農村でほとんど無投票で町長に選ばれた、プロバスケットボール選手の経験のある保守的な主婦という、内部告発者としては異色の人物だった。作物が原因もわからずしおれてしまうと有権者が訴え、はっきりとした理由もなく空き地に肥料の空中散布が行なわれ始めたとき、マーティンは知った。ランドオレイクス社（そう、あのバターメーカーの）の肥料部門セネックスが、有毒廃棄物を自分の町に運び、鉄道の駅の近くにある大きなコンクリートの池で他の化学物質と混ぜ合わせ、できあがったものを安い低級な肥料として売っていたのだ。

それは巨大な計画だった。有毒廃棄物を処理しなければならない公害企業は、正式な処分場にかかる高額の費用を回避しようとする（指定された有毒廃棄物処分場にものを捨てると、捨てた者はそれを永久に所有することになる）。しかし同じものを安い肥料に混ぜて空き地に撒けば――または農家に売れば――問題も責任も消えうせる。そこでクインシーには真夜中に列車が出入りして、池の水位が入れたものと出たものの記録もなしに上下した。時にセネックスは肥料の新製品を、そうとは知らない農民に売った。またあるときは、同社はその物体を始末するだけのために、農民に金を払って使わせた。

重金属をたっぷり含んだ廃棄物を、農民にはその余計な「栄養分」については知らせず、肥料としてリサイクルすることを州の役人が許可していたことに、マーティンは気づいた。何かが危険か否かの判断は、その物質が何かということよりも、それを何に使おうとしているかに左右される。有毒廃棄物を肥料として売ることを持ちかけられた州の農業局の職員は、それはリサイクルか何かのようないい考えだと思う、と認めた。

奇妙なことに、毒の肥料は作物を枯らせ始めた。侵食されてなくならない限り、重金属は数千年にわたり土壌に留まり続ける。そして土壌中に十分蓄積されれば、植物に取り込まれる――例えば農作物に。

土をどのように扱うべきか

なぜセネックスのような企業が、毒物を混ぜ合わせて低級な肥料として売りだしたのだろう？　もっとも古い理由を検討してみよう――つまり金だ。洗浄池の廃物を製品と呼んで畑にまくことで、年に一七万ドルを節約できたと、社内メモが明かしている。同社は農薬を承認されていない目的で使用したことについて有罪を認め、一万ドルの罰金を支払うことに合意して、裁判は一九九五年に終わった。さて、私は特にギャンブル好きというわけではないが、それでも一七対一の配当が保障されていれば、貯金を手にいつでもラスベガスに行く。

セネックス事件以後、この地域の別の農民が、粗悪な肥料が不作の原因ではないかと疑い始めた。ある農民はマーティンの友人デニス・デヤングに、セネックスが数年前、自分の農園に運んできて忘れていった肥料タンクのことを話した。デニスは置き去りにされたタンクから乾いた肥料の残りを取りだし、アイダホにある土壌試験所に送った。その中からは大量の砒素、鉛、チタン、クロムが検出された。上等の肥料とは言いがたい。また試験所の報告では、セネックスの製品を施肥した作物の中からデヤングが提出したエンドウマメ、インゲンマメ、ジャガイモが、高濃度の鉛と砒素で汚染されていた。デヤングの別の友人が提出したジャガイモのサンプルからは、許容濃度の一〇倍の鉛が見つかった。

有毒廃棄物が肥料として扱われていたのはワシントン州だけではない。オレゴンにあるアルコア社の子会社は、一九八四年から一九九二年の間に、二〇万トンを超える精錬所の廃棄物を肥料にリサイクルしていた。アルコアは廃棄物から製造した製品を、冬は道路の凍結防止剤として、夏は肥料として売り、年に二〇〇万ドルを浮かせていた。アメリカ中の企業が、有料の有毒廃棄物処分場に送るべき産業廃棄物を売って、年間数百万ドルを削減していた。一九九〇年代末までに、アメリカの八つの大企業が年間一億二〇〇〇万トンの有害廃棄物を肥料に変えていた。

奇妙なのは、関係者の誰も、有毒廃棄物から肥料を製造する事業についてあまり語りたくない様子だったことだ。心配する必要などなかったのだ。有害廃棄物を肥料に混ぜて、それを今度は土壌に混ぜてはいけないという規則はなかったのだから。健康な土の大切さをこのように露骨に無視することを、誰もさほど気にしていないようだった。構うことはない、重金属の処分場として使える土地は農地以外ほとんどないのは、どうやら明らかなようなのだから。

私たちが耕土をどのように扱うか——地域に順応した生態系としてか、化学物質の倉庫としてか、あるいは有毒物の処分場としてか——は、次世紀の人類の選択肢を決定する。ヨーロッパは、世界の資源を不相応に大きく支配することで、人口増加に間に合うように十分な食糧を供給する古代からの苦労から抜け出した。アメリカは西へと拡張することで同じサイクルから逃れた。現在、耕作可能地という基盤が縮小し、安価な石油もつきかけようとしていることから、世界は全人類を食べさせる新しいモデルを必要としている。島社会には見るべきものがある。あるものは未来を食いつくして、耕作可能地をめぐる熾烈な争いを起こすまでになった。あるものは平和な共同体を何とか維持できた。鍵となる違いは、新しい土地が手に入らない中で、農業生産性維持の実情に社会制度をいかに順応させたか、にあるようだ。言い換えれば、住民が土をどのように扱ったか、である。

第九章 成功した島、失敗した島

我らの土がなくなれば、我らもまた、出て行かねばならない。
剝き出しの岩を耕してなんとか食う術《すべ》を見つけられないかぎりは。
――トマス・C・チェンバレン

イースター島の緩やかな崩壊

インドネシアと香料諸島に向かう途中、あるオランダ人提督は小さな火山島を太平洋の片隅で発見した。一七二二年のイースターの日曜日のことだ。住民の間で食人が行なわれているらしいことにぞっとしたヤコブ・ロッヘフェーンと船員たちは、滞在もそこそこに太平洋を渡っていった。資源ベースに乏しく植民地化や通商の魅力がまったくなかったため、イースター島はスペインが半世紀後に併合するまで手つかずのまま置かれた。この土地でもっとも興味深いものは奇妙な作品群、島全体に点在する数百体もの巨大な石の胸像だった。

イースター島は世界最大級の謎をヨーロッパ人に提示した。取り残された少数の食人種はどのようにして、あの重い石像を立てることができたのか、彼らは不思議に思った。考古学者が島の環境史をまとめあげ、高度な社会がいかに未開状態へと退行したかを明らかにするまで、この疑問は訪問者を迷わせた。今日イースター島の物語は、環境の劣化が社会を破壊しうるという印象深い歴史的寓話となっている。

これは一度に突発的な崩壊が起きたという話ではなく、島民が資源基盤を破壊するにつれて、何世代もかけて衰弱していったというものだ。イースター島の先住民文明は、一夜にして消滅したわけではない。環境劣化によって島が支えることのできる人口が、すでに住んでいる人数よりも少なくなったことで、徐々に侵食されていったのだ。激変はまったくないが、結果はいずれにせよ壊滅的だった。

湖の堆積物に保存された花粉は、イースター島で数十人の人間が定住を始めたころ、島が広大な森林に覆われていたことを記録している。定説では、ポリネシア人が五世紀に到着し、その後一〇〇〇年で農業、燃料、カヌーのために森林を切りつくしてしまったとされる。人口は一五世紀には約一万人にまで増加していた。それから、人口のピークだった一世紀のうちに、材木不足から島民は洞窟に住まざるを得なくなった。近年、放射性炭素年代測定法で分析し直したところ、定住が始まったのは数百年遅いかもしれないとされたが、堆積物のコアから採取された花粉と木炭は、一七世紀を通じて島はある程度の森林被覆を維持していたことを示している。初めてヨーロッパ人が到着したとき、島にはほとんど木がなかった。その頃には、最後の木は手の届かないところ、島でもっとも深い死火山の噴火口の底に隠れていたのだ。

森林が皆伐され土地がむき出しにされると、土壌侵食が加速した。作物の収穫量は低下し始めた。漁網を作るのに使う繊維を取る自生のヤシの木がなくなるにつれ、漁業は難しくなった。食糧が手に入りにくくなると、島民はニワトリ——樹木や表土の喪失に直接影響されない島で最後の食糧源——を守るために石を積んで囲い込んだ。カヌーを作ることができないので、島民は閉じ込められ、減りつつある資源ベース（社会がほころびるにつれて人間もその中に含まれることになる）をめぐって抗争に明け暮れることになった。

ラパ・ヌイ（現地住民によるイースター島の呼び名）は南半球のフロリダ州中部に相当する緯度に位置する。

絶えず太平洋の暖かい風に吹かれるこの島は、三つの古い火山から成り立っており、面積は一三〇平方キロに満たない。もっとも近い居住可能な陸地から一五〇〇キロ以上離れた熱帯の楽園である。これほど孤立しているということは、気まぐれなポリネシア人がカヌーを漕いで太平洋を渡り上陸したとき、島に原産の動植物はわずかだったということだ。自生の動植物相はわずかな食糧しか与えてくれなかったので、新参者たちの食物は持参したニワトリとサツマイモが中心だった。サツマイモ栽培は、島の高温多湿の環境ではほとんど労力がかからず、島民は巨石像の彫刻と建立を中核とした複雑な社会を発達させる余暇を得た。

巨石像の謎

巨像は石切り場で彫刻され、島を横断して運ばれてから、別の石切り場で採れた赤い石の重い頭飾りを被せられる。石像の目的は今も謎のままだ。どのようにして島民がそれを行なったのかも、長年同じくらいの謎だった。彼らが巨石像を機械を使わず人力だけで運搬したことは、木の生えていない光景を見たヨーロッパ人を混乱させた。

巨石像をどのように運んだかを質問しても、わずかに残った島民は自分たちの先祖のやり方を知らなかった。彼らはただ、石像は島の中を歩いてきたのだと答えた。何世紀もの間、裸の風景は石像への好奇心をかき立ててきた。像の製作者の子孫を含め、誰も巨石像が丸太をころにして運ばれたとは想像だにしなかった――それは像が自分で歩いて島を横断するのと同じくらいありそうになかったのだ。

像の多くは未完成だったり石切り場近くに打ち捨てられたりしており、彫像師が最後の最後まで木材不足の切迫を無視していたことをにおわせている。木材が希少になる一方で、地位と威信をかけた争いは、石像を立てようという衝動を刺激し続けた。自分たちが一日か二日で歩いて回れる世界に孤立していることをイースター島民は知っていたが、文化的要請は木を切りつくしてしまうことへの心配に勝っていたようだ。

ヨーロッパとの接触は先住民文化の名残を一掃した。一八五〇年代に島にまだ残っていた壮健な男たちは、王とその息子も含め、奴隷としてペルーのグアノ鉱山に送られた。数年後、連れ去られた者たちの生き残りが島に送り返されたとき、免疫のない人々の間に天然痘を持ち込んだ。その後すぐ、島の人口はわずか一一一人に落ち込み、わずかに残った文化的連続性は解体された。

衰退の原因

イースター島民が生態学的自殺を遂げた経緯は島の土壌に残されている。風化した火山性の基岩に由来する薄く発達の悪い土壌は、場所によってはわずか六～七センチの厚さで、島の大部分を覆っている。他の亜熱帯地域と同様、この薄い表土に加給態養分のほとんどが存在していた。植生が皆伐され表面流去が表土を運び去ると、土壌肥沃度は急速に失われた。その後は島のごく狭い範囲でしか耕作ができなくなった。

明らかに薄くなった下層土が地表に露出しているのは、島のもっとも生産性の高い土壌が侵食されたことの証拠である。山裾の露頭は、元々あった土壌が侵食された残りを、斜面の上から運ばれてきた物質が覆っていることを明らかにしている。これら削剥された土壌断面には根の形をした跡が散在し、今では絶滅したイースター島のヤシの名残をとどめている。

土壌層位と遺跡の関係から、石の住居が建てられてから起きた土壌侵食は、大部分が島での農業の発達と関連していることがわかる。こうした住居は自然の土壌の上に直接建てられ、斜面から流れてきた新しい堆積物で、現在住居の基礎は埋まっている。したがって、斜面の表土を削った侵食は、住居が建てられた以後に起きたことになる。

斜面から流された堆積物と、侵食によって露出したり切通しや手掘りの試孔に現われた土壌断面を、放射性炭素年代測定法にかけたところ、島の元々の土壌は紀元一二〇〇年から一六五〇年ごろの間に侵食で失われたことが示された。どうやら、農業のために植生を皆伐したことが引き金となって、土壌肥沃度を左右するA層位の広範囲に及ぶ侵食が起きたようだ。イースター島の社会は表土が消失したすぐ後、ロッヘフェーン提督が不意に訪れる一世紀足らず前に衰退した。

ポイケ半島の土壌を詳細に調査したところ、イースター島の農業慣行の変化と土壌侵食の間に直接関係があることが判明した。いくつかの小さな丘にまだ残っていた元々の土壌、てっぺんが平らな本来の地面の断片は、自然の表土が広い範囲にわたって侵食されたことを証明している。これら土の残渣の柱から斜面を下ったところには、それぞれの厚さが一センチに満たない数百もの泥の薄い層が、固有種のヤシの根が散らばる耕地土壌の上に堆積していた。埋もれた土壌のすぐ上にある厚さ一センチの木炭層は、ヤシの木々の間に耕作地が点々とある状態が長く続いたあとで、広範囲に森林伐採が行なわれたことを証明する。

島の絶滅

初期の耕作地では、地面を強風と豪雨から守り、作物を熱帯の陽射しからさえぎるため、木々の間に掘った穴の中で栽培が行なわれた。木炭層とその上の堆積層から採取された物質の放射性炭素測定で、紀元一二八〇年から一四〇〇年の間に斜面の上方の土壌が侵食で流され、斜面の下方を埋めたことが示されている。異なる多数の堆積物の層が斜面の下方に積もっていることから、土壌は嵐のたびに数ミリずつはがされたことがわかる。これらの観察結果から、林冠の下に守られた農地からは数百年間ほとんど侵食が起きず、その後ポイケ半島の森林がより集約的な農業のために焼かれ、皆伐されると、土壌侵食が加速した様子がわかる。わずか一〜二世紀の間に、嵐のたびに表面流去がほんの少しずつ余計に泥を押し流し、土壌が徐々に消えていった結果、農耕は紀元一五〇〇年以前に行なわれなくなった。

島の鳥も姿を消した。ポリネシア人が到着したとき、イースター島には二〇種を超える海鳥が棲息していた。有史以降、生き残ったものは二種にすぎない。島の密生した原生林の樹冠で営巣するこのような鳥たちは、グアノによって土壌を肥やし、海の養分を陸に運んで、本来は痩せていた火山性土壌を豊かにした。島に自生する鳥が絶滅したことは、土壌肥沃度の重要な源を絶ち、土壌の劣化とおそらくは森林再生の阻害の一因となった。イースター島民は、鳥を全部食べてしまうとサツマイモの生産能力が低下するかもしれないとは思ってもみなかったのではないだろうか。

イースター島の出来事は特殊でも何でもない。ポリネシア人の農民が森林を皆伐したことにより、他にも多くの——決してすべてではないが——太平洋諸島で壊滅的な侵食が起きている。地球上で最後に人間が定住した土地の中でも南太平洋の島々は、人間社会の発達を研究するうえで比較的単純な環境を見せてくれる。そこには人間がニワトリ、ブタ、イヌ、ネズミなど人為的な動物相を持ち込むまで、陸棲脊椎動物はいなかったからだ。

マンガイア島とティコピア島は、限られた資源ベースという現実への人間の適応という面で、はっきりと対照をなしている。人間の到着からかなり後まで、多くの共通した特徴と類似の環境史を持っていた二つの島の社会は、資源量の低下にまったく異なる方法で対処した。カリフォルニア大学バークレー校の人類学者パトリック・

カークが論じたように、数世代にわたる傾向が社会全体の運命をどのように形作るかを、二つの島は物語っている。

マンガイア島の資源争奪戦

マンガイア島の面積はわずか五〇平方キロ、南緯二一度三〇分に浮かぶ南太平洋の小さな点である。一七七七年にジェームズ・クック船長が訪れたこの島は、海にそびえる中世の城砦のように見える。島の内陸部にある著しく風化した玄武岩の丘は海抜一五〇メートル以上に達し、海から持ち上がった灰色の珊瑚礁が取り巻いている。一〇万年前、近隣の火山島ラロトンガの成長が地殻を大きく歪め、マンガイアと周囲の珊瑚礁が海から浮かび上がったのだ。島の中央から流れる数本の川は、島の高さの半分に達する剃刀のような珊瑚でできたこの幅一キロの壁に流れ込む。そこで川は土砂を落とし、島の狭い浜辺まで伸びる洞穴へとしみ込む。島の内側の崖裾から採取した堆積物のコアで放射性炭素年代測定を行なうと、マンガイア島で過去七〇〇〇年に何があったかがわかる。

紀元前五〇〇〇年にポリネシア人が到着するまでの五〇〇〇年間、森林に覆われていたマンガイア島では、島の火口の中に厚い土壌が蓄積するほど侵食の速度は遅かった。カークの堆積物のコアは、紀元前四〇〇〇年から紀元四〇〇〇年の間に大きな変化があったことを物語っている。木炭の微粒子の急激な増加は焼き畑農業が拡大した証拠だ。木炭は二四〇〇年前より古い堆積物からはほとんど見つからない。二〇〇〇年前以降に堆積した土砂には一立方インチあたり数百万の細かい炭の破片が含まれている。堆積物のコア中の酸化鉄と酸化アルミニウムが急増し、同時にリンの含有量が減少していることは、薄く養分に富む表土の層が侵食されて養分に乏しい下層土が急激に露出したことを示す。自然林は、風化した基岩ではすぐには補充できない養分の循環に依存していた。したがって表土の喪失は森林の再生を遅らせる。養分の乏しい下層土での生育に適応した、人間の生存には役に立たないシダや低木の植生が、今では島の四分の一以上を覆っている。

紀元一二〇〇年ごろまでに焼き畑農業のくり返しによって、耕作された斜面の表土ははぎ取られてしまい、マンガイア島の農業は、沖積層の谷底で営まれる労働集約的なタロイモの灌漑農業に依存するようになった。このような肥沃な低地は、島の地表のわずか数パーセントを占めるに過ぎないため、絶え間ない部族間抗争の戦略目標とされた。人口がこの肥沃なオアシスを中心に集中するにつれ、最後の肥沃な土壌を支配することが、政治的軍事的権力を意味するようになった。

ポリネシア人の定住は島の生態学的構造を変え、それは土壌だけのことではなかった。紀元一〇〇〇年から一六五〇年の間に、グアノを生成するオオコウモリが姿を消した。島民は在来の鳥類種の半分以上を絶滅させた。歴史的記述と先史時代の埋蔵物に見られる骨の量と種類は、クックが訪れたころにはマンガイア島民はブタとイヌ、そしておそらくニワトリもすべて食べつくしていたことを示唆する。マンガイア島民の食生活は根本的に変わり始めた——それもよくないほうへ。

蛋白源がほとんどなくなってしまうと、先史時代の岩窟住居から発掘される埋蔵物の中に、焦げたネズミの骨が圧倒的に多くなった。一九世紀初めの宣教師ジョン・ウィリアムズは、ネズミはマンガイアで非常に好まれる主食だったと書き記している。「原住民はそれが大変に『甘くうまい』と言う。実際、うまいものについて話すときの彼らの慣用句は『ネズミのように甘い』というものである」。焦げ、折られ、噛った跡のある人骨が紀元一五〇〇年頃の岩窟住居の埋蔵物から発掘されており、ヨーロッパ人と接触するわずか二〇〇~三〇〇年前に激しい資源争奪戦があったことを証明している。絶え間ない抗争、力による支配、恐怖の文化が、ヨーロッパ接触以前のマンガイア島社会の最終状態を特徴づける。

マンガイアの人口回復は、規模は小さいもののイースター島とそっくりである。紀元前五〇〇年ごろにおそらく数十名の入植者から始まって、島の人口は着実に増加し、紀元一五〇〇年には約五〇〇〇人になった。次の二世紀で人口は激減し、ヨーロッパ人と接触した直後に底を打ち、その後現在の人口の数千人にまで回復している。

ティコピアの文化的適応

ソロモン諸島にあるイギリスの保護領ティコピア島の環境史と文化史は、マンガイアときわめてよく似た背景を持ちながら、それとまったく対照的である。ティコピアはマンガイアより小さく、総面積五平方キロにも満たない。それでも、この二島はヨーロッパと接触したころ、同程度の人口を支えていたのだ。五倍の人口密度を持ちながら、ティコピアは比較的安定した平和な社会を優に一〇〇〇年以上維持していた。この小島は持続可能な農業のモデルと、限られた資源への文化的適応の心強い実例を示してくれる。

ティコピア島の土地利用はマンガイアと同じように始まった。紀元前九〇〇年に人間が到着してから、森林伐採、焼き畑、農耕というパターンの変化によって侵食が加速し、島の在来動物相が減り始めた。定住が始まって七世紀、島民はどうやら鳥類、軟体動物、魚類の減少を埋め合わせるためにブタの生産を増やした。その後、マンガイア島やイースター島と同じ道をたどることなく、ティコピア島民はまったく違うやり方を採用した。

定住が始まって一〇〇〇年から二〇〇〇年の間に、ティコピア島民は独自の農法を採用し始めた。島の堆積物から見つかった植物の残渣から、果樹栽培が導入されたことがわかった。木炭の微粒子の量が減っていることは、焼き畑を止めたことを示している。何世代もかけて、ティコピア島民は自分たちの世界を、頭上にはココナッツとパンノキ、足元にはヤムイモとジャイアント・スワンプ・タロ（キルトスペルマ・メルクシー）が茂る巨大な庭園に変えたのである。一六世紀の終わりごろには、大切な庭園に害をなすという理由で、島の首長らは自分たちの世界からブタを一掃した。

島全体を果樹園と畑の多層システムにしたのに加え、社会的な適応構造がティコピア経済を持続させた。もっとも重要なのは、人口のゼロ成長を唱える島民の宗教観念である。人口と天然資源のバランスを監視する首長会議のもとで、ティコピア島民は禁欲、避妊、人工中絶、間引き、強制移住（ほとんど確実に自殺的な）などを基礎にした厳格な人口抑制策を実行した。

西洋の宣教師がやってくると、ティコピア島の人口と食糧供給のバランスが狂った。宣教師が伝統的な人口抑制策を禁止すると、わずか二〇年で島の人口は四〇パーセントはね上がった。サイクロンが二年続けて島の作物の半分を壊滅させると、大規模な救援活動しか飢饉を防ぐ手立てはなかった。その後、島民は人口ゼロ成長政策を復活させた。ただし今度は、他の島に移民を送るという西洋的なやり方を基礎としていた。

なぜティコピア島民は、マンガイアやイースターの島民とは根本的に違う道をたどったのだろうか？　環境と天然資源の状況が似ていたにもかかわらず、これらの島に定着した社会はまったく違う運命にあった。ティコピアは田園の島を楽園にした。一方、マンガイアとイースターは闘争に明け暮れるようになった。ティコピア島のユートピア的制度が、人口抑制の名のもとに日の目を見なかったり闇に葬られたりした人命の犠牲で維持されたことを思い起こせば、どちらが高くついたかという疑問は当然出るだろう。それでもなお、ティコピアの社会は小さな孤島で何千年も栄えたのだ。

マンガイア島とティコピア島の違い

これらの島の経緯の本質的相違は土壌にある。マンガイア島の火山斜面の著しく風化した土壌は養分に乏しい。珊瑚礁が隆起してできた鋭いサンゴの斜面は土壌をまったく保持できない。対照的に、ティコピアには新しくリン分に富む火山性土壌があった。ティコピアの土壌は自然回復力がより大きい――養分を多く含む岩が早く風化するため――ので、ティコピア島民は、表土を保護する集約的な多層式栽培によって、基岩から補充されるのとほぼ同じ速度で栄養分を使用し、主要な土壌栄養分を維持することができた。

ティコピアとマンガイアの環境史を読み解いたパトリック・カークは、地理的な大きさも島社会を形成した社会的選択に影響しているのではないかと考えた。ティコピアは島民全員が互いを知っているほど小さかった。島に見知らぬ人間がいないことが、総意による意思決定を促したのではないかとカークは言う。一方のマンガイアは、隣り合った谷に住む人間同士の競争と闘争に油を注ぐ「我々と彼ら」の力学を生む程度に大きいとカークは考える。イースター島はより大きく結合の弱い社会を維持し、いっそう不幸な結果を迎えた。カークが正しく、社会組織が大きくなるほど総員の譲歩より暴力的な競争を促すとすれば、地球という宇宙の島を私たちがうまく操っていく見通しは暗いと考えざるを得ない。

アイスランドの森林伐採と侵食

人間が島に定住したことで大規模な土壌喪失が引き起こされる事例は、南太平洋に限ったことではない。紀元八七四年のバイキングによるアイスランドへの入植は、国土を消滅させるまで続く壊滅的な土壌侵食を触発した。当初、新しい植民地はウシの飼育とコムギの栽培で繁栄した。紀元一一〇〇年には、人口はほぼ八万人にまで増えていた。しかし一八世紀末までに、島の人口は中世の半分にまで減少してしまった。一五〇〇年から一九〇〇年ごろまで続いた小氷河期の低温は、アイスランド植民地の運命を確かに左右した。それは土壌侵食も同じだ。

入植が始まった頃、アイスランドは広大な森林被覆を持っていた。一二世紀に『アイスランド人の書』を編纂するにあたり、賢者アリ・ソルギルスソンはこの島を「山から海岸まで森に覆われた」島と表現した。人間が定住してから、アイスランドの植被の半分以上が刈り払われた。数千マイルを覆っていた天然のカバの森は、今では元の面積の三パーセント未満を占めるに過ぎない。

やがてヒツジの群れが景観をかき乱すようになっていった。一八世紀初めには、二五万頭を超えるヒツジがアイスランドの農村をうろついていた。その数は一九世紀までに倍以上になった。訪問者はアイスランドを、木が生えない裸の土地と描写するようになった。気候の悪化と広い範囲での過放牧が重なって激しい侵食を引き起こし、農場が放棄された。今日、アイスランドの国土四万平方マイルの四分の三が土壌侵食の影響を受けている。そのうち七〇〇〇平方マイルはあまりに侵食がひどく使いものにならない。

アイスランドの山の斜面で森林が伐採されると、中央部の氷冠から吹く強風が、かつての森林地帯のおよそ半分から土壌をはぎ取った。ヒツジの大群が土壌を崩し、その結果、風と雨によって、氷河時代の終わり以来埋もれていた基岩まで侵食が進んだ。数千年かけて形成された土壌は数百年で消滅した。土壌が完全に失われた島の中央部は、今では何も生えず誰も住まない不毛の砂漠である。

場所によってはバイキングの到来後すぐに侵食が始まっている。小氷河期が始まる前の、一一世紀から一二世紀にかけての比較的温暖な期間に、深刻な侵食によって主に内陸と一部の沿岸の農場が放棄された。以後の低地での侵食には主に限界耕作地の農地が関わっている。

アイスランドの農地放棄の説明にはさまざまな説が唱えられている。内陸部は数世紀の間、無人で、文字通り砂漠化した谷もある。最近まで、耕作放棄は主に気候悪化と、それに伴う疫病が原因とされていた。しかし近年の研究で、激しい土壌侵食が、農地と牧草地を不毛地帯に変えるうえで果たした役割が実証されている。アイスランドの土壌の歴史は、火山灰の層から読み取ることができる。頻繁な火山の噴火はアイスランドの泥に地質学的なバーコードを刻印した。火山灰は降るたびに、下の土を覆い隠す。風が表面にさらに土砂を積もらせるにつれて、火山灰の層は徐々に土壌と一体になっていく。

一六三八年にギズリ・オッドソン司教は、アイスランドの土壌に見られる火山灰層について描写している。この観察力の鋭い司教は、分厚い灰の層が埋もれた土壌で分けられており、その中には根がついた古代の木の切り株を含んでいるものがあることに気づいた。氷河時代の終わり以降、数百回の噴火で粒子の細かい土壌が生成されたこと、それは島を吹き抜ける強風にさらされると容易に侵食されることはオッドソンの時代から認識されていた。風に飛ばされた物質は、植生が地面を固定している場所に蓄積し、火山灰の層と結合してアイスランドの土壌を作っている。土壌断面中の異なる火山灰層の年代を基準にすると、アイスランドの土壌は一〇〇〇年に一五センチ、一〇〇年でおおむね一・五センチ堆積したことになる。植生の喪失は侵食を加速するだけではない。火山灰と飛砂をとらえるものが地面からなくなると、土壌の蓄積が阻害されるのだ。

アイスランドの砂漠化

先史時代、密生した自生の植生でまとめられた比較的緩い土壌が、より粘性の高い溶岩と漂礫土（氷河が堆積させた層をなさない粘土、砂、巨礫の混合物）の上にゆっくりと堆積した。土壌が漂礫土の上に直接載っている地域では、土壌は一万年以上堆積し続けた。ところによっては、露出した土壌と火山灰の層がバイキング到着以前、気候の悪化がアイスランドの自生の植生にストレスを与えた時期の侵食の形跡をとどめている。小氷河期に過放牧と気候悪化が重なったことは、後氷期のアイスランドの歴史でもっとも広範囲に及ぶ土壌侵食を引き起こした。

日の長いアイスランドの夏の間、ヒツジは一日に二四時間草を食み、荒れ地と湿地を歩き回る。踏圧によって最大で直径数十センチの裸地ができる。目の詰んだルートマット（訳註：植物の根の集積）がはぎ取られると、アイスランドの火山性土壌は風、雨、雪解け水への耐性をほとんど持たない。地面がむき出しになった部分は、すぐに硬い岩や漂礫土まで侵食され、現地の土壌の深さに応じて高さ三〇センチ〜三メートル近い小さな崖を作る。いったんでき始めると、こうした小さな断崖は柱状に残った土壌を侵食し、豊かな牧草地を火山性の堆積物《テフラ》と岩片だらけの吹きさらしの平原に変えながら地形を埋めつくす。古代スカンジナビア人の定住に始まる土壌侵食は、島のほぼ半分から元の土壌を奪いさった。多くの要素が関係しているものの、ヒツジの過放牧が主原因であると広く認められている。ミミズがダーウィンのイングランド（かつては氷河が覆っていた）を形作ったとすれば、ヒツジがアイスランドを形作ったのだ。

ロファバルド——土の断崖のアイスランド語での呼び名——は一年に一センチから五〇センチ食い込んでい

図25　ロファバルド（土の断崖）の上に立つウルフ・ヘルデン教授。かつて周囲の平原を覆っていた土壌の最後の名残である。アイスランドにて（写真提供：ルンド大学、ヘルデン教授）。

く。平均して、ロファバルドの進行は、それが現在発生している地域一帯の土壌被を年に〇・二から〇・五パーセント失わせる。この割合で行けばあと二〇〇〜三〇〇年でアイスランド全体の土壌がはぎ取られてしまうだろう。バイキングの定住以来、ロファバルド侵食は年に一三平方キロメートルから土壌を奪ってきた。アイスランドの科学者は、この国の多くの地域が、すでにさらなる侵食を避けられなくなる限界を超えているのではないかと心配している。また彼らには、いったん土壌がはがれてしまえば土地はほとんど使いものにならなくなることもわかっている。

アイスランドは植物被の六〇パーセントと樹林被の九六パーセントを失っているが、定住から一一〇〇年経った今、ほとんどのアイスランド人には、現在の砂漠が以前は森に覆われていたと想像するのは難しい。大多数は自国の景観がどれほどひどく荒れ果ててしまったかを認識していない。イースター島と同じように、何が普通かについての住民の概念は――変化がゆっくりと起こるなら――土地の変化に従って変わるのだ。

カリブ海の島、ハイチとキューバは、島国における土壌の扱いについて、また別の著しい対照を見せる。ハイチ（現地の言語アラワク語で「緑の島」を意味する）は、土地の劣化が一国を滅ぼしかねないという現代の実例である。キューバは、必要に迫られて、慣行農業システムを脱石油社会の食糧供給モデルへと変貌させた国の事例を示す。

ハイチの絶望的な表土喪失

イスパニョーラ島の西部三分の一を占めるハイチの歴史は、強烈なハリケーンがなくとも、小規模な山腹の農地が壊滅的な土壌喪失を引き起こしうることを見せている。一四九二年のコロンブスのイスパニョーラ島発見から二五年と経たぬうちに、スペイン人入植者は島の先住民を全滅させた。二世紀後の一六九七年、スペインは島の西側三分の一をフランスに割譲した。フランスは、ヨーロッパ市場向けの植林地とサトウキビプランテーションで働かせるために、アフリカ人の奴隷を輸入した。植民地の五〇万人の奴隷は一八世紀末に反乱を起こし、一八〇四年にハイチは世界で最初の解放奴隷が独立を――ヨーロッパで最初の共和国フランスから――宣言した共和国となった。

それに続く急斜面での耕作は、国土の約三分の一を、農業が維持できない岩が剝き出しの斜面に変えた。植民地時代、高地でのコーヒーとインディゴ藍のプランテーションで、広い範囲にわたる侵食が報告されており、プランテーション主が高地の畑からの十分な収穫を当てにできるのは、わずか三年間だった。二〇世紀半ばに自給自足農家が再び高地に散らばってくると、急斜面での耕作は再び拡大し始めた。一九九〇年には、ハイチに自生

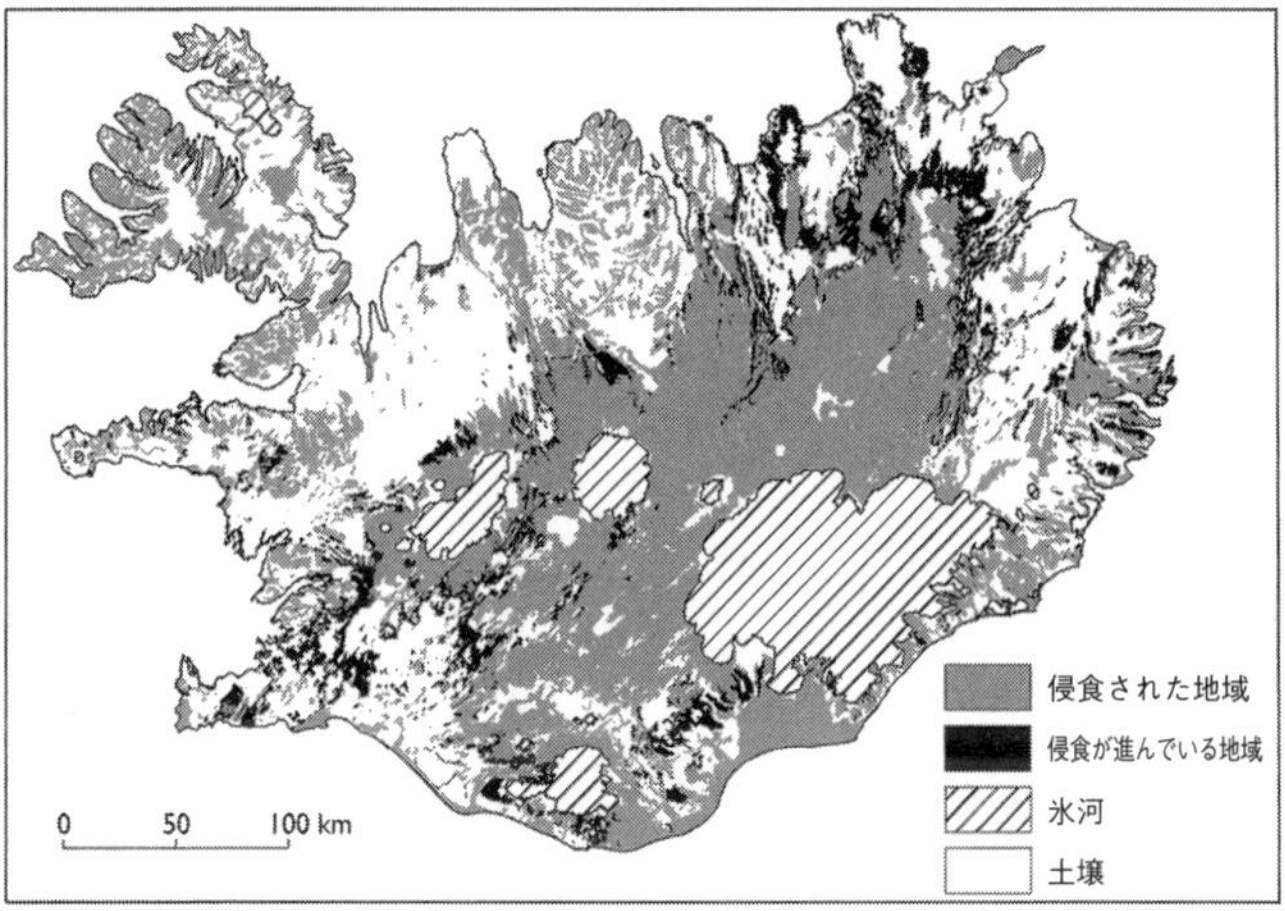

図26　アイスランドの地図。相当に、あるいはひどく侵食された地域、氷河、侵食されていない土壌の面積を示す（Einar Grétarsson 提供のデータより作製）。

する熱帯林の九八パーセントは消えていた。一般的な侵食防止策、例えば、土の盛り上げ、等高線沿いに打った杭に盛り土をして小さな段々を作るなどは、急斜面の侵食を防ぐにはあまり効果的ではなかった。

　雨季には高地からの土壌喪失がきわめて深刻になり、ブルドーザーが熱帯の除雪車のように首都ポルトープランスの通りで泥をかき分けている。国連の試算では、少なくとも国土の半分で、表土の喪失は農業を不可能にするほど深刻だという。米国国際開発庁は一九八六年に、ハイチの約三分の一は極度に侵食が進んでおり、土壌喪失によってほとんど不毛であると報告している。農民は耕作適地の六倍の面積を耕していた。国連食糧農業機関は、一九八〇年代には土壌侵食で一年間に六〇〇〇ヘクタールの耕地が破壊されたと試算した。過去数十年間、残っている「良好な」農地の面積の推定値は、一年に数パーセントの慢性的な減少を示している。この島の潜在耕地の中で耕作に適しているのは五〇パーセントを少し超えるほどであり、増加する人口にもはや自給することはできない。

ハイチの繁栄は表土とともに消えた。自給農家は文字通り消滅し、多くの農村の世帯は食料を買うために、とうとう最後に残った木を切り倒し、炭に焼いて売った。絶望的になった小農は都市に集まって巨大なスラムを形成し、二〇〇四年に政府を転覆させた反乱の温床となった。

限られた農地の奪い合いがハイチを損なった

ハイチの破滅的な土壌喪失は、植民地時代の遺産のためだけではない。ハイチの土地分配はラテンアメリカのどの国よりもはるかに平等主義的であった。独立後、ハイチ政府は植民者の地所を没収し、解放された奴隷は所有者が不明の土地で耕作を始めた。一九世紀初頭、ハイチの大統領は一人あたり一五ヘクタール強の土地を一万人ほどに分配した。それ以来、所有地は一般に相続によって分割され、二世紀にわたる人口増により平均的な小農の農場は規模が縮小したため、一九七一年には平均的な農場の広さは一・五ヘクタールに満たなかった。一世帯の人数は平均五人から六人なので、一人あたり〇・二五から〇・三ヘクタールということになる。農村世帯の四分の三以上が貧困線より下であり、ハイチの家庭の三分の二が国連食糧農業機関が定めた最低限の栄養基準を下回っている。ただ地主がいないだけで、これはアイルランドの二の舞だ。

人口が増えるにつれ、世代から世代へ相続されるごとに土地はさらに小さな区画に細分され、やがて休閑期を置けないほど狭くなった。農家所得の低下により土壌保全策の投資能力が減った。自給できなくなった最貧農は急斜面――未耕作で唯一残された土地――の開墾に乗りだし、同じことのくり返しが数年しか持たない土地で始まった。そのうちに耕作適地の不足と農村の貧困の増加のために、小農は山腹での自給農場を捨て、ポルトープランスで職を探さざるを得なくなるが、そこでは自暴自棄になった人々がスラムに集中して、内戦というこの国の悲劇的な歴史の原因を作っている。

ハイチでは、大多数の小農が小さな農場を所有している。だから小規模農場はそれ自体では侵食防止の解答とはならない。生計を立てるのが難しいほど農地が小さくなれば、土壌保全を実施するのも困難になる。ハイチからウィンドワード海峡をへだてて八〇キロのキューバでは、ソ連崩壊がきっかけとなってユニークな農業実験が始まった。一九五九年のキューバ革命以前は、五分の四の土地を支配する一握りの人間が、大規模な輸出志向のプランテーションを経営し、主にサトウキビを栽培していた。小規模な自給農場は残りの五分の一の土地ではまだ一般的だったが、キューバは自国の食糧の半分も生産できなかった。

キューバの食糧危機

革命後、社会主義的発展という未来像に沿って、新政府は輸出作物――主にキューバの輸出収入の四分の三を占める砂糖――を中心にした大規模な工業的モノカルチャーへの支援を継続した。キューバの砂糖プランテーションはラテンアメリカでもっとも機械化された農業経営で、ハイチの山腹よりもむしろ、カリフォルニアのセントラル・バレーで行なわれていたものに近かった。農業機械、それを動かす石油、肥料、農薬、キューバの食糧の半分以上は、貿易相手の社会主義諸国から輸入された。ソ連からの支援が終わり、アメリカの経済制裁が続く中で、キューバは食糧危機に陥った。食糧も肥料も輸入できないために、平均的な食事のカロリーと蛋白質は、一九八九年から一九九四年の間に一日三〇〇〇カロリーから一九〇〇カロリーへと約三分の一低下した。

ソ連の崩壊の結果、キューバの外国貿易は九〇パーセント近く減少した。肥料と農薬の輸入は八〇パーセント、石油の輸入は五〇パーセント減った。農業機械を修理するための部品は手に入らなくなった。『ニューヨークタイムズ』の社説は、カストロ政権の崩壊は間近だと予言した。かつてラテンアメリカでも有数の食糧が豊かな国だったキューバは、ハイチのような水準にあるわけではなかった——しかしはるかによいわけでもなかった。孤立し、島の誰もが日々の食事にこと欠く状況を前に、キューバ農業は、慣行農業が必要とする投入量の半分しか使わずに食糧生産を二倍にしなければならなかった。

キューバの驚くべき農業革命

このジレンマに直面したキューバは、驚くべき農業実験、世界初の国を挙げた代替農業の試験を開始した。一九八〇年代半ば、キューバ政府は国立の研究機関に命じて、環境への影響を減らし、土壌肥沃度を改善し、収穫を増大させる代替手段の調査に着手した。ソ連崩壊から六カ月と経たないうちに、キューバは工業化された国営農場を民営化し始めた。国営農場はかつての労働者に分けられ、小規模農場のネットワークを作りだしたのだ。政府が後援する直売所は流通コストを削減することで小規模農家の利益を増やした。政府は大規模なプログラムで、有機農業と都市の空き地での小規模農業を奨励した。化学肥料と農薬が手に入らないため、生まれ変わった小規模な民営農場と何千というごく小さな都市市場菜園は、好むと好まざるとにかかわらず有機農場になった。

知識集約型農業を、禁輸されている慣行農業に必要な資材の代用にするという役割を担ったキューバの研究施設は、代替農業の実験を基礎とした。それはソビエト体制下では無視されていたが、新たな現実のもとで広い範囲で、しかも即座に実行できるものだった。

キューバはより労働集約的な方法を、大型機械と化学資材に代えて採用した。しかしキューバの農業革命は単なる伝統的農業への回帰ではない。有機農業はそれほど単純ではない。誰かに鍬を渡して、プロレタリアートに食糧を与えよと命令すればいいというものではないのだ。キューバの農業改革は、ソビエト時代の高投入の機械化農業と同じくらい科学に立脚したものである。違いは、従来のやり方が化学の応用に基づいていたのに対し、新しいやり方は生物学――農業生態学――の応用に基づくことだ。

灌漑、石油、化学肥料、農薬の使用を増やすことを前提に世界の農業を変えた緑の革命とはほぼ反対に、キューバ政府は農業を現地の条件に適応させ、生物学的な施肥と害虫駆除の手法を開発した。生物学的害虫駆除に加えて、低投入不耕起農法について農民にアドバイスするため、政府は、全国に二〇〇を超える地方の農業振興事務所のネットワークを構築した。

キューバは砂糖の輸出をやめ、再び国内向けの食糧の栽培を始めた。一〇年のうちに、キューバ人の食生活は、食糧を輸入せず農業用化学製品も使用せずに、元の水準に戻った。キューバの経験は、工業的な手法やバイオテクノロジーを使わずとも、実行可能な農業の基礎を農業生態学によって作り上げることができることを示す。期せずして、アメリカの経済制裁はキューバを国家規模の代替農業の実験場に変えたのだ。

キューバの事例を、世界に食糧を供給するために、画一的な機械化と農芸化学に代えて地域に適合した生態学的な洞察と知識を用いるというモデルとして見る者もいる。彼らは解決策を、単純に安い食糧を生産することではなく、小規模農場を――ひいては農家を――土地に、さらには都市にも維持することであると考える。数千もの都市市場菜園が島中に発生し、ハバナ市だけでも数百に上る。開発される予定だった土地が菜園に転用され、市場に作物を供給し、地元住民がトマトやレタスやジャガイモなどを買っていく。二〇〇四年までにハバナのかつての空き地は、市の野菜供給量のほぼすべてを生産するまでになった。

キューバの転換が象徴しているもの

キューバが慣行農業から大規模な準有機農業に転換したことは、このような変革が可能であることを証明している——世界市場の影響から孤立した独裁体制のもとでは。しかしその成果はうらやむようなことばかりではない。この意図せぬ実験が二〇年近く続いた現在も、肉と牛乳は不足している。

キューバの労働集約的農業は、アメリカの工業的農業ほどには主要農産物を安価に生産できないかもしれないが、平均的なキューバ人の食生活に、なくなった夕食が戻ってきたのは確かだ。それでも、社会主義的計画から撤退する過程で、この孤立した島が生物集約的な有機農業を広く採用した最初の現代社会になったことは皮肉である。キューバが必要に迫られて農作物の自給を目指したことは、今のところ現代農業を動かしている安価な石油を使い果たしてしまったとき、もっと大きな規模で起きるであろうことの予告編となっている。そして、少なくとも一つの島では、実験が社会の崩壊を引き起こすことなく行なわれたことを見ると、いくらか安心する。一党独裁の警察国家以外でも同じようにうまくいくだろうかと考えると、多少不安は残るが。

ダーウィンの有名なガラパゴス滞在以降、島というものの孤立した性質は生物学の理論に大きく影響してきた。しかし、こうした思考が人類学の領域にも届いたのはここ数十年のことに過ぎない。人類はいつの日か宇宙に移住し、他の惑星を植民地にするかもしれないが、当分の間、我々の大多数は地球にとらわれたままだ。世界がハイチやマンガイアやイースターを再現することは決してないが、世界中の島社会に起きた出来事は、地球が結局は島であり、いったん失われれば再生に地質学的時間のかかる、薄い土壌の皮膚のおかげで快適な状態にある宇宙のオアシスなのだということを、私たちに思い起こさせる。

第十章　文明の寿命

大地に問いかけてみよ、教えてくれるだろう。
――「ヨブ記」一二章八節（『聖書 新共同訳』）

地球はどれだけ人を養えるか

二〇〇〇年を経てなお、マルサス派の悲観主義とゴドウィン派の楽観主義は、技術革新が増加する農産物需要を満たし続けることができるか否かをめぐる議論の枠組みを形成している。化石燃料を枯渇させてしまったとき、食糧生産が大幅に落ち込むのを防ぐには、土壌肥沃度が保たれるように農業を根本的に改革するか、もし化学肥料への依存を続けるなら安価な新エネルギー源を大量に開発する必要がある。しかし私たちが土壌そのものを侵食させ続けるならば、未来は見えている。

　どれほどの人口を地球が支えることができるかを推定するためには、人口規模、生活の質、生物多様性のような環境の質のトレードオフを想定する必要がある。ほとんどの人口統計上の試算は、今世紀の終わりまでに一〇〇億を超える人間が地球に住んでいると予測している。全米カトリック司教会議が信じているらしい、世界は四〇〇億人を楽に支えることができるという説と、四億人でも多すぎるというテッド・ターナーの見解のどちらを支持するにせよ、この推定値の中間を養うのでも無理難題である。なぜならもし私たちが、現在人類を支えるために四〇パーセントが充てられている地球の光合成の生産力を、どうにかして同じ効率ですべて利用したとしても、養えるのは一五〇億人だからだ——しかも地球上に他の生物は存在できない。

信頼できる科学者たちも、地球の収容力に関しては意見がばらばらである。ノーベル賞受賞者で緑の革命の先駆者であるノーマン・ボーローグは、地球は一〇〇億人を支えることができると主張するが、そのためには農業技術の大きな進歩が必要であると認めている。これがノーベル賞受賞講演で、緑の革命は人口過剰問題に取り組むための時間を数十年しか稼いでくれなかったと警告したのと同一人物である。あれから三〇年以上経った今、ボーローグは科学者がまたうまい手立てを思いついてくれることを当てにしているのだ。対極にいるのがスタンフォード大学の生物学者、ポール・アーリックとアン・アーリックで、人類はすでに地球の収容力（およそ三〇億と彼らは考える）を超えていると主張している。この観点では、災いはすでに確実なのだ。

土壌保全の利益とコストの構造

誰が正しいにせよ、いかなる長期的シナリオにも重要な問題となるのが、先進工業国と開発途上国の双方で農業を改革することだ。旧態依然とした工業的農業に携わる農民は、地代や機械の修理費を払い、農薬と化学肥料を買うために、土壌を犠牲にしても目先の利益をあげようとする。小農が土壌を搾りつくしてしまうのは、家族を養えないほど狭い農地に縛りつけられているからだ。根本的な経済および社会問題は複雑だが、先進国でも途上国でも農業生産性の維持は肥沃な土壌を保つことにかかっている。

人間のタイムスケールの範囲では回復できない土壌は、難しい要素を兼ね備えている——不可欠な資源でありながら、氷河が進むようにゆっくりとしか補充されないのだ。長く放置するほど対処が難しくなる多くの環境問題と同様、土壌侵食は社会制度が存続するよりも長いタイムスケールで、文明の基礎を脅かす。それでも土壌侵食が土壌生成の速度を上回り続けるかぎり、農業が増加する人口を支えられなくなるのは時間の問題だ。

その絶頂期、ローマ帝国は奴隷労働に頼ってプランテーションを経営し、それは共和国時代の自作農市民による堅実な土地管理に取って代わった。南北戦争以前、アメリカ南部は土壌肥沃度を低下させる同じような方法に溺れた。いずれの場合も、利益の大きな換金作物が大地主を誘惑するにつれて、土壌を破壊する慣行が確立したのだ。土壌の喪失はあまりに遅く、社会の関心を引くほどのものではなかった。

小さく効率的な政府には賛成論が多数ある。市場の効率性は、ほとんどの社会制度を効果的に動かすことができる。農業はその例外である。全体の幸福を維持するためには、土壌管理によって社会が長期的に受ける利益を優先しなければならない。それは私たちの文明にとって根源的に重要な問題なのだ。農業を単なるビジネスの一種として見ることはできない。土壌保全の利益は数十年管理を続けてやっと実を結ぶものであり、また土壌の誤用のコストは万人が負担するものだからだ。

経済理論の中の農業

労働、土地、資本の自由市場という思想は、賛否の分かれるマルサスの理論と並行して発達した。近代経済学の父アダム・スミスは、一七七六年に『国富論』を著した。同書の中でスミスは、個々人が、売り手としてであれ買い手としてであれ、自己の利益のために行動することが最大の社会的利益を生みだすと述べた。明らかに、自己統制された自由市場が効率よく価格を設定し、需要に合わせて生産できることは、過去数百年の歴史が証明している。しかしアダム・スミスでさえ、政府の規制は市場を望ましい結果へと導くために必要だと認めている。

スミスの見解を純化した古典経済学は、ほとんど無条件で西洋社会に受け入れられているが、ケインズ経済のような変種ともども、資源枯渇という根本的問題を無視している。それらに共通する間違った前提は、有限の資源の価値はそれを利用、抽出、あるいは他の資源で代替するための費用に等しいというものだ。土壌が再生されるには長い時間がかかり、健康な土壌の有望な代用品が存在しないことを考えれば、この問題は土壌疲弊と侵食にとって重大である。

マルクス主義経済もこの致命的な盲点を共有している。マルクスとエンゲルスは生産物の価値を、生産に投入された労働力に由来すると考えた。彼らにとって、資源を見つけ、取り出し、利用するために要求される労力の高低が資源の不足に由来する問題を説明するのである。プロレタリアートの進歩のために自然を利用することを目指す彼らは、社会が主要な資源を使い果たしてしまうかもしれないという考えを、用語集に書き込むことはなかった。それどころか、エンゲルスは土壌劣化の問題をひと言ではねつけた。「土地の生産性は、資本、労働力、科学の投入で無限に増大しうる」。その陰気なイメージとは裏腹に、エンゲルスは楽観主義者だったようだ。

事実上、経済理論は——資本主義もマルクス主義も——資源は無尽蔵であるか際限なく代替可能だと暗黙のうちに想定しているのだ。どちらのシナリオを採っても、自己の利益を求める個人にとってもっとも合理的な行動は、単に子孫の利益を無視することだ。あらゆる経済体制は、限りある資源を使い果たして未来の世代につけを回す傾向にあるのだ。

長期的な土壌の生産性への懸念は、この問題を検討したことのある者の間ではほとんど共通している。予想されたことだが——そして無理もないことだが——たいていは泥を守ることよりももっと緊急の問題が優先される。より差し迫った危機と政策担当者の注目を争った場合、長期的問題に対策が取られることは滅多にない。土地が十分にあれば、土壌を保全する動機づけはほとんどない。不足して初めて人々は問題を知るのだ。末期になるまで発見されない病気のように、そのときにはすでに危機的状況なのだ。

限られた人生の中での生活習慣が人間の寿命に影響するように、社会が土壌をどう扱うかは社会の寿命を左右する。土壌侵食が土壌生成を上回るかどうか、またどの程度上回るかは、技術、農法、気候、人口密度などによって決まる。きわめておおまかに言えば、文明の寿命は、農業生産が利用可能な耕作適地のすべてで行なわれてから、表土が侵食されつくすまでにかかる時間を限界とする。特定の気候と地質学的環境の中で土壌が再生するまでにかかる時間が、農耕文明が復興するまでに要する期間を決める——もちろん土壌が回復するに任されればの話だが。

この観点が意味するのは、文明の寿命は、最初の土壌の厚さと土壌が失われる正味の速度との比率によって決まるということだ。最近の侵食速度と、長期にわたる地質学的な速度との比較研究によって、少なくとも二倍から一〇〇倍以上もの増加が明らかになっている。人間の活動は、見たところ侵食が加速していない地域でも、侵食速度を七倍に増加させており、問題が認められている地域では、地質学的に正常な速度の一〇〇倍から一〇〇〇倍もの速さで侵食されている。平均して、人間は地球全体で土壌侵食を少なくとも一〇倍増させている。

数年前、ミシガン大学の地質学者ブルース・ウィルキンソンは、堆積岩の分布と体積を用いて地質年代にわたる侵食速度を推定した。過去五億年の平均侵食速度は一〇〇〇年に二・五センチだが、今日では農地から二・五センチの土壌がはがされるのに四〇年かからないとウィルキンソンは試算している——地質学的な速度の二〇倍以上だ。こうした侵食速度の劇的な増大は、土壌侵食を全地球規模の生態学的危機にした。それは氷河時代や彗星の衝突ほどには劇的ではないにしても、同じくらい破滅的でありうることがわかっている――長期的には。一〇〇〇年に数センチの土壌生成速度と、耕起を基本にした慣行農業のもとでの一〇年から一〇〇年に数センチの侵食速度から考えて、温帯から熱帯の攪乱されていない土地に見られる三〇センチないし一メートルの土壌断面が完全に侵食されるのにかかる時間は、数百年から二〇〇〇~三〇〇〇年であろう。この文明の寿命の単純な見積もりは、世界中の大文明がたどった歴史的パターンを驚くほど正確に予測している。

社会が持続する条件

農耕が始まった肥沃な河川流域を除けば、文明は一般に八〇〇年から二〇〇〇年、おおむね三〇世代から七〇世代存続している。歴史を通じて、新たに耕作する土地があるか土壌生産性が維持されているかぎり、社会は発展し繁栄する。いずれも可能でなくなったとき、すべては崩壊する。より長く繁栄した社会は、土壌を保全する方法を考え出したか、自然に泥が補充されるような環境に恵まれていたかどちらかだ。

歴史書をぱらぱらと読むだけで、政変、過酷な気候、資源の濫用のどれか一つ、あるいは複数の組み合わせという条件があれば社会が転覆しうることがわかる。恐ろしいことにこれからの一世紀、気候パターンの変動や石油の枯渇が、土壌侵食および農地喪失の加速にぶつかって、私たちは上に挙げた三つすべてが同時発生する可能性に直面することになるのだ。もし世界の肥料や食糧生産がつまづいたら、政治的安定はまず持たないだろう。

農耕社会に特徴的な繁栄と衰退の循環を回避するには、人間一人を養うのに必要な土地の面積を継続的に減らすか、人口を抑制して土壌生成と侵食のバランスを保つような農業を構築するしかない。このことは近い将来の選択肢をいくつか示す。人口が増え続け土壌肥沃度が低下する中で、農地をめぐって争うこともできるし、収穫量を増やす能力を妄信し続けてもいいし、土壌生成と侵食の均衡点を見いだすこともできるのだ。

私たちがどうしようと、私たちの子孫は何とかバランスを保たざるを得ないだろう——好むと好まざるとにかかわらず。そうするうちに、農業が化石燃料と化学肥料に依存していることは、半乾燥地で塩類化を引き起こしたり、氾濫原から傾斜地に農地を拡大して、土壌喪失を招いたりした古代の慣行と類似しているという現実に彼らは向きあうだろう。技術は、新しい鋤であろうが遺伝子操作された作物の形をとろうが、しばらくの間現行制度を発展させ続けるかもしれないが、それが長く機能するほど維持するのが難しくなる——特に土壌侵食が土壌生成を上回り続けるかぎりは。

問題の一端は、文明と個々人が刺激に反応する速度の相違にある。農民にとってもっとも望ましい行動が、必ずしも社会の利益と一致するわけではないのだ。個々の観察者にはほとんど気づかないほど少しずつ変化する経済のエコロジーは、文明の寿命を定めるために役立つ。重要な再生資源——土壌のような——の自然のストックを使い果たした社会は、経済を天然資源の供給基盤から切り離すことで、自滅の種をまいているのだ。

小さな社会は、通商関係のような基本的ライフラインの途絶や、戦争、自然災害などの混乱に特に弱い。多様性に富み、多くの資源を持つ大きな社会は、災害の被害者をすぐに助けることができる。しかし復元力をもたらす複雑さは、同時に適応と変化を妨げ、破壊的行動を取り続ける社会的慣性を生むことがある。したがって、大きな社会はゆっくりとした変化に適応するのが難しく、自らの基盤を蝕む土壌侵食のような問題には依然弱い。対照的に小さなシステムは、基礎の変化にも適応できるが、大きな混乱に対して深刻な弱点を持つ。しかし土を使い果たしても移動できた初期の農耕狩猟採集民とは違い、地球文明は動くことができない。

食糧供給のシナリオ

未来について起こりうるシナリオを検討するうえで、真っ先に考えるべき問題は、耕作可能地がどれだけあり、未利用の土地がいつ使い果たされてしまうかである。全世界の約一五億ヘクタールで現在農業生産が行なわれている。これ以上収量を増やさずに二倍の人口を養うためには、現在の耕作面積を二倍にする必要がある。しかし、長期の農業生産に使える未耕地はもはやなくなってしまった。そのような広大な土地は、アマゾンやサヘルのような熱帯林や亜熱帯草原にしかない。そのような限界耕作地を耕作すれば、急速な土地の劣化によってすぐに当初の利益を生まなくなり、その後放棄される――住民に行き先があれば――ことが経験からわかっている。ニューオーリンズからシカゴ、あるいはデンバーからシンシナティへ飛ぶ飛行機の窓から外を見てみるといい。見渡すかぎりすでに農業生産が行なわれている。このどこまでも広がる、もともと肥沃な土地が文字通り世界を養っている。どの都市の回りにも郊外が発達しているのを見れば、人口は増え続けているのに農地が失われていることがわかる。農業に最適な土地ではすでに耕作が行なわれているので、限界耕作地への農業の拡大は、長期的な見込みのある戦略というより引き延ばし作戦である。

第二に、人間一人を養うのにどれだけの土壌が必要か、それをどこまで減らすことができるかを知る必要がある。耕地面積は時代により文明により大きく違うが、対照的に人ひとりを養うのに必要な土地面積は、有史以来少しずつ小さくなっている。狩猟採集社会では一人を支えるのに二〇〜一〇〇ヘクタールが必要である。焼畑農業に特徴的な移動耕作は、一人を養うために二〜一〇ヘクタールを要する。後の定住農耕社会では一人を支えるために約一〇分の一の土地しか使っていない。〇・五〜一・五ヘクタールの氾濫源の土地がメソポタミア人一人を養っていたと推定される。

時とともに、人類の創意工夫はもっとも集約的に耕作された生産力の高い農地で食糧生産を増やし、今日では約六〇億の人口に対して一五億ヘクタール、一人を養うために〇・二五ヘクタールの農地を要するようになった。世界でもっとも集約的に耕作されている地域では、〇・二ヘクタールで一人を支えている。全世界の平均農業生産性をこのレベルまで引き上がれば、七五億人に食糧を供給できる。しかし二〇五〇年には利用できる耕地面積は一人あたり〇・一ヘクタール未満に落ち込むと予測されている。食糧生産を現状維持するだけで、単位面積あたりの収量を大幅に増加させることが必要である――その増加量は人類の創意をもってしても達成できないかもしれない。

一九五〇年以前、世界の食糧増産の大部分は耕作面積の増加と農地管理の改善で得られていた。一九五〇年以降は、増加分のほとんどは機械化と化学肥料の集中的使用に由来している。緑の革命の時期に行なわれた農法の劇的な集約化は、過去三〇年間食糧危機を防いだと信じられている。収穫の増加は、高収量のコムギやイネなど、年に二～三回収穫できる「奇跡の」品種の開発、化学肥料の使用量の増加、開発途上国での灌漑インフラへの多額の投資などに由来する。肥料反応性が高いイネとコムギの導入により、一九五〇年代から一九七〇年代の間に収量は年間二パーセント以上増加した。

食糧生産の増加は可能か

だがそれ以来、収量の増加は鈍くなり、ほとんど行き詰まった。戦後の大幅な収量増加は終わったようだ。アメリカとメキシコのコムギ収穫量はもう増えない。アジアのコメの収穫高は低下し始めている。収穫量は技術的な停滞期に達したようだ。フィリピンにある国際稲作研究所で、三〇年にわたり行なわれた窒素肥料への反応の実験によって、収量を維持するだけでも窒素投入量を増やし続ける必要があることがわかった。「品種改良と作物管理改善のための栽培法の研究に相当な投資を行なったにもかかわらず、イネの収量を減少させないようにするのがせいぜいだった」。予測されるコムギ、コメ、トウモロコシの需要を満たすために、これからの数十年で年間一パーセント以上のさらなる増産が必要であるが、食糧生産量を向上させるための次の技術革新はまだやって来ない。従来の手段でこれほどの増加量を達成、維持するには、農業生産性を生物学的限界に近づけるような大規模な打開策が要求されるだろう。現状維持だけでも困難になっているのに、まして収量を増やすとなれば言うまでもない。

二〇世紀後半、主に窒素肥料の使用が七倍増、リン肥料の使用が三・五倍増になった結果、食糧生産量は倍増した。単純にこれをくり返すことは可能ではない。大量の肥料を与えても、植物に必要な養分がすでにあれば使い切ることができないからだ。肥料の使用量を三倍にしたところで、生物が利用できる窒素とリンが土壌にあふれていれば、大して役に立たない。今日、農家が与える肥料中の窒素を、作物は半分しか吸収しないので、さらに増やしてもさほど効果はないだろう――増やすことができたにしても。

水耕法――試験所の泥の中に水と養分をポンプで循環させる方法――による栽培は、自然の土壌で作物を育てるよりも、単位面積あたりはるかに多くを生産できる。しかしこのプロセスには養分やエネルギーの大きな外部投入を使用することが必要である。これは小規模で労働集約的な農場では有効かもしれないが、化石燃料とどこかから掘り出した栄養分を継続して大量に投入しないかぎり、大規模経営で世界を養うことはできない。

最後に、品種改良によるもっとも容易で大幅な収量増は、おそらくすでに達成されてしまっている。遺伝子プールは数百万年の厳しい自然選択にすでにさらされ、固定されていることを考えれば、収量をこれ以上大幅に増加させるには、進化が課した形態学的、生理学的制約に取り組む必要があるだろう。収量の増加はすでに遅くなり、収穫量を緩やかに増加させるための研究でもコストは急騰している。たぶん遺伝子工学はまだ収量を相当に増加させられるかもしれない――ただしきわめて競争力の強い種を農業環境や自然環境に放ち、その結果どうなるかもわからないというリスクを伴って。

一方で、世界の穀物備蓄――ある時点に在庫している穀物の量――は、二〇〇〇年には一年分を少し超えていたのが、二〇〇二年になると年間消費量の四分の一未満に落ち込んでしまった。世界は今、ちょうど一九二〇年代の中国の小農のように端境期を生きている。進歩といえばそんなものだ。

求められる新しい農業哲学

明らかに、同じことを続けていてもうまくいかない。過去のやり方を未来に投入するのは失敗のもとになる。私たちに必要なのは新しい農業のモデル、新しい農業哲学である。私たちはもう一度農業革命を必要としているのだ。

農哲学者のウェンデル・ベリーは、経済は工業的思想と農業的思想のいずれも基礎にすることができ、農業社会は必ずしも技術的洗練と物質的繁栄を欠いた自給自足社会ではないと説く。ベリーは工業社会を、生存のために欠かせないもの（食糧）であれ欲望に沿って作られたもの（ポップターツ）であれ、製品の生産と使用を基礎としていると考える。一方農業経済は、経済活動を支える土地のキャパシティに合わせて、そうした活動を地域ごとに適応させることを基本としている。意外なことではないが、ベリーは、よい農業ともっとも儲かる農業の違いを話すことを好む。しかし、農業社会ではみんながみんな農民である必要はないし、工業製品が最低限の必需品に限られなければならないわけでもない、とベリーは指摘する。農業社会において、農業と工業は地域の地形に適合させられるというのがベリーの見解の特徴である。現在の趨勢と農業経済のこのような未来像の折りあいをつけるのは難しいが、資本主義を軌道修正することは考えられないことではない。今日のなかば主権を持ったグローバル企業などは、ほんの二〇〇～三〇〇年前には考えられなかったのだから。

有史以後、農業には何度か革命が起きた。ヨーマンの革命はローマの土壌管理法を学び直すことに立脚しており、農芸化学と緑の革命は化学肥料と農業科学技術の上に成り立った。今日、不耕起および有機農法の採用の増加が、土壌保全を基礎に置く現代の農業革命を促進している。過去の農業革命は収量を増やすことに主眼を置いていたが、進行中のそれは現代の世界文明が継続できるように収量を維持する必要がある。

新しい農業の哲学的原理は、土壌を化学システムとしてでなく、地域に適応した生物システムとして扱うことにある。しかし農業生態学は単なる古い労働集約的な農業への回帰ではない。それは最新の遺伝子操作技術と同じくらい科学的であり、ただし化学と遺伝学ではなく生物学と生態学に基づいている。土壌、水、植物、動物、微生物の複雑な相互作用に立脚した農業生態学は、画一化された製品や技術を使用するよりも、地域の条件と背景を理解することに依拠する。それは地域に根ざした知識に指導された農業を必要とする。習慣や都合でやるのではなく、頭を使って農業をするのだ。

農業を現実に適応させる

農業生態学は単に有機でやるということではない。農薬は使っていなくても、カリフォルニアで新しくできた工場式有機農場は、必ずしも土壌を保全していない。一九九〇年代に有機野菜の需要が急増し始めたとき、工業農場では、ただ無農薬というだけで慣行農業の欠点はそのままにレタスのモノカルチャー栽培を始めた。

農業生態学は必ずしも小規模農場が大規模農場に代わることを意味しない。ハイチの小さな農場は、アメリカ南部の巨大な奴隷制プランテーションと同じくらい効果的に急斜面の土壌を破壊した。また単に機械化が問題なのではない。ローマのウシは、ディーゼルエンジンで駆動するジョン・ディアの鋤の末裔と同様に、効率よく土壌をはぎ取った。根本的な問題は驚くほど単純だ。補充されるよりも速く土壌を失わせる農法が社会を破壊するのだ。幸い、土壌を換金しなくても生産力の高い農場を運営できる方法が存在する。ひと言で言えば、行なうことを行なう場所に適応させることだ。

それをどのように行なうかのヒントは、労働集約的な農業社会と技術集約的な農業社会の経験にある。労働集約的なシステムにおいては、人間は土地に適応しようとする。技術集約的なシステムにおいては、人間は土地を技術に合わせようとすることが多い。労働集約的な文化は、土壌有機物を増やす、斜面を段々畑にする、必須養分を再生利用するなど土壌に投資して、中国低地地方、ティコピア、アンデス、アマゾンなどで長期間存続した。技術集約型の社会は土壌を消費資材として扱い、土壌肥沃度を目先の儲けと引き換えにして、小作人と不在地主が土壌からできるだけ多くのものをできるだけ速く引きだせるようなシステムを発達させた。

この根本的な相違は、泥にはほとんど値打ちがなく、それでいてきわめて貴重であるという問題を際立たせる。農業システムのもっとも安価な資材である土壌は、常に軽視される――手遅れになるまで。したがって、私たちは農業を現実に適合させねばならないのであって、その逆ではない。土地に合わせて形成された人間の慣習や伝統は持続することができるが、その反対は持続できない。

ある種の慣習や習慣を変えるためには、違ったものの見方が要求される。例えば不耕起栽培のように。それは土壌の喪失を遅らせ、慣行農業にも有機農業にも適合する。本当はそれを阻むものは何もなく、経験者が増えるにつれて多くのアメリカの農民が採用するようになっている。他の新しい概念、例えば有機農法や生物農薬については、政府よりも消費者が、今日のグローバル社会なきグローバル経済を変える過程を動かしている。

しかし、政府も依然重要な役割を担っている。先進諸国では、政府は政策と補助金を通じて小規模有機農場と、大規模な機械化された農場での不耕起栽培を奨励するインセンティブを新たに作り替えることができる。開発途上の諸国においては、鋤に代わる新しい道具を農民に与えて、小規模な労働集約的農場での不耕起農法と有機農法を推進することができる。政府は都市農業、持続可能な農業や新技術（特に窒素とリンの精密施肥）、および土壌有機物と土壌肥沃度の保持のために必要とされる研究を支援することもできる。政府が推進する必要のないものは遺伝子工学や、より集約的な化学肥料と灌漑を基礎にした農業、まさに業界が自分たちの製品への依存を高める手段として売り込んでいるものだ。

農業における土地倫理を支持することへの関心の高まりは、生産の場と消費の場の距離を短縮しようとするスローフードと地産地消運動として具体化している。しかし、食物をテーブルまで運ぶためのエネルギー効率という考えは、何か急進的で新しいものではない。ローマ人が穀物を地中海全域に輸送したのは、風によって食糧の長距離輸送に必要なエネルギーを得られたからだ。だから北アフリカ、エジプト、シリアはローマに食糧を供給できた。西ヨーロッパの農産物を山脈を越えてイタリア中部まで引きずってくるのは、あまりに非効率（また困難）だ。

同様に、石油が高騰するにつれて、地球を半周して食糧を輸送するのは無意味になってくるだろう。農業の非グローバル化はますます魅力的で効率的になるだろう。アメリカのスーパーマーケットで売っている標準的な有機農産物は、生産地から消費地の間を二五〇〇キロほど旅している。長い目で見れば、土壌と脱石油世界への影響を考えると、食糧市場は小さく、グローバル経済に組み込まれず、土地の作物を土地の市場で売るというほうがよりよく機能する（より安いとは限らないが）だろう。どこかよそで作った食糧を買うのが住民にとって高くつくようになれば、食糧生産を住民のところへ——つまり都市に——持っていくことに関心が持たれるようになるだろう。

都市農業の可能性

一見矛盾した名称だが、都市農業は撞着語法ではない。産業化以前の歴史の大部分を通じて、都市の廃棄物は主に有機物であり、都市および準都市農園の土壌を肥やすために戻された。一九世紀半ば、パリの六分の一では、同市の需要を満たして余りあるサラダ用葉物、果物、野菜を生産していた。肥料には市の交通網から出る一〇〇万トンの馬糞が用いられた。この現代の工業農場よりも生産性が高い労働集約的システムは、非常に有名になり、堆肥を基本にした集約的な園芸術を今でもフレンチ・ガーデニングと呼ぶ。

都市農業は急速に成長している——世界中で八億人以上が多少なりとも都市農業に関わっている。世界銀行と国連食糧農業機関は、開発途上国において都市の貧困層に食糧を供給する取り組みとして、都市農業を奨励している。しかし都市農業は開発途上国だけのものではない。一九九〇年代末には、いくつかのアメリカの都市では一〇世帯にひとつが、モスクワでは三分の二の世帯が都市農業に携わっていた。都市農業は新鮮な農産物を収穫したその日のうちに都市の消費者に届けるだけでなく、輸送費が低く、水と肥料をごく少ししか使わず、相当量の固形および液状廃棄物を吸収して、都市の廃棄物処理問題と費用を軽減する。ゆくゆくは、近代的下水道の終端を改修して、家畜や人間の廃泄物を土壌に戻すことで栄養循環を閉じることも、やる価値があるだろう。原始的に思えるかもしれないが、いつの日か人類全体の繁栄がそれに頼ることになりそうだ。

それと同時に、私たちはこれ以上農地を失うわけにはいかない。今後五〇年は一ヘクタールの耕地さえも重要になるだろう。今、農場をコンクリートで固めることは、将来世界が支えることのできる人口を減らすことにつながる。インドでは、農地は神聖なものとされていると思いきや、都市周辺の農民が、好景気の住宅市場で使われるレンガの原料として表土をたたき売っている。開発途上国にはこのような形で未来を売り払う余裕はまったくない。ちょうど先進国が持続可能性への道をコンクリート漬けにすることができないように。農地は現在の農民が明日の農民のために保管しているものと考え、取り扱うべきである。

それでもなお、農場は耕作する者――自分たちの土地を知り、改善することに関心のある者――が所有すべきである。小作農は社会にとって最大の利益にはならない。土地の私有は必須である。不在地主は未来を守ることをほとんど考えないからだ。

世界的に見て、人類は絶滅危惧種を食べるか守るかという厳しい選択に迫られる必要はない。生物多様性を保全するためには、必ずしも生産性の高い農地を放棄する必要はない。農業生産性の高い土壌は生物多様性が低い傾向にあるからだ。逆に、生物多様性の高い地域は農業ポテンシャルが低い傾向にある。一般に、生物種に富む熱帯地域の土壌は養分に乏しく、世界でも有数の肥沃な土壌は生物種に乏しい温帯の黄土帯に見られることが多い。

近年の生物多様性喪失の多くは、政府の補助金や税制上の優遇措置が助長したものだ。それらにより、ごく短い期間しか農業で収益を得られず、多くの場合補助金がとだえれば（または土壌侵食が起これば）放棄されてしまう土地（熱帯雨林のような）での伐採や耕作が可能になったからである。不運なことに、大部分の開発途上国は熱帯にあり、土壌は栄養に乏しく侵食に弱い。このようにやっかいな地政学的不均衡はあるが、土壌の搾取に基づいた開発は必ずや将来食糧不足を招くという現実を無視するのは視野が狭い。

生態系・生命系として土壌を考える

集約的な機械化農業を維持できる広い地域が三つある。アメリカの平原、ヨーロッパ、中国北部の世界有数の広大な黄土地帯がそれだ。耕作の簡単なシルトに一面厚く覆われ、元あった土壌が失われても集約的な農業を支えられる。それ以外の地球上の大部分を特徴づける岩に載った薄い土壌では、結論を言えば私たちが土壌の能力に合わせなければならないのであって、その反対ではない。私たちは土壌を産業システムとしてでなく、生態系として扱わなければならない、つまり土壌を工場としてではなく生命系として見るべきなのだ。人類の未来は農業技術と遺伝子工学の技術的進歩と同様、この哲学的再転換にかかっているのである。

資本集約的な農法は、一日二ドル未満で生活している人類の三分の一に、飢えと貧困から抜け出る道を与えはしないだろう。しかし労働集約的農業にはそれができる——そのような人々が肥沃な土地を手に入れられれば。幸い、そうした農法は土壌の再生に役立つものでもある。私たちは小規模な自作農が世界を発展させるのを補助すべきである。より生産的な土地利用法を人々に教えることが、人類の未来への投資となるのだ。しかし、現代の農業補助金は大規模な工業農場を優遇し、人類の長期的な展望を損なうような操業を行なう農民に報酬を与えることが多すぎる。

全世界の農業補助金は三〇〇〇億ドル以上で、一年間の世界の開発援助予算の六倍を超える。奇妙なことに、私たちは工業農家に金を払って持続不可能な農業をさせ、それが貧しい人々の自給する能力（世界の飢餓を解決する唯一の可能性）を弱めているのだ。政治体制は常に当面の危機に集中し、土壌侵食のような慢性的な危機にはめったに取り組まない。しかし、私たちの社会が長く存続することを望むなら、政府は土地管理を主要な――そして危機的な――問題として取り組む必要がある。

歴史を通じて、経済と不在地主制度は土壌劣化を促進してきた――古代ローマの農園で、一九世紀アメリカ南部のプランテーションで、二〇世紀の工業農場で。この三例のいずれも政治と経済が土壌肥沃度と土壌そのものの消費を促進するような土地利用のパターンを形成した。再生可能な資源と不可能な資源が共に乱開発されたことはよく知られていると同時に、瞬間的な利益を最大にした個人を利する制度のもとでは、ほとんど対処不可能である。たとえそれが長期にわたり重要な資源を枯渇させるとしても。世界的な森林と漁場の減少はわかりやすい例だが、食糧の九五パーセント以上を供給する土壌が現在失われつつあることは、はるかに重大である。別の、非市場的なメカニズム――文化であれ、宗教であれ、法律であれ――が、脱工業化された農業を抱えた工業化社会を維持するという難問に対処しなければならない。直感に反して、黄土地帯以外の世界ではこの課題に取り組むために、土地により多くの人を集め、集約的な有機農業を小規模な農場で行ない、技術を利用しながら過大な投資をしないことが必要である。

飢餓問題への対処法

この難問に立ち向かうことは、同時に世界の飢餓問題に対処するためにも役立つ。開発途上国に食糧を供給しようとするなら、安価な食糧を生産することで飢餓を根絶できるという、直感的な、しかし単純な考えを捨てなければならない。私たちはすでに食糧を安く作っており、それでも地球上では多くの人が飢えているのだ。それとは違う、現実に機能する手法が必要である。それは開発途上国の小規模農場の繁栄を促すことだ。小農が自給して貧困から抜け出せるだけの収入を生みだすようにする一方で、知識、適切な道具、自給しながら市場に出せる余剰の作物を作れるだけの土地を提供して、土地の管理をさせなければならない。

気候変動と並んで、食糧需要は今後数十年間に地球環境の変化をもたらす大きな要因である。過去一世紀、長期にわたる土壌侵食の影響は、新たな土地が耕作され、また、化学肥料、農薬、土壌生産性の低下を補う新品種が開発されたことで隠されていた。しかし、こうした進んだ技術は、深い有機物に富む表土に利用したときに最大の利益をもたらす。農業技術的な解決は、土壌が薄くなるにつれ維持するのが徐々に難しくなる。土壌の喪失と共に収量が幾何級数的に減少するからだ。石油由来の化学肥料の消滅が避けられないことに加えて、進行する耕地と土壌の喪失は、増加する人口を縮小する土地基盤で養わなければならないという問題を生む。土壌侵食の影響を一時的には化学肥料と、場合によっては灌漑で埋め合わせることができるとしても、現段階での工業的農業の特徴である土壌有機物の減少、土壌生物相の全滅、薄くなる土壌などを考え合わせると、長期的な土地の生産性は維持できない。

土という財産

多くの要素が文明の終焉には関わっているだろう。しかし、肥沃な土壌が十分に供給されることが文明の維持には必要である。土壌を使い果たして新しい土地に移動することを、将来の世代は選択できない。現代の土壌保全の努力は、古代社会がそうであったように少なすぎ、遅すぎるということになるのだろうか？　それともより集約的に利用する中で、私たちは農耕土の保全の仕方を学び直すのだろうか？

私たちの文明の寿命を延ばすためには、土壌を工業プロセスにおける資材としてではなく、物質的豊かさの生きた基礎として尊重するように農業を作り変えなければならない。奇妙に聞こえるかもしれないが、文明の生存は土壌を投資として、商品ではなく価値のある相続財産として、単なる泥ではない何かとして扱うことにかかっているのだ。

索引

【さ行】

【た行】

引用・参考文献

第1章　泥に書かれた歴史

Hooke, R. LeB. 1994. On the efficacy of humans as geomorphic agents. *GSA Today* 4:217, 224–25.

———. 2000. On the history of humans as geomorphic agents. *Geology* 28:843–46.

第2章　地球の皮膚

Darwin, C. 1881. *The Formation of Vegetable Mould, Through the Action of Worms, With Observations on Their Habits.* London: John Murray.

Davidson, D. A. 2002. Bioturbation in old arable soils: Quantitative evidence from soil micromorphology. *Journal of Archaeological Science* 29:1247–53.

Gilbert, G. K. 1877. *Geology of the Henry Mountains.* U.S. Geographical and Geological Survey of the Rocky Mountain Region. Washington, DC: Government Printing Office.

Jenny, H. 1941. *Factors of Soil Formation: A System of Quantitative Pedology.* New York: McGraw-Hill.

Mitchell, J. K., and G. D. Bubenzer. 1980. Soil loss estimation. In *Soil Erosion,* ed. M. J. Kirkby and R. P. C. Morgan, 17–62. Chichester: John Wiley and Sons.

Retallack, G. J. 1986. The fossil record of soils. In *Paleosols: Their Recognition and Interpretation,* ed. V. P. Wright, 1–57. Oxford: Blackwell Scientific Publications.

Schwartzman, D. W., and T. Volk. 1989. Biotic enhancement of weathering and the habitability of Earth. *Nature* 340:457–60.

Torn, M. S., S. E. Trumbore, O. A. Chadwick, P. M. Viktousek, and D. M. Hendricks. 1997. Mineral control of soil organic carbon storage and turnover. *Nature* 389:170–73.

Wolfe, B. E., and J. N. Kilronomos. 2005. Breaking new ground: Soil communities and exotic plant invasion. *BioScience* 55:477–87.

第３章　生命の川

Butzer, K. W. 1976. *Early Hydraulic Civilization in Egypt: A Study in Cultural Ecology.* Chicago: University of Chicago Press.

Haub, C. 1995. How many people have ever lived on Earth? *Population Today,* February.

Helms, D. 1984. Walter Lowdermilk's journey: Forester to land conservationist. *Environmental Review* 8:132–45.

Henry, D. O. 1989. *From Foraging to Agriculture: The Levant at the End of the Ice Age.* Philadelphia: University of Pennsylvania Press.

Hillel, D. 1991. *Out of the Earth: Civilization and the Life of the Soil.* Berkeley: University of California Press.

Hillman, G., R. Hedges, A. Moore, S. Colledge, and P. Pettit. 2001. New evidence of Lateglacial cereal cultivation at Abu Hureyra on the Euphrates. *Holocene* 11:383–93.

Köhler-Rollefson, I., and G. O. Rollefson. 1990. The impact of Neolithic subsistence strategies on the environment: The case of 'Ain Ghazal, Jordan. In *Man's Role in the Shaping of the Eastern Mediterranean Landscape,* ed. S. Bottema, G. Entjes-Nieborg, and W. Van Zeist, 3–14. Rotterdam: Balkema.

Lowdermilk, W. C. 1926. Forest destruction and slope denudation in the province of Shansi. *China Journal of Science & Arts* 4:127–35.

Mallory, W. H. 1926. *China: Land of Famine.* Special Publication 6. New York: American Geographical Society.

Mellars, P. 2004. Neanderthals and the modern human colonization of Europe. *Nature* 432:461–65.

Milliman, J. D., Q. Yun-Shan, R. Mei-E, and Y. Saito. 1987. Man's influence on the erosion and transport of sediment by Asian rivers: The Yellow River (Huanghe) example. *Journal of Geology* 95:751–62.

Moore, A. M. T., and G. C. Hillman. 1992. The Pleistocene to Holocene transition and human economy in Southwest Asia: The impact of the Younger Dryas. *American Antiquity* 57:482–94.

Ponting, C. 1993. *A Green History of the World: The Environment and the Collapse of Great Civilizations.* New York: Penguin Books.

Pringle, H. 1998. Neolithic agriculture: The slow birth of agriculture. *Science* 282:1446.

Roberts, N. 1991. Late Quaternary geomorphological change and the origins of agriculture in south central Turkey. *Geoarchaeology* 6:1–26.

Said, R. 1993. *The River Nile: Geology, Hydrology and Utilization.* Oxford: Pergamon Press.

Sarnthein, M. 1978. Sand deserts during glacial maximum and climatic opti-

mum. *Nature* 272:43–46.
Stanley, D. J., and A. G. Warne. 1993. Sea level and initiation of Predynastic culture in the Nile delta. *Nature* 363:435–38.
Wallace, M. 1883. *Egypt and the Egyptian Question.* London: Macmillan.
Westing, A. H. 1981. A note on how many humans that have ever lived. *BioScience* 31:523–24.
Wright, H. E., Jr. 1961. Late Pleistocene climate of Europe: A review. *Geological Society of America Bulletin* 72:933–84.
———. 1976. The environmental setting for plant domestication in the Near East. *Science* 194:385–89.
Zeder, M. A., and B. Hesse. 2000. The initial domestication of goats (*Capra hircus*) in the Zagros Mountains 10,000 years ago. *Science* 287:2254–57.

第４章　帝国の墓場

Abrams, E. M., and D. J. Rue. 1988. The causes and consequences of deforestation among the prehistoric Maya. *Human Ecology* 16:377–95.
Agriculture in all ages, no.2. 1855. *DeBow's Review* 19:713–17.
Barker, G. 1981. *Landscape and Society: Prehistoric Central Italy.* London: Academic Press.
———. 1985. Agricultural organisation in classical Cyrenaica: the potential of subsistence and survey data. In *Cyrenaica in Antiquity,* ed. G. Barker, J. Lloyd, and J. Reynolds, 121–34. Society for Libyan Studies Occasional Papers 1, BAR International Series 236. Oxford.
Beach, T. 1998. Soil catenas, tropical deforestation, and ancient and contemporary soil erosion in the Petén, Guatemala. *Physical Geography* 19:378–404.
Beach, T., N. Dunning, S. Luzzadder-Beach, D. E. Cook, and J. Lohse. 2006. Impacts of the ancient Maya on soils and soil erosion in the central Maya Lowlands. *Catena* 65:166–78.
Beach, T., N. Dunning, S. Luzzadder-Beach, and V. Scarborough. 2003. Depression soils in the lowland tropics of Northwestern Belize: Anthropogenic and natural origins. In *The Lowland Maya Area: Three Millennia at the Human-Wildland Interface,* ed. A. Gómez-Pompa, M. F. Allen, S. L. Fedick, and J. J. Jiménez-Osornio, 139–74. Binghamton, NY: Food Products Press.
Beach, T., S. Luzzadder-Beach, N. Dunning, J. Hageman, and J. Lohse. 2002. Upland agriculture in the Maya Lowlands: Ancient Maya soil conservation in northwestern Belize. *Geographical Review* 92:372–97.
Betancourt, J., and T. R. Van Devender. 1981. Holocene vegetation in Chaco Canyon. *Science* 214:656–58.
Borowski, O. 1987. *Agriculture in Iron Age Israel.* Winona Lake, IN: Eisenbrauns.
Braund, D. 1985. The social and economic context of the Roman annexation of Cyrenaica. In *Cyrenaica in Antiquity,* 319–25.
Brown, A. G., and K. E. Barber. 1985. Late Holocene Paleoecology and sedi-

mentary history of a small lowland catchment in Central England. *Quaternary Research* 24:87–102.
Cascio, E. L. 1999. The population of Roman Italy in town and country. In *Reconstructing Past Population Trends in Mediterranean Europe (3000 BC–AD 1800)*, ed. J. Binfliff and K. Sbonias, 161–71. Oxford: Oxbow Books.
Cook, S. F. 1949. Soil erosion and population in Central Mexico. *Ibero-Americana* 34:1–86.
Cordell, L. 2000. Aftermath of chaos in the Pueblo Southwest. In *Environmental Disaster and the Archaeology of Human Response*, ed. G. Bawden and R. M. Reycraft, 179–93. Maxwell Museum of Anthropology, Anthropological Papers 7. Albuquerque: University of New Mexico.
Dale, T., and V. G. Carter. 1955. *Topsoil and Civilization*. Norman: University of Oklahoma Press.
Deevy, E. S., D. S. Rice, P. M. Rice, H. H. Vaughan, M. Brenner, and M. S. Flannery. 1979. Mayan urbanism: Impact on a tropical karst environment. *Science* 206:298–306.
Dunning, N. P., and T. Beach. 1994. Soil erosion, slope management, and ancient terracing in the Maya Lowlands. *Latin American Antiquity* 5:51–69.
Fuchs, M., A. Lang, and G. A. Wagner. 2004. The history of Holocene soil erosion in the Philous Basin, NE Peloponnese, Greece, based on optical dating. *Holocene* 14:334–45.
Hall, S. A. 1977. Late Quaternary sedimentation and paleoecologic history of Chaco Canyon, New Mexico. *Geological Society of America Bulletin* 88: 1593–1618.
Halstead, P. 1992. Agriculture in the Bronze Age Agean: Towards a model of Palatial economy. In *Agriculture in Ancient Greece*, ed. B. Wells, 105–16. Proceedings of the Seventh International Symposium at the Swedish Institute at Athens, May 16–17, 1990, Svenska Institutet i Athen, Stockholm.
Harris, D. R., and C. Vita-Finzi. 1968. Kokkinopilos—A Greek badland, *The Geographical Journal* 134:537–46.
Heine, K. 2003. Paleopedological evidence of human-induced environmental change in the Puebla-Tlaxcala area (Mexico) during the last 3,500 years. *Revista Mexicana de Ciencias Geológicas* 20:235–44.
Hughes, J. D. 1975. *Ecology in Ancient Civilizations*. Albuquerque: University of New Mexico Press.
Isager, S., and J. E. Skydsgaard. 1992. *Ancient Greek Agriculture: An Introduction*. London: Routledge.
Judson, S. 1963. Erosion and deposition of Italian stream valleys during historic time. *Science* 140:898–99.
———. 1968. Erosion rates near Rome, Italy. *Science* 160:1444–46.
Lespez, L. 2003. Geomorphic responses to long-term landuse changes in Eastern Macedonia (Greece). *Catena* 51:181–208.
Lowdermilk, W. C. 1953. *Conquest of the Land Through 7,000 Years*. U.S. Depart-

ment of Agriculture, Soil Conservation Service, Agriculture Information Bulletin 99. Washington, DC: GPO.

Marsh, G. P. 1864. *Man and Nature; or, Physical Geography as Modified by Human Action.* New York: Charles Scribner.

McAuliffe, J. R., P. C. Sundt, A. Valiente-Banuet, A. Casas, and J. L. Viveros. 2001. Pre-columbian soil erosion, persistent ecological changes, and collapse of a subsistence agricultural economy in the semi-arid Tehuacán Valley, Mexico's 'Cradle of Maise.' *Journal of Arid Environments* 47:47–75.

McNeill, J. R., and V. Winiwarter. 2004. Breaking the sod: Humankind, history, and soil. *Science* 304:1627–29.

Meijer, F. 1993. Cicero and the costs of the Republican grain laws. In *De Agricultura: In Memoriam Pieter Willem De Neeve (1945–1990),* ed. H. Sancisi-Weerdenburg, R. J. van der Spek, H. C. Teitler, and H. T. Wallinga, 153–63. Dutch Monographs on Ancient History and Archaeology 10. Amsterdam: J. C. Gieben.

Metcalfe, S. E., F. A. Street-Perrott, R. A. Perrott, and D. D. Harkness. 1991. Palaeolimnology of the Upper Lerma Basin, Central Mexico: a record of climatic change and anthropogenic disturbance since 11600 yr BP. *Journal of Paleolimnology* 5:197–218.

O'Hara, S. L., F. A. Street-Perrott, and T. P. Burt. 1993. Accelerated soil erosion around a Mexican highland lake caused by prehispanic agriculture. *Nature* 362:48–51.

Piperno, D. R., M. B. Bush, and P. A. Colinvaux. 1991. Paleoecological perspectives on human adaptation in Central Panama. II The Holocene. *Geoarchaeology* 6:227–50.

Ponting, C. 1993. *A Green History of the World: The Environment and the Collapse of Great Civilizations.* New York: Penguin Books.

Pope, K. O., and T. H. van Andel. 1984. Late Quaternary alluviation and soil formation in the Southern Argolid: its history, causes and archaeological implications. *Journal of Archaeological Science* 11:281–306.

Runnels, C. 2000. Anthropogenic soil erosion in prehistoric Greece: The contribution of regional surveys to the archaeology of environmental disruptions and human response. In *Environmental Disaster and the Archaeology of Human Response,* ed. R. M. Reycraft and G. Bawden, 11–20. Maxwell Museum of Anthropology, Anthropological Papers 7. Albuquerque: University of New Mexico.

Runnels, C. N. 1995. Environmental degradation in Ancient Greece. *Scientific American* 272:96–99.

Sandor, J. A., and N. S. Eash. 1991. Significance of ancient agricultural soils for long-term agronomic studies and sustainable agriculture research. *Agronomy Journal* 83:29–37.

Simkhovitch, V. G. 1916. Rome's fall reconsidered. *Political Science Quarterly* 31:201–43.

Spurr, M. S. 1986. *Arable Cultivation in Roman Italy c.200 B.C.–c.A.D. 100.* Journal of Roman Studies Monographs 3. London: Society for the Promotion of Roman Studies.
Stephens, J. L. 1843. *Incidents of Travel in Yucatán.* Norman: University of Oklahoma Press, 1962.
Thompson, R., G. M. Turner, M. Stiller, and A. Kaufman. 1985. Near East paleomagnetic secular variation recorded in sediments from the Sea of Galillee (Lake Kinneret). *Quaternary Research* 23:175–88.
Turner, B. L., II, P. Klepeis, and L. C. Schneider. 2003. Three millennia in the Southern Yucatán Peninsula: Implications for occupancy, use, and carrying capacity. In *The Lowland Maya Area,* 361–87.
Van Andel, T. H., E. Zangger, and A. Demitrack. 1990. Land use and soil erosion in prehistoric and historical Greece. *Journal of Field Archaeology* 17:379–96.
Vita-Finzi, C. 1969. *The Mediterranean Valleys: Geological Changes in Historical Times.* Cambridge: Cambridge University Press.
White, K. D. 1970. *Roman Farming.* Ithaca: Cornell University Press.
———. 1973. Roman agricultural writers I: Varro and his predecessors. In *Von Den Anfängen Roms bis zum Ausgang Der Republik,* 3:439–97. Aufsteig und Niedergang der Römanischen Welt 1.4. Berlin: Walter de Gruyter.
Williams, M. 2003. *Deforesting the Earth: From Prehistory to Global Crisis.* Chicago: University of Chicago Press.
Zangger, E. 1992. Neolithic to present soil erosion in Greece. In *Past and Present Soil Erosion: Archaeological and Geographical Perspectives,* ed. M. Bell and J. Boardman, 133–47. Oxbow Monograph 22. Oxford: Oxbow Books.
———. 1992. Prehistoric and historic soils in Greece: Assessing the natural resources for agriculture. In *Agriculture in Ancient Greece,* 13–18.

第5章　食い物にされる植民地

Bork, H.-R. 1989. Soil erosion during the past millennium in Central Europe and its significance within the geomorphodynamics of the Holocene. In *Landforms and Landform Evolution in West Germany,* ed. F. Ahnert, 121–31. *Catena* Suppl. no. 15.
Brown, J. C. 1876. *Reboisement in France: Or, Records of the Replanting of the Alps, the Cevennes, and the Pyrenees with Trees, Herbage, and Brush, with a View to Arresting and Preventing the Destructive Effects of Torrents.* London: Henry S. King.
Clark, G. 1991. Yields per acre in English agriculture, 1250–1860: evidence from labour inputs, *Economic History Review* 44:445–60.
———. 1992. The economics of exhaustion, the Postan Thesis, and the Agricultural Revolution. *Journal of Economic History* 52:61–84.
Cohen, J. E. 1995. *How Many People Can the Earth Support?* New York: W. W. Norton.

De Castro, J. 1952. *The Geography of Hunger.* Boston: Little, Brown.

Dearing, J. A., K. Alström, A. Bergman, J. Regnell, and P. Sandgren. 1990. Recent and long-term records of soil erosion from southern Sweden. In *Soil Erosion on Agricultural Land,* ed. J. Boardman, I. D. L. Foster, and J. A. Dearing, 173–91. New York: John Wiley and Sons.

Dearing, J. A., H. Håkansson, B. Liedberg-Jönsson, A. Persson, S. Skansjö, D. Widholm, and F. El-Daoushy. 1987. Lake sediments used to quantify the erosional response to land use change in southern Sweden. *Oikos* 50:60–78.

Dennell, R. 1978. *Early farming in South Bulgaria from the VI to the III Millennia B.C.* BAR International Series (Supplementary) 45. Oxford.

Edwards, K. J., and K. M. Rowntree. 1980. Radiocarbon and palaeoenvironmental evidence for changing rates of erosion at a Flandrian stage site in Scotland. In *Timescales in Geomorphology,* ed. R. A. Cullingford, D. A. Davidson, and J. Lewin, 207–23. Chichester: John Wiley and Sons.

Evans, R. 1990. Soil erosion: Its impact on the English and Welsh landscape since woodland clearance. In *Soil Erosion on Agricultural Land,* 231–54.

Evelyn, J. 1679. *Terra, a Philosophical Essay of Earth.* London: Printed for John Martyn, Printer to the Royal Society.

Godwin, W. 1793. *An Enquiry concerning Political Justice and Its Influence on General Virtue and Happiness.* Vol. 2. London: Robinson.

Hutton, J. 1795. *Theory of the Earth, with Proofs and Illustrations.* Vol. 2. Edinburgh: William Creech.

Hyams, E. 1952. *Soil and Civilization.* London: Thames and Hudson.

Judson, S. 1968. Erosion of the land, or what's happening to our continents? *American Scientist* 56:356–74.

Kalis, A. J., J. Merkt, and J. Wunderlich. 2003. Environmental changes during the Holocene climatic optimum in central Europe—human impact and natural causes. *Quaternary Science Reviews* 22:33–79.

Lane, C. 1980. The development of pastures and meadows during the sixteenth and seventeenth centuries. *Agricultural Review* 28:18–30.

Lang, A. 2003. Phases of soil erosion-derived colluviation in the loess hills of South Germany. *Catena* 51:209–21.

Lang, A., H.-P. Niller, and M. M. Rind. 2003. Land degradation in Bronze Age Germany: Archaeological, pedological, and chronometrical evidence from a hilltop settlement on the Frauenberg, Niederbayern. *Geoarchaeology* 18:757–78.

Lowdermilk, W. C. 1953. *Conquest of the Land Through 7,000 Years.* U.S. Department of Agriculture, Soil Conservation Service, Agriculture Information Bulletin 99. Washington, DC: GPO.

Lowry, S. T. 2003. The agricultural foundation of the seventeenth-century English oeconomy, *History of Political Economy* 35, Suppl. 1:74–100.

Mäckel, R., R. Schneider, and J. Seidel. 2003. Anthropogenic impact on the landscape of Southern Badenia (Germany) during the Holocene—documented by colluvial and alluvial sediments. *Archaeometry* 45:487–501.

Malthus, T. 1798. *An Essay on the Principle of Population, as It Affects the Future Improvement of Society: with Remarks on the Speculations of Mr. Godwin, M. Condorcet, and Other Writers.* London: J. Johnson.

Markham, G. 1631. *Markhams Farewell to Husbandry; Or, The Enriching of All Sorts of Barren and Sterile Grounds in Our Kingdome, to be as Fruiteful in All Manner of Graine, Pulse, and Grasse, as the Best Grounds Whatsoever.* Printed by Nicholas Okes for John Harison, at the figure of the golden Unicorne in Paternester-row.

Marsh, G. P. 1864. *Man and Nature; or, Physical Geography as Modified by Human Action.* New York: Charles Scribner.

Marx, K. 1867. *Capital: A Critique of Political Economy.* Vol. 1. New York: Vintage Books, 1977.

Melvin, J. 1887. Hutton's views of the vegetable soil or mould, and vegetable and animal life. *Transactions of the Edinburgh Geological Society* 5:468–83.

Morhange, C., F. Blanc, S. Schmitt-Mercury, M. Bourcier, P. Carbonel, C. Oberlin, A. Prone, D. Vivent, and A. Hesnard. 2003. Stratigraphy of late-Holocene deposits of the ancient harbour of Marseilles, southern France. *Holocene* 13:593–604.

Mortimer, J. 1708. *The Whole Art of Husbandry; Or, The Way of Managing and Improving of Land.* London: Printed by F. H. for H. Mortlock at the *Phoenix,* and J. Robinson at the *Golden Lion* in St. Paul's Church-Yard.

Playfair, J. 1802. *Illustrations of the Huttonian Theory of the Earth.* London: Cadell and Davies / Edinburgh: William Creech.

Reclus, E. 1871. *The Earth.* New York: G. P. Putnam and Sons.

Ross, E. B. 1998. *The Malthus Factor: Poverty, Politics and Population in Capitalist Development.* London: Zed Books.

Simkhovitch, V. G. 1913. Hay and history. *Political Science Quarterly* 28:385–403.

Smith, C. D. 1972. Late Neolithic settlement, land-use and Garigue in the Montpellier Region, France. *Man* 7:397–407.

Surell, A. 1870. *A Study of the Torrents in the Department of the Upper Alps.* Trans. A. Gibney. Paris: Dunod.

van de Westeringh, W. 1988. Man-made soils in the Netherlands, especially in sandy areas ("Plaggen soils"). In *Man-Made Soils,* ed. W. Groenman-van Waateringe and M. Robinson, 5–19. Symposia of the Association for Environmental Archaeology 6, BAR International Series 410. Oxford.

Van Hooff, P. P. M., and P. D. Jungerius. 1984. Sediment source and storage in small watersheds of the Keuper marls in Luxembourg, as indicated by soil profile truncation and the deposition of colluvium. *Catena* 11:133–44.

Van Vliet-Lanoë, B., M. Helluin, J. Pellerin, and B. Valadas. 1992. Soil erosion in Western Europe: From the last interglacial to the present. In *Past and Present Soil Erosion: Archaeological and Geographical Perspectives,* ed. M. Bell and J. Boardman, 101–14. Oxbow Monograph 22. Oxford: Oxbow Books.

Whitney, M. 1925. *Soil and Civilization: A Modern Concept of the Soil and the*

Historical Development of Agriculture. New York: D. Van Nostrand.
Zangger, E. 1992. Prehistoric and historic soils in Greece: Assessing the natural resources for agriculture. In *Agriculture in Ancient Greece,* ed. B. Wells, 13–19. Proceedings of the Seventh International Symposium at the Swedish Institute at Athens, 16–17 May, 1990. Acta Instituti Atheniensis Regni Sueciae, Series In 4, 42. Stockholm.
Zolitschka, B., K.-E. Behre, and J. Schneider. 2003. Human and climatic impact on the environment as derived from colluvial, fluvial and lacustrine archives—examples from the Bronze Age to the Migration period, Germany. *Quaternary Science Reviews* 22:81–100.

第6章　西へ向かう鍬

Bagley, W. C., Jr. 1942. *Soil Exhaustion and the Civil War.* Washington, DC: American Council on Public Affairs.
de Beaujour, L. A. F. 1814. *Sketch of the United States of North America.* Trans. W. Walton. London: J. Booth.
Beer, G. L. 1908. *Origins of the British Colonial System, 1578–1660.* New York: Macmillan.
Brissot de Warville, J.-P. 1794. *New Travels in the United States of America, Performed in 1788.* London: J. S. Jordan.
Costa, J. E. 1975. Effects of agriculture on erosion and sedimentation in the Piedmont Province, Maryland. *Geological Society of America Bulletin* 86:1281–86.
Craven, A. O. 1925. *Soil Exhaustion as a Factor in the Agricultural History of Virginia and Maryland, 1606–1860.* University of Illinois Studies in the Social Sciences 13, no. 1. Urbana: University of Illinois.
Craven, J. H. 1833. Letter of John H. Craven. *Farmer's Register* 1:150.
Cronon, W. 1983. *Changes in the Land: Indians, Colonists, and the Ecology of New England.* New York: Hill and Wang.
Eliot, J. 1934. *Essays Upon Field Husbandry in New England and Other Papers, 1748–1762.* Ed. H. J. Carman, R. G. Tugwell, and R. H. True. New York: Columbia University Press.
Glenn, L. C. 1911. *Denudation and Erosion in the Southern Appalachian Region and the Monongahela Basin.* U.S. Geological Survey Professional Paper 72. Washington, DC: GPO.
Gottschalk, L. C. 1945. Effects of soil erosion on navigation in Upper Chesapeake Bay. *Geographical Review* 35:219–38.
Hall, A.R. 1937. *Early Erosion-Control Practices in Virginia.* U.S. Department of Agriculture Miscellaneous Publication 256. Washington, DC: GPO.
Happ, S. C. 1945. Sedimentation in South Carolina Piedmont valleys. *American Journal of Science* 243:113–26.
Hartmann, W. A., and H. H. Wooten. 1935. *Georgia Land Use Problems.* Bul-

letin 191, Georgia Agricultural Experiment Station.
Hartwell, H., J. Blair, and E. Chilton. 1727. *The Present State of Virginia, and the College.* London: John Wyat.
Hewatt, A. 1779. *An Historical Account of the Rise and Progress of the Colonies of South Carolina and Georgia.* London: A. Donaldson.
Jefferson, T. 1813. Letter to C. W. Peale, April 17, 1813. In *Thomas Jefferson's Garden Book,* annot. E. M. Betts, 509. Philadelphia: American Philosophical Society, 1944.
———. 1894. *The Writings of Thomas Jefferson.* Ed. P. L. Ford. Vol. 3. New York: G. P. Putnam and Sons.
Letter from Alabama. 1833. *Farmer's Register* 1:349.
Lorain, J. 1825. *Nature and Reason Harmonized in the Practice of Husbandry.* Philadelphia: H. C. Carey and L. Lea.
Lyell, C. 1849. *A Second Visit to The United States of North America.* Vol. 2. London: John Murray.
M. N. 1834. On improvement of lands in the central regions of Virginia. *Farmer's Register* 1:585–89.
Mann, C. C. 2002. The real dirt on rainforest fertility. *Science* 297:920–23.
McDonald, A. 1941. *Early American Soil Conservationists.* U.S. Department of Agriculture Miscellaneous Publication 449. Washington, DC: GPO.
Meade, R. H. 1982. Sources, sinks, and storage of river sediment in the Atlantic drainage of the United States. *Journal of Geology* 90:235–52.
Overstreet, W. C., A.M. White, J. W. Whitlow, P. K. Theobald, D. W. Caldwell, and N. P. Cuppels. 1968. *Fluvial monazite deposits in the southeastern United States.* U.S. Geological Survey Professional Paper 568. Washington, DC: GPO.
Pasternack, G. B., G. S. Brush, and W. B. Hilgartner. 2001. Impact of historic land-use change on sediment delivery to a Chesapeake Bay subestuarine delta. *Earth Surface Processes and Landforms* 26:409–27.
Phillips, U. B. 1909. *Plantation and Frontier Documents: 1649–1863.* Vol. 1. Cleveland: Arthur H. Clark.
Ruffin, E. 1832. *An Essay on Calcareous Manures.* Ed. J. C. Sitterson. Cambridge, MA: Harvard University Press, Belknap Press, 1961.
Schoepf, J. D. 1911. *Travels in the Confederation: 1783–1784.* Trans. A. J. Morrison and William J. Campbell. Philadelphia: W. J. Campbell.
Shafer, D. S. 1988. Late Quaternary landscape evolution at Flat Laurel Gap, Blue Ridge Mountains, North Carolina. *Quaternary Research* 30:7–11.
Smith, N. J. H. 1980. Anthrosols and human carrying capacity in Amazonia. *Annals of the Association of American Geographers* 70:553–66.
Stoll, S. 2002. *Larding the Lean Earth: Soil and Society in Nineteenth-Century America.* New York: Hill and Wang.
Taylor, J. 1814. *Arator, Being a Series of Agricultural Essays, Practical and Political.* Columbia: J. M. Carter.
Toulmin, H. 1948. *The Western Country in 1793: Reports on Kentucky and Vir-*

ginia. Ed. M. Tinling and G. Davies. San Marino, CA: Henry E. Huntington Library and Art Gallery.

U.S. Congress. Senate. 1850. *Report of the Commissioner of Patents for the Year 1849, part 2, Agriculture.* 31st Congress, 1st sess. Ex. Doc. 15. Washington, DC: GPO.

Washington, G. 1803. *Letters from His Excellency George Washington to Arthur Young, Esq., F.R.S., and Sir John Sinclair, Bart., M.P.: Containing an Account of His Husbandry with His Opinions on Various Questions in Agriculture.* Alexandria, VA: Cottom and Stewart.

———. 1892. *The Writings of George Washington.* Ed. W. C. Ford. Vol. 13. New York: G. P. Putnam and Sons.

White, A. 1910. A briefe relation of the voyage unto Maryland, 1634. In *Narratives of Early Maryland, 1633–1684,* ed. C. C. Hall, 22–45. New York: Charles Scribner.

Wolman, M. G. 1967. A cycle of sedimentation and erosion in urban river channels. *Geografiska Annaler* 49A:385–95.

第７章　砂塵の平原

Alexander, E. B. 1988. Rates of soil formation: Implications for soil-loss tolerance. *Soil Science* 145:37–45.

Bennett, H. H. 1936. *Soil Conservation and Flood Control.* U.S. Department of Agriculture, Soil Conservation Service, Miscellaneous Publication 11. Washington, DC: GPO.

Bennett, H. H., and W. R. Chapline. 1928. *Soil Erosion, A National Menace.* U.S. Department of Agriculture, Bureau of Chemistry and Soils and Forest Service, Circular 3. Washington, DC: GPO.

Borchert, J. R. 1971. The Dust Bowl in the 1970s. *Annals of the Association of American Geographers* 61:1–22.

Brown, L. R. 1981. World population growth, soil erosion, and food security. *Science* 214:995–1002.

Busacca, A., L. Wagoner, P. Mehringer, and M. Bacon. 1998. Effect of human activity on dustfall: A 1,300-year lake-core record of dust deposition on the Columbia Plateau, Pacific Northwest U.S.A. In *Dust Aerosols, Loess Soils & Global Change,* ed. A. Busacca, 8–11. Publication MISC0190. Pullman: Washington State University.

Catt, J. A. 1988. Loess—its formation, transportation and economic significance. In *Physical and Chemical Weathering in Geochemical Cycles,* ed. A. Lerman, and M. Meybeck, 251:113–42. NATO Advanced Science Institutes Series C: Mathematical and Physical Sciences. Dordrecht: Kluwer Academic.

Clay, J. 2004. *World Agriculture and the Environment.* Washington, DC: Island Press.

Craven, A. O. 1925. *Soil Exhaustion as a Factor in the Agricultural History of Virginia and Maryland, 1606–1860.* University of Illinois Studies in the Social Sci-

ences 13, no. 1. Urbana: University of Illinois.
Davis, R. O. E. 1914. Economic waste from soil erosion. In [1913] *Yearbook of the United States Department of Agriculture,* 207–20. Washington, DC: GPO.
Dazhong, W. 1993. Soil erosion and conservation in China. In *World Soil Erosion and Conservation,* ed. D. Pimentel, 63–85. Cambridge: Cambridge University Press.
Dunne, T., W. E. Dietrich, and M. J. Brunengo. 1978. Recent and past erosion rates in semi-arid Kenya. *Zeitschrift für Geomorphologie, N. F.,* Suppl. 29:130–40.
Hunsberger, B., J. Senior, and S. Carter. 1999. Winds spawn deadly pileups. *Sunday Oregonian,* September 26, A1.
Hurni, H. 1993. Land degradation, famine, and land resource scenarios in Ethiopia. In *World Soil Erosion and Conservation,* 27–61.
Hyams, E. 1952. *Soil and Civilization.* London: Thames and Hudson.
Jacobberger, P. A. 1988. Drought-related changes to geomorphologic processes in central Mali. *Geological Society of America Bulletin* 100:351–61.
Johnson, W. D. 1902. The High Plains and their utilization. In *Twenty-Second Annual Report of the United States Geological Survey,* 637–69. Washington, DC: GPO.
Kaiser, J. 2004. Wounding Earth's fragile skin. *Science* 304:1616–18.
Kaiser, V. G. 1961. Historical land use and erosion in the Palouse—A reappraisal. *Northwest Science* 35:139–53.
Lal, R. 1993. Soil erosion and conservation in West Africa. In *World Soil Erosion and Conservation,* 7–25.
Larson, W. E., F. J. Pierce, and R. H. Dowdy. 1983. The threat of soil erosion to long-term crop production. *Science* 219:458–65.
Le Houérou, H. N. 1996. Climate change, drought and desertification. *Journal of Arid Environments* 34:133–85.
Lowdermilk, W. C. 1935. *Soil Erosion and Its Control in the United States.* U.S. Department of Agriculture, Soil Conservation Service, Miscellaneous Publication 3. Washington, DC: GPO.
———. 1936. *Man-made deserts.* U.S. Department of Agriculture, Soil Conservation Service, Miscellaneous Publication 4.
———. 1941. Conquest of the Land. In *Papers on Soil Conservation, 1936–1941.* U.S. Soil Conservation Service.
Mäckel, R., and D. Walther. 1984, Change of vegetation cover and morphodynamics—a study in applied geomorphology in the semi-arid lands of Northern Kenya, *Zeitschrift für Geomorphologie, N. F.,* Suppl. 51:77–93.
McCool, D. K., J. A. Montgomery, A. J. Busacca, and B. E. Frazier. 1998. Soil degradation by tillage movement. *Advances in GeoEcology* 31:327–32.
Nasrallah, H. A., and R. C. Balling, Jr. 1995. Impact of desertification on temperature trends in the Middle East. *Environmental Monitoring and Assessment* 37:265–71.
National Research Council. Committee on the role of alternative farming meth-

ods in modern production agriculture. 1989. *Alternative Agriculture.* Washington, DC: National Academy Press.
Nearing, M. A., F. F. Pruski, and M. R. O'Neal. 2004. Expected climate change impacts on soil erosion rates: A review. *Journal of Soil and Water Conservation* 59:43–50.
Pearce, F. 2001. Desert harvest. *New Scientist* 172:44.
Peng, S., J. Huang, J. E. Sheehy, R. C. Laza, R. M. Visperas, X. Zhong, G. S. Centeno, G. S. Khush, and K. G. Cassman. 2004. Rice yields decline with higher night temperature from global warming. *Proceedings of the National Academy of Sciences of the United States of America* 101:9971–75.
Pimentel, D. 1993. Overview. In *World Soil Erosion and Conservation,* 1–5.
Pimentel, D., J. Allen, A. Beers, L. Guinand, A. Hawkins, R. Linder, P. McLaughlin, B. Meer, D. Musonda, D. Perdue, S. Poisson, R. Salazar, S. Siebert, and K. Stoner. 1993. Soil erosion and agricultural productivity. In *World Soil Erosion and Conservation,* 277–92.
Pimentel, D., C. Harvey, P. Resosudarmo, K. Sinclair, D. Kurz, M. McNair, S. Crist, L. Shpritz, L. Fitton, R. Saffouri, and R. Blair. 1995. Environmental and economic costs of soil erosion and conservation benefits. *Science* 267:1117–23.
Ponting, C. 1993. *A Green History of the World: The Environment and the Collapse of Great Civilizations.* New York: Penguin Books.
Saiko, T. A. 1995. Implications of the disintegration of the former Soviet Union for desertification control. *Environmental Monitoring and Assessment* 37: 289–302.
Sampson, R. N. 1981. *Farmland or Wasteland: A Time to Choose.* Emmaus, PA: Rodale Press.
Schickele, R., J. P. Himmel, and R. M. Hurd. 1935. *Economic Phases of Erosion Control in Southern Iowa and Northern Missouri.* Iowa Agricultural Experiment Station Bulletin 333. Ames: Iowa State College of Agriculture and Mechanic Arts.
Schindler, D. W., and W. F. Donahue. 2006. An impending water crisis in Canada's western prairie provinces. *Proceedings of the National Academy of Sciences* 103:7210–16.
Shaler, N. S. 1891. The origin and nature of soils. In *Papers Accompanying the Annual Report of the Director of the U.S. Geological Survey for the Fiscal Year Ending June 30, 1891,* 211–345. U.S. Geological Survey. Washington, DC: GPO.
———. 1905. *Man and the Earth.* New York: Fox, Duffield.
Swift, J. 1977. Sahelian pastoralists: Underdevelopment, desertification, and famine. *Annual Review of Anthropology* 6:457–78.
Syvitski, J. P. M., C. J. Vörösmarty, A. J. Kettner, and P. Green. 2005. Impact of humans on the flux of terrestrial sediment to the global coastal ocean. *Science* 308:376–80.
Throckmorton, R. I., and L. L. Compton. 1938. Soil erosion by wind. *Report of the Kansas State Board of Agriculture* 56, no. 224-A.
Trimble, S. W., and S. W. Lund. 1982. *Soil Conservation and the Reduction of Ero-*

sion and Sedimentation in the Coon Creek Basin, Wisconsin. U.S. Geological Survey Professional Paper 1234. Washington, DC: GPO.

U.S. Congress. House of Representatives. Great Plains Committee. 1936. *The Future of the Great Plains,* 75th Congress, 1st sess. HD 144. Washington, DC: GPO.

U.S. Department of Agriculture (USDA). 1979. *Erosion in the Palouse: A Summary of the Palouse River Basin Study.* U.S. Department of Agriculture, Soil Conservation Service, Forest Service, and Economics, Statistics, and Cooperative Service.

Wade, N. 1974. Sahelian drought: No victory for Western aid. *Science* 185:234–37.

Wakatsuki, T., and A. Rasyidin. 1992. Rates of weathering and soil formation. *Geoderma* 52:251–63.

Worster, D. 1979. *Dust Bowl: The Southern Plains in the 1930s.* New York: Oxford University Press.

Zonn, I. S. 1995. Desertification in Russia: Problems and solutions (An example in the Republic of Kalmykia-Khalmg Tangch). *Environmental Monitoring and Assessment* 37:347–63.

第8章　ダーティ・ビジネス

Appenzeller, T. 2004. The end of cheap oil. *National Geographic* 205 (6): 80–109.

Bennett, H. H. 1947. Soil conservation in the world ahead. *Journal of Soil and Water Conservation* 2:43–50.

Blevins, R. L., R. Lal, J. W. Doran, G. W. Langdale, and W. W. Frye. 1998. Conservation tillage for erosion control and soil quality. In *Advances in Soil and Water Conservation,* ed. F. J. Pierce and W. W. Fry, 51–68. Chelsea, MI: Ann Arbor Press.

Buman, R. A., B. A. Alesii, J. L. Hatfield, and D. L. Karlen. 2004. Profit, yield, and soil quality effects of tillage systems in corn—soybeans. *Journal of Soil and Water Conservation* 59:260–270.

Catt, J. A. 1992. Soil erosion on the Lower Greensand at Woburn Experimental Farm, Bedfordshire—Evidence, history, and causes. In *Past and Present Soil Erosion: Archaeological and Geographical Perspectives,* ed. M. Bell and J. Boardman, 67–76. Oxbow Monograph 22. Oxford: Oxbow Books.

Craswell, E. T. 1993. The management of world soil resources for sustainable agricultural production. In *World Soil Erosion and Conservation,* ed. D. Pimentel, 257–76. Cambridge Studies in Applied Ecology and Resource Management. Cambridge: Cambridge University Press.

Crookes, William. 1900. *The Wheat Problem: Based on Remarks Made in the Presidential Address to the British Association at Bristol in 1898.* New York: G. P. Putnam and Sons.

Drinkwater, L. E., P. Wagoner, and M. Sarrantonio. 1998. Legume-based

cropping systems have reduced carbon and nitrogen losses. *Nature* 396: 262–65.
Egan, T. 2004. Big farms reap two harvests with subsidies a bumper crop. *New York Times,* December 26, 2004, 1, 28.
Fan, T., B. A. Stewart, W. A. Payne, W. Yong, J. Luo, and Y. Gao. 2005. Long-term fertilizer and water availability effects on cereal yield and soil chemical properties in Northwest China. *Soil Science Society of America Journal* 69:842–55.
Faulkner, E. H. 1943. *Plowman's Folly.* New York: Grosset and Dunlap.
Hall, A.D. 1917. *The Book of the Rothamsted Experiments.* 2nd ed. Rev. E. J. Russell. New York: E. P. Dutton.
Hilgard, E. W. 1860. *Report on the Geology and Agriculture of the State of Mississippi.* Jackson: E. Barksdale.
Hooke, R. L. 1999. Spatial distribution of human geomorphic activity in the United States: Comparison with rivers. *Earth Surface Processes and Landforms* 24:687–92.
Howard, A. 1940. *An Agricultural Testament.* London: Oxford University Press.
Jackson, W. 2002. Farming in nature's image: Natural systems agriculture. In *The Fatal Harvest Reader: The Tragedy of Industrial Agriculture,* ed. A. Kimbrell, 65–75. Washington, DC: Island Press.
———. 2002. Natural systems agriculture: a truly radical alternative. *Agriculture, Ecosystems and Environment* 88:111–17.
Jenny, H. 1961. "E. W. Hilgard and the Birth of Modern Soil Science." *Agrochimica,* ser. 3 (Pisa).
Johnston, A. E., and G. E. G. Mattingly. 1976. Experiments on the continuous growth of arable crops at Rothamsted and Woburn Experimental Stations: Effects of treatments on crop yields and soil analyses and recent modifications in purpose and design. *Annals of Agronomy* 27:927–56.
Johnson, C. B., and W. C. Moldenhauer. 1979. Effect of chisel versus moldboard plowing on soil erosion by water. *Soil Science Society of America Journal* 43:177–79.
Judson, S. 1968. Erosion of the land, or what's happening to our continents? *American Scientist* 56:356–74.
Lal, R. 2004. Soil carbon sequestration impacts on global climate change and food security. *Science* 304:1623–27.
Lal, R., M. Griffin, J. Apt, L. Lave, and M. G. Morgan. 2004. Managing soil carbon. *Science* 304:39.
Liebig, J. 1843. *Chemistry in Its Application to Agriculture and Physiology.* Ed. from the manuscript of the author by L. Playfair. Philadelphia: James M. Campbell / New York: Saxton and Miles.
Lockeretz, W., G. Shearer, R. Klepper, and S. Sweeney. 1978. Field crop production on organic farms in the Midwest. *Journal of Soil and Water Conservation* 33:130–34.

Mäder, P., A. Fließbach, D. Dubois, L. Gunst, P. Fried, and U. Niggli. 2002. Soil fertility and biodiversity in organic farming. *Science* 296:1694–97.
Mallory, W. H. 1926. *China: Land of Famine.* Special Publication 6. New York: American Geographical Society.
Matson, P. A., W. J. Parton, A. G. Power, and M. J. Swift. 1997. Agricultural intensification and ecosystem properties. *Science* 277:504–9.
McNeill, J. R., and V. Winiwarter. 2004. Breaking the sod: Humankind, history, and soil. *Science* 304:1627–29.
Morgan, R. P. C. 1985. Soil degradation and erosion as a result of agricultural practice. In *Geomorphology and Soils,* ed. K. S. Richards, R. R. Arnett, and S. Ellis, 379–95. London: George Allen and Unwin.
Mosier, A. R., K. Syers, and J. R. Freney. 2004. *Agriculture and the Nitrogen Cycle.* Washington, DC: Island Press.
Musgrave, G. W. 1954. Estimating land erosion-sheet erosion. *Association internationale d'Hydrologie scientifique, Assemblée génerale de Rome,* 1: 207–15.
Pimentel, D., P. Hepperly, J. Hanson, D. Douds, and R. Seidel. 2005. Environmental, energetic, and economic comparisons of organic and conventional farming systems. *BioScience* 55:573–82.
Reganold, J. 1989. Farming's organic future. *New Scientist* 122:49–52.
Reganold, J. P., L. F. Elliott, and Y. L. Unger. 1987. Long-term effects of organic and conventional farming on soil erosion. *Nature* 330:370–72.
Reganold, J. P., J. D. Glover, P. K. Andrews, and H. R. Hinman. 2001. Sustainability of three apple production systems. *Nature* 410:926–30.
Reganold, J. P., A. S. Palmer, J. C. Lockhart, and A. N. Macgregor. 1993. Soil quality and financial performance of biodynamic and conventional farms in New Zealand. *Science* 260:344–49.
Rosset, P., J. Collins, and F. M. Lappe. 2000. Lessons from the Green Revolution. *Tikkun Magazine* 15 (2): 52–56.
Ruffin, E. 1832. *An Essay on Calcareous Manures.* Ed. J. C. Sitterson. Cambridge, MA: Harvard University Press, Belknap Press, 1961.
Smil, V. 2001. *Enriching the Earth: Fritz Haber, Carl Bosch, and the Transformation of World Food Production.* Cambridge, MA: MIT Press.
Stuiver, M. 1978. Atmospheric carbon dioxide and carbon reservoir changes: Reduction in terrestrial carbon reservoirs since 1850 has resulted in atmospheric carbon dioxide increases. *Science* 199:253–58.
Tanner, C. B., and R. W. Simonson. 1993. Franklin Hiram King—pioneer scientist. *Soil Science Society of America Journal* 57:286–92.
Taylor, R. H. 1930. Commercial fertilizers in South Carolina. *South Atlantic Quarterly* 29:179–89.
Tiessen, H., E. Cuevas, and P. Chacon. 1994. The role of soil organic matter in sustaining soil fertility. *Nature* 371:783–85.
Truman, C. C., D. W. Reeves, J. N. Shaw, A. C. Motta, C. H. Burmester, R. L. Raper, and E. B. Schwab. 2003. Tillage impacts on soil property, runoff, and

soil loss variations from a Rhodic Paleudult under simulated rainfall. *Journal of Soil and Water Conservation* 58:258–67.
Ursic, S. J., and F. E. Dendy. 1965. Sediment yields from small watersheds under various land uses and forest covers. *Proceedings of the Federal Inter-Agency Sedimentation Conference, 1963,* 47–52. U.S. Department of Agriculture, Miscellaneous Publication 970. Washington, DC: GPO.
U.S. Department of Agriculture (USDA). 1901. *Exhaustion and Abandonment of Soils: Testimony of Milton Whitney, Chief of Division of Soils, Before The Industrial Commission.* U.S. Department of Agriculture, Report 70. Washington, DC: GPO.
Van Hise, C. R. 1916. *The Conservation of Natural Resources in the United States.* New York: Macmillan.
Whitney, M. 1909. *Soils of the United States.* U.S. Department of Agriculture, Bureau of Soils Bulletin 55. Washington, DC: GPO.
———. 1925. *Soil and Civilization: A Modern Concept of the Soil and the Historical Development of Agriculture.* New York: D. Van Nostrand.
Wilson, D. 2001. *Fateful Harvest: The True Story of a Small Town, a Global Industry, and a Toxic Secret.* New York: HarperCollins.
Wines, R. A. 1985. *Fertilizer in America: From Waste Recycling to Resource Exploitation.* Philadelphia: Temple University Press.
Yoder, D.C., T. L. Cope, J. B. Wills, and H. P. Denton. 2005. No-till transplanting of vegetable and tobacco to reduce erosion and nutrient surface runoff. *Journal of Soil and Water Conservation* 60:68–72.

第9章　成功した島、失敗した島

Arnalds, A. 1998. Strategies for soil conservation in Iceland. *Advances in Geo-Ecology* 31:919–25.
Arnalds, O. 2000. The Icelandic 'Rofabard' soil erosion features. *Earth Surface Processes and Landforms* 25:17–28.
Buckland, P., and A. Dugmore. 1991. "If this is a refugium, why are my feet so bloody cold?" The origins of the Icelandic biota in the light of recent research. In *Environmental Change in Iceland: Past and Present,* ed. J. K. Maizels, and C. Caseldine, 107–25. Dordrecht: Kluwer Academic.
Dugmore, A., and P. Buckland. 1991. Tephrochronology and late Holocene soil erosion in South Iceland. In *Environmental Change in Iceland,* 147–59.
Gerrard, A. J. 1985. Soil erosion and landscape stability in southern Iceland: a tephrochronological approach. In *Geomorphology and Soils,* ed. K. S. Richards, R. R. Arnett, and S. Ellis, 78–95. London: George Allen and Unwin.
Gerrard, J. 1991. An assessment of some of the factors involved in recent landscape change in Iceland. In *Environmental Change in Iceland,* 237–53.
Gísladóttir, G. 2001. Ecological disturbance and soil erosion on grazing land in

Southwest Iceland. In *Land Degradation,* ed. A. J. Conacher, 109–26. Dordrecht: Kluwer Academic.
Hunt, T. L., and C. P. Lipo. 2006. Late colonization of Easter Island. *Science* 311:1603–6.
Kirch, P. V. 1996. Late Holocene human-induced modifications to a central Polynesian island ecosystem. *Proceedings of the National Academy of Sciences of the United States of America* 93:5296–5300.
———. 1997. Microcosmic histories: Island perspectives on "global" change. *American Anthropologist* 99 (1): 30–42.
Luke, H. 1952. A visit to Easter Island. *Geographical Magazine* 25:298–306.
Mann, D., J. Chase, J. Edwards, W. Beck, R. Reanier, and M. Mass. 2003. Prehistoric destruction of the primeval soils and vegetation of Rapa Nui (Isla de Pascua, Easter Island). In *Easter Island: Scientific Exploration into the World's Environmental Problems in Microcosm,* ed. J. Loret and J. T. Tancredi, 133–53. Dordrecht: Kluwer Academic / New York: Plenum.
Mieth, A., and H.-R. Bork. 2005. History, origin and extent of soil erosion on Easter Island (Rapa Nui). *Catena* 63:244–60.
Ólafsdóttir, R., and H. J. Guðmundsson. 2002. Holocene land degradation and climatic change in northeastern Iceland. *Holocene* 12:159–67.
Ponting, C. 1993. *A Green History of the World: The Environment and the Collapse of Great Civilizations.* New York: Penguin Books.
Sveinbjarnardóttir, G. 1991. A study of farm abandonment in two regions of Iceland. In *Environmental Change in Iceland,* 161–77.
Williams, J. 1837. *A Narrative of Missionary Enterprises in the South Sea Islands.* London: J. Snow.
Williams, M. 2003. *Deforesting the Earth: From Prehistory to Global Crisis.* Chicago: University of Chicago Press.

第10章　文明の寿命

Berry, W. 2002. The whole horse. In *The Fatal Harvest Reader: The Tragedy of Industrial Agriculture,* ed. A. Kimbrell, 39–48. Washington, DC: Island Press.
Cassman, K. G. 1999. Ecological intensification of cereal production systems: Yield potential, soil quality, and precision agriculture. *Proceedings of the National Academy of Sciences of the United States of America* 96:5952–59.
Cassman, K. G., S. K. De Datta, D. C. Olk, J. Alcantara, M. Samson, J. Descalsota, and M. Dizon. 1995. Yield decline and the nitrogen economy of long-term experiments on continuous, irrigated rice systems in the tropics. In *Soil Management: Experimental Basis for Sustainability and Environmental Quality,* ed. R. Lal and B. A. Stewart, 181–222. Boca Raton: Lewis Publishers.
Ehrlich, P. R., A. H. Ehrlich, and G. C. Daily. 1993. Food security, population and environment. *Population and Development Review* 19:1–32.
Engels, F. 1844. The myth of overpopulation. In *Marx and Engels on Malthus,*

ed. R. L. Meek, trans. D. L. Meek and R. L. Meek, 57–63. London: Lawrence and Wishart, 1953.
Huston, M. 1993. Biological diversity, soils, and economics. *Science* 262:1676–80.
Kaiser, J. 2004. Wounding Earth's fragile skin. *Science* 304:1616–18.
Larson, W. E., F. J Pierce, and R. H. Dowdy. 1983. The threat of soil erosion to long-term crop production. *Science* 219:458–65.
Pimentel, D., J. Allen, A. Beers, L. Guinand, R. Linder, P. McLaughlin, B. Meer, D. Musonda, D. Perdue, S. Poisson, S. Siebert, K. Stoner, R. Salazar, and A. Hawkins. 1987. World agriculture and soil erosion. *BioScience* 37:277–83.
Pimentel, D., C. Harvey, P. Resosudarmo, K. Sinclair, D. Kurz, M. McNair, S. Crist, L. Shpritz, L. Fitton, R. Saffouri, and R. Blair. 1995. Environmental and economic costs of soil erosion and conservation benefits. *Science* 267: 1117–23.
Saunders, I., and A. Young. 1983. Rates of surface processes on slopes, slope retreat and denudation. *Earth Surface Processes and Landforms* 8:473–501.
Smith, A. 1776. *Inquiry into the Nature and Causes of the Wealth of Nations*. London: W. Strahan and T. Cadell.
Tilman, D. 1999. Global environmental impacts of agricultural expansion: The need for sustainable and efficient practices. *Proceedings of the National Academy of Sciences of the United States of America* 96:5995–6000.
Tilman, D., J. Fargione, B. Wolff, C. D'Antonio, A. Dobson, R. Howarth, D. Schindler, W. H. Schlesinger, D. Simberloff, and D. Swackhamer. 2001. Forecasting agriculturally driven global environmental change. *Science* 292: 281–284.
United Nations Development Programme. 1996. *Urban Agriculture: Food, Jobs and Sustainable Cities*. New York.
Vitousek, P. M., H. A. Mooney, J. Lubchenco, and J. M. Melillo. 1997. Human domination of Earth's ecosystems. *Science* 277:494–99.
Wilkinson, B. H. 2005. Humans as geologic agents: A deep-time perspective. *Geology* 33:161–64.

著者略歴

デイビッド・モントゴメリー　David R. Montgomery

ワシントン大学地形学教授。

地形の発達、および地質学的プロセスが生態系と人間社会に及ぼす影響の研究で、国際的に認められた地質学者である。天才賞と呼ばれるマッカーサーフェローに二〇〇八年に選ばれる。

本書は『土と内臓―微生物がつくる世界』（アン・ビクレーと共著）、『土・牛・微生物―文明の衰退を食い止める土の話』（ともに築地書館）に先立つ著者の「土」三部作の第一作にあたる作品である。

訳者略歴

片岡夏実　（かたおか なつみ）

一九六四年、神奈川県生まれ。

主な訳書に、デイビッド・モントゴメリー『土の文明史』『土と内臓』（アン・ビクレーと共著）『土・牛・微生物』、デイビッド・ウォルトナー＝テーブズ『排泄物と文明』『昆虫食と文明』、スティーブン・R・パルンビ＋アンソニー・R・パルンビ『海の極限生物』、トーマス・D・シーリー『ミツバチの会議』（以上、築地書館）、ジュリアン・クリブ『90億人の食糧問題』、セス・フレッチャー『瓶詰めのエネルギー』（以上、シーエムシー出版）など。

土の文明史――ローマ帝国、マヤ文明を滅ぼし、米国、中国を衰退させる土の話

二〇一〇年四月一五日　初版発行
二〇二四年二月一五日　一三刷発行

著者――デイビッド・モントゴメリー
訳者――片岡夏実
発行者――土井二郎
発行所――築地書館株式会社
東京都中央区築地七-四-四-二〇一　〒一〇四-〇〇四五
TEL 〇三-三五四二-三七三一
FAX 〇三-三五四一-五七九九
ホームページ =http://www.tsukiji-shokan.co.jp/
振替 〇〇一一〇-五-一九〇五七
印刷・製本――シナノ印刷株式会社
装幀――今東淳雄（maro design）

©2010 Printed in Japan. ISBN 978-4-8067-1399-9 C0020

・本書の複写にかかる複製、上映、譲渡、公衆送信（送信可能化を含む）の各権利は築地書館株式会社が管理の委託を受けています。
・JCOPY 〈(社)出版者著作権管理機構 委託出版物〉
本書の無断複写は著作権法上での例外を除き禁じられています。複写される場合は、そのつど事前に、(社)出版者著作権管理機構（電話 03-5244-5088・FAX 03-5244-5089・e-mail: info@jcopy.or.jp）の許諾を得てください。